农业科研财务管理探索与实践

主　编　刘春和

副主编　孟函勇

东北大学出版社

·沈　阳·

图书在版编目（CIP）数据

农业科研财务管理探索与实践／刘春和主编. —沈阳：东北大学出版社，2012. 8

ISBN 978-7-5517-0198-3

Ⅰ. ①农… Ⅱ. ①刘… Ⅲ. ①农业科学—研究机构—财务管理 Ⅳ. ①S-24

中国版本图书馆 CIP 数据核字（2012）第 196301 号

出 版 者：东北大学出版社
　　　　　地址：沈阳市和平区文化路 3 号巷 11 号
　　　　　邮编：110004
　　　　　电话：024—83687331（市场部）　83680267（社务室）
　　　　　传真：024—83680180（市场部）　83680265（社务室）
　　　　　E-mail：neuph @ neupress. com
　　　　　http：// www. neupress. com
印 刷 者：沈阳中科印刷有限责任公司
发 行 者：东北大学出版社
幅面尺寸：170mm × 240mm
印　　张：23. 5
字　　数：474 千字
出版时间：2012 年 8 月第 1 版
印刷时间：2012 年 8 月第 1 次印刷
策划编辑：牛连功
责任编辑：潘佳宁
责任校对：叶 子
封面设计：刘江旸
责任出版：唐敏智

ISBN 978-7-5517-0198-3　　　　　　　　　定　价：48. 00 元

《农业科研财务管理探索与实践》编委会

序

2012 年中央一号文件提出："农业科技是确保国家粮食安全的基础支撑，是突破资源环境约束的必然选择，是加快现代农业建设的决定力量。"在此政策背景下，农业科研单位的作用更加凸显。农业科技投入的不断增加，各类资金管理办法不断出台，给农业科研单位财务管理人员也提出了一个个新的挑战：如何管好、用好财政资金，采取何种财务管理模式，如何推进财务管理的制度化、科学化、信息化进程、如何加强财务监督与控制等，值得深入探索和实践。

工作在财务管理一线的农业科研单位财务人员，结合自身工作，不断分析、提炼和总结经验，此论文集围绕预算管理、项目资金管理、财务管理模式创新、经验总结等展开论述。其中不乏思路开阔、观点新颖、论述有据、献策具体的佳作，对省级农业科研单位财务管理水平的不断提高具有重要意义。

我们相信，思维敏捷、富有开拓和创新精神的财务人员，能够在财政制度改革不断深化和完善的背景下，坚持不懈，努力探索，积极实践，用自己的智慧和汗水，促进农业科研单位财务研究、管理、服务水平的不断提高，为我国农业科研工作做出新的更大的贡献。

辽宁省农业科学院　院长

博士生导师

目　录

实践篇

探索篇

实践篇

论新形势下省级农业科研单位财务管理

——以辽宁省农业科学院为例

刘春和

（辽宁省农业科学院 辽宁沈阳 110161）

【摘 要】本文以辽宁省农业科学院为例，深入探讨和研究了在财政体制改革不断深化，农业科研投入不断增加的新形势下，农业科研单位如何做好部门预算管理、国库集中支付管理、政府采购管理、国有资产管理、财务信息化建设、财务制度建设以及会计队伍建设等财务管理工作，科学化、精细化理财，为农业科研工作服务。

【关键词】农业；科研单位；财务管理

省级农业科研单位，主要指省级农（林、牧、垦）科学院，是我国农业科研的主力军，是构建国家农业科研创新体系的重要基础。2012 年中央一号文件提出："农业科技是确保国家粮食安全的基础支撑，是突破资源环境约束的必然选择，是加快现代农业建设的决定力量，具有显著的公共性、基础性、社会性。"在此背景下，省级农业科研单位的重要地位更加凸显。尤其是对农业科研投入的大幅增加，农业科研单位如何在财政改革不断深化的新形势下，加强财务管理，科学化、精细化理财，为农业科研工作服务，值得深入探讨和研究。

近年来，随着财政体制改革的不断深化，国家先后出台了部门预算、政府采购、国有资产管理、非税收入和国库集中支付等重大财政改革措施。改革过程中，也要求农业科研单位站在发展的战略高度，充分认识财务管理工作的新情况、新形势、新要求、新特点，转变观念，寓管理于服务，推进财务管理科学化、制度化、信息化进程，努力把财务管理工作提高到一个新的水平。

一、部门预算管理

部门预算是财务管理中一项重要的基础性工作。部门预算的科学合理编制，直接影响下一年度人员工资能否正常发放、单位能否正常运转；影响农业科研单位自主创新能力的提高，产学研合作的加强以及科技成果转化推广速度。

（一）收入预算管理

收入预算包括财政拨款、纳入政府性基金预算的政府性基金收入、纳入预算或专户管理的行政事业性收费等非税收入以及其他收入。

1. 财政拨款收入预算管理

辽宁省农业科学院是财政全额拨款事业单位，其中人员工资按照全额拨付，公用经费定额核拨，项目经费根据省财力情况安排。因此，对于基本支出，每年部门预算中，需要预算单位正确填报人员基本情况和固定资产等基础信息数据，然后在财政部门审核并确认基础信息的基础上实行代编基本支出预算。对于项目支出，在单位项目支出计划申报的基础上，由省财政厅审核确定。

2. 非税收入预算管理

非税收入是收入预算编制的重点和难点，为了规范非税收入管理，2007 年，辽宁省以政府令形式出台了《辽宁省非税收入管理办法》，2010 年，省政府办公厅印发了《关于进一步加强全省非税收入管理的通知》，要求各单位部门预算中要按照规范的收入项目编报，同时列明相关政策依据、体制规定和测算数据，做到不少报、不漏报、不虚报和不瞒报。同时要求严格执行非税收入预算，任何部门和单位不得在执行中随意调整，对于年度超收的，原则上不办理追加，结转下年预算统筹安排。

辽宁省对农业科研单位非税收入预算编制政策是：首先用于弥补财政核拨的公用经费与综合定额之间的差额，若仍有多余，再用于安排项目支出；对于房屋租赁收入，按照规定财政统筹一部分，其余部分作为单位机动经费管理。2010年，省财政厅给予了辽宁省农业科学院优惠政策，即"科技成果转化收入和企业上缴利润全额返还，用于农业科研事业发展项目支出"。

在实际执行过程中，辽宁省农业科学院非税收入主要包括技术服务收入、试制产品收入和检验检测收入等，由于收入具有不确定性，几乎每年都有超收收入发生，按照现行制度规定，若多报，必须从当年调减指标，但复杂的是，非税收入纳入预算管理后，财政部门每月根据预计完成的非税收入数批复计划，年底前需将多批复的计划额退回国库；若少报，按照规定，年底前必须缴入国库，当年不办理超收返还，隔年使用。当年超收非税收入如果得不到及时批复返还，将直接影响已发生的成本性支出的账务处理，因此，每年都会向财政申请返还资金。

（二）支出预算管理

支出预算管理包括基本支出预算管理和项目支出预算管理，为了深化预算体制改革，规范基本支出和项目支出预算管理，提高资金使用效率，2008 年，辽宁省财政厅先后印发了《省本级基本支出预算管理暂行办法》和《省本级项目支出预算管理暂行办法》。从基本支出预算编制原则、定额管理、编审程序和监督管理以及项目支出申报、审核、实施和考评等方面作了明确规定和要求。

1. 基本支出预算管理

基本支出预算是部门支出预算的重要组成部分，是行政事业单位为保障正常运转、完成日常工作任务而编制的年度支出计划。定员和定额是编制基本支出预算的重要依据，基本支出定额项目包括人员经费和日常公用经费两部分。人员经费包括"工资福利支出"和"对个人和家庭的补助支出"，公用经费定额项目是支出经济分类的"商品和服务支出"中的经常性经费的支出项目。

基本支出预算按照人员支出和公用支出分别核定管理。人员支出严格按照国家政策、单位编制内实有人数和相关财政补助政策安排。辽宁省农业科学院属于全额拨款事业单位，人员支出全额核拨。公用经费以人和实物定额为标准测算对象，各单项定额标准的综合构成单位基本支出的综合定额，实际执行中，按照单位不同分档实行，辽宁省农业科学院按照机关和研究所分两档执行。

预算执行过程中，要求严格按照批复的基本支出预算使用人员工资性支出，离退休费等对个人和家庭补助支出，以及商品和服务支出，并对资金使用效益和财务活动情况进行检查。

2. 项目支出预算管理

项目支出预算是部门预算的组成部分，是行政事业单位为完成其特定的事业发展目标、在基本支出预算之外编制的年度项目支出计划，项目支出预算编制实行项目库管理。2011年，辽宁省农业科学院组织编制"十二五"科研事业发展专项资金计划，建立了项目库，以规范和加强科研事业发展专项资金支出预算管理，增强预算编制的科学性、完整性、计划性，提高资金的使用效率。

2008年，辽宁省财政厅和科技厅联合制定了《辽宁省科研事业发展专项资金管理暂行办法》，科研事业发展专项资金主要用于省级科研院所的基础条件建设，即重点科研设备购置、实验室维修与改造、实验基地建设等项补助。通过科研事业发展专项资金的支持，引导省属科研单位加快提高自主创新能力，加强产学研合作，加速科技成果转化推广，为辽宁经济社会发展和老工业基地振兴提供有力支撑和良好服务。

科研事业发展专项资金纳入部门预算统一编制，"十一五"期间，辽宁省农业科学院共获得财政专项资金9380.8万元，利用专项资金购置了科研仪器设备，对科研设施、实验室、后勤保障设施进行了建设与改造，使科研条件、后勤保障得到改善。预算编制要求细化项目支出预算，细化到仪器设备一一列出，建设的内容逐一列明并有测算依据。对科研仪器设备购置，要求专业研究所购置专用、常用、小型的仪器设备，通用、大型的仪器设备由开放实验室和创新中心购置，实现资源共享和有效利用。

3. 财务预算制管理

财务预算制强调按制度办事，按程序办事，约束了不规范的做法。2009 年，辽宁省农业科学院制订了《辽宁省农业科学院财务预算制管理办法》，全面实施财务预算制管理，每年年初，布置各单位编制商品和服务支出（公用经费）预算，加强公用经费的管理和使用，做到无预算不支出，做好公用经费预算方案。同时要求各单位提供每个科技项目批复的支出预算，严格按照各类科技项目资金管理办法使用经费，为科技项目经费规范管理奠定了基础。

（三） 财政性结余资金管理

财政性资金在使用过程中常常发生各种各样的结余，如何通过专门制度的建立和有效措施的实施，避免结余、减少结余或者实现结余资金的再利用，是财政监督工作的重要内容，也是当前财政管理的重要环节。财政性结余资金是指行政、事业单位在预算年度内，按照政府批复的部门预算，当年尚未支用的财政性资金。包括预算内、预算外和其他财政性结余资金。有财政性资金的地方，就有可能出现资金结余。

2008 年，辽宁省出台了《辽宁省省直部门财政性结余资金管理办法》，每年 1 月 20 日，省财政厅会将以前年度的结余资金冻结，2 月 20 日前部门与财政核对基本支出和项目支出结余，2 月 25 日前报送资金结余情况说明，经与财政厅沟通确认后，每年 3 月 25 日解冻资金，继续使用。基本支出结余，原则上结转下年使用。项目支出结余，若项目执行完毕的净结余，或项目连续 2 年未动用，连续 3 整年仍未使用完成，项目则由财政部门收回，作为下一年度本单位预算资金的首要来源；若项目当年已执行但未执行完，或当年未执行，需推迟下年执行而形成的结余资金，可以结转使用。

实际项目支出执行过程中，大家也逐渐意识到，只有加快项目执行进度，规范资金的使用和管理，才能避免因资金结余而被收回的窘状。

二、国库集中支付管理

国库集中支付制度是我国财政管理体制改革的一项重要内容，是加强财政收支管理，提高财政资金使用效益，增强财政宏观调控能力的有效措施。对财务管理而言则是一种新的方式，辽宁省自 2005 年 12 月 1 日起，在一级部门开始实施了国库集中支付，2007 年 1 月 1 日，该项改革全部推开。推进过程中，为规范国库集中支付管理，辽宁省共出台了十余项相关管理办法和规定，实行国库集中支付必须做到以下三点。

1. 抓好计划管理

国库集中支付是与部门预算紧密联系的，财政部门的国库收付中心对财政资金的支出实行严格的控制和监督，所有的财政资金必须以年度部门预算为支出依据。目前，作为财政全额拨款的辽宁省农业科学院，基本支出的用款计划由财政代编，项目支出计划则由本单位根据预算批复的资金安排用款计划，报财政部门。

2. 加强资金支付业务管理

在进行日常资金支付时，各单位需按要求安排专门人员操作国库集中支付系统，应能够熟练掌握批复计划的接收，授权支付凭证的录入、支付回单登记、系统升级等功能；同时严格资金的审核支付程序，加强与主管部门和开户银行的沟通，使资金支付工作协调有序进行。

3. 财政预算执行动态监控

财政部门正在酝酿财政预算执行动态监控管理制度，通过建立完善的财政国库动态监控系统，对预算单位的预算执行实行动态监控，届时财政部门将通过监控系统全面跟踪财政资金支付的申请、审核、支付等流程，动态监控每一笔财政资金支付的详细交易记录，对不符合规定的支出预警处理，无法支付。这在提高财政资金使用的安全性、规范性的同时，也加大了预算单位的工作难度，对预算单位的财政资金支付和预算执行提出了更高的要求。

三、政府采购管理

政府采购是财政支出管理改革的重要内容。辽宁省政府采购工作 2002 年开始实施，辽宁省农业科学院的政府采购工作 2006 年开始逐渐走上正轨，农业科研单位的政府采购管理工作必须做到以下两点。

1. 提高认识，推进政府采购工作

针对政府采购工作涉及面广、政策性强等特点，单位必须组织相关人员学习《政府采购法》及相关文件，改变传统的采购理念，使大家认识到只要是财政性资金（含单位自有资金）都必须执行政府采购制度。

2. 深入实践，规范政府采购程序

随着政府采购制度的不断推进，农业科研单位的政府采购工作也需要不断地规范。2011 年开始，辽宁省政府采购实行网上审批流程，完整的政府采购运转程序为：单位提出申请→财务主管部门资金审批→政府采购管理部门审批采购方式→签订采购合同→验收付款→固定资产登记、使用。在采购过程中，各二级单位必须做到按此程序有序进行，主管部门既要坚持原则，又要加强与各单位、各部门的协调沟通，增进理解，规范政府采购程序。

四、国有资产管理

国有资产管理，尤其是固定资产管理一直是农业科研单位财务管理中的重点和难点，如何规范国有资产配置、使用和处置工作，维护国有资产的安全和完整，提高资产使用效益，一直是农业科研单位探索和实践的课题。

1. 建立国有资产管理制度

针对国有资产清查工作暴露的问题，根据国家和省有关国有资产管理的规定，2008年重新制订了《辽宁省农业科学院国有资产管理办法》，2011年修订了《辽宁省农业科学院固定资产管理暂行办法》，用制度规范国有资产管理工作。此外，指导院属单位制订内部财务管理制度，用制度规范财务工作。

2. 组织完成国有资产管理信息系统建设

2010年，根据财政厅的部署，组织全院各单位录入国有资产管理信息系统数据，同时，根据我院国有资产管理的实际情况，设计开发了驻沈单位国有资产管理信息系统，实现了固定资产从新增验收、变动到固定资产卡片生成、条码打印的网络化操作，院领导和所长实时查询。固定资产管理条码化，使国有资产基本实现了动态管理。

3. 规范固定资产处置审批

通过几次国有资产清查工作，基本掌握了各单位固定资产使用状况，摸清了家底。同时，加强固定资产处置管理，完善各种审批手续，规范资产处置。

4. 实行资产定期清查

建立了资产清查制度，至少一年清查一次，保证资产的保值增值，实现资产的动态管理。

五、财务信息化建设

目前，由于互联网的迅猛发展，迎来了崭新的信息化时代，在这样的背景下，农业科研单位的财务管理工作也不能仅仅停留在会计核算电算化的阶段。随着国家对农业科研投入力度的加大，财政部门对农业科研单位资金运作监管力度不断加强，都促使农业科研单位应加快财务信息化建设的步伐。

辽宁省农业科学院在探索财务信息化建设的实践中，经过考察调研，更新了财务管理软件，该软件在预算管理和部门核算、项目核算方面非常适合我院财务工作。根据院实际情况，制订了初始化实施方案，于2010年1月1日正式启用，目前运行良好，从而解决了原软件重复劳动和不能进行预算控制的问题。根据驻沈单位固定资产管理的实际，设计开发了驻沈单位国有资产管理信息系统，驻沈单位固定资产实行网络化管理，开通了固定资产查询系统，院所领导可以实时查询。建立财务信息和工资信息查询系统，方便各单位财务信息的查询，资金管理更加透明。建立了财务处网站，现已开通运行，以此为平台，积极宣传财经方面的政策法规和财务工作。

六、加强财务制度建设，规范化理财

建立健全单位内部财务管理制度，规范财务行为，应根据国家有关财经法律法规、规章及会计制度，结合农业科研单位实际，不断修（制）订单位内部财务管理制度，并认真贯彻执行。

辽宁省农业科学院 2005 年修订了《辽宁省农业科学院财务管理制度》，并汇编成册；近几年，又制订、修订了《辽宁省农业科学院国有资产管理办法》《辽宁省农业科学院财务预算制管理办法》《固定资产业务处理流程》等 16 项财务管理办法和流程；转发了多项上级部门管理规定。实践中，越来越认识到，只有完善的制度体系，才能规范财务行为，科学化、规范化理财。

七、加强会计队伍建设，提高财会人员综合素质

辽宁省农业科学院始终把会计队伍建设作为一项重要工作来抓，通过开展业务培训、学术研讨、工作经验交流、进修学习、岗位轮换等多种方式，以及财会人员自学和实践，更新知识，学习新技能，掌握新规定，加强兄弟农科院之间的沟通和交流，使会计人员核算能力、文字能力、管理能力、业务能力得到提高，由核算型向管理型转变，寓管理于服务，胜任新形势下农业科研单位财务工作的需要，为科学事业的健康发展努力做好财务工作。

参考文献

[1] 付小燕. 现行农业科研事业单位科研课题（项目）经费管理中的问题与对策 [J]. 农业科研经济管理, 2009 (1)：31-35.
[2] 马孟义. 对国库集中支付制度的几点思考 [J]. 现代经济信息, 2010 (23)：146-147.

农业科研单位财政专项支出绩效评价研究

——以辽宁省为例

孟函勇

(辽宁省农业科学院财务处　辽宁沈阳　110161)

【摘　要】 本文以辽宁省为例,对农业科研单位财政专项绩效支出评价进行了研究。阐述了绩效评价研究及实施现状,研究了辽宁省农业科研单位科研事业发展专项资金制度依据和评价目标,绩效评价指标体系的设计,绩效评价的实施阶段及存在的问题,为农业科研单位财政专项支出绩效评价的顺利开展提供了理论支撑。

【关键词】 农业;科研单位;财政专项;绩效评价

我国公共财政管理制度改革的方向是推行绩效管理。对财政专项资金进行绩效评价,能在追求资金使用的规范性、安全性、有效性的同时,提高资金的使用效率,优化资源配置,促进各项事业健康发展。农业科研单位的财政专项资金(即科研事业发展专项)是为了进一步推动农业科研事业的发展,加快提高自主创新能力,加速科技成果转化而设立的,主要用于改善单位的基础设施,包括:科研仪器设备购置类项目;实验室维修与改造类项目;试验基地设施建设类项目。《辽宁省省级科研事业发展专项资金管理暂行办法》第十三条明确规定:"对科研事业发展专项资金实行绩效考评"。

绩效评价是指运用科学、合理的绩效评价指标,评价标准和评价方法,对财政支出的经济性、效率性和效益性进行科学、客观、公正的综合性考核与评价。而合理的绩效评价体系,是进行绩效评价的基础和核心,需要形成一套科学、规范、系统的涵盖财政专项全过程的绩效评价体系,在工作中具有较强的现实意义。

一、绩效评价的研究及实施现状

2009 年，中华人民共和国财政部颁发了《财政支出绩效评价管理暂行办法》，2011 年，辽宁省财政厅印发了《辽宁省省级财政支出绩效管理暂行办法》，辽宁省政府办公厅转发了《关于加强预算绩效管理的指导意见》。辽宁省从 2006 年开始，试点开展绩效评价工作，已经完成了 2005 年度、2006 年度共 17 个资金项目的绩效评价工作，评价项目资金 29 亿元。2008 年，财政把科研事业发展专项资金纳入评价范围。通过绩效评价，暴露出了现行体制下存在的问题，有针对性地为今后的财政专项资金使用和管理提供了措施和建议。目的是进一步推进财政科学化、精细化管理，提高资金使用效益。

目前，绩效评价工作尚处于起步和摸索阶段，大多无现成的经验可以遵循和借鉴，绩效评价指标体系建设尚不完善，绩效评价过程也亟待规范。

二、科研事业发展专项支出绩效评价制度依据及目标

1. 绩效评价的制度依据

《财政支出绩效评价管理暂行办法》和一些省级财政支出评价管理暂行办法明确提出要建立科学的财政支出绩效评价体系，要求各主管部门应分项建立资金考核评价制度，量化指标体系，选择用于衡量本部门以及项目绩效的绩效目标，确定绩效指标目标值，作为编制预算和绩效评价的主要依据。

《财政支出绩效评价管理暂行办法》和一些省级财政支出评价管理暂行办法都规定：绩效评价指标应当遵循相关性、重要性、系统性、积极性的原则，将绩效评价指标分为共性指标和个性指标。绩效评价指标是指衡量绩效指标实现程度，反映财政支出绩效目标状况，衡量目标实现程度，揭示财政支出管理和使用及项目实施管理中存在问题的可量化的考核工具。

2. 绩效评价的目标

作为绩效评价对象的项目包括重大项目和一般性项目。辽宁省农业科研单位的科研事业发展专项资金是省财政预算安排的，专项用于支持省级科研事业发展的专项资金，一般由归口省科技厅和省农业科学院管理的科研院所承担。

为使通过科研事业发展专项资金的支持，引导省属科研单位加快提高自主创新能力，加强产学研合作，加速科技成果转化与推广，为辽宁经济社会发展和老工业基地振兴提供有力支撑和良好服务。这就要求以项目的组织实施为着眼点，来分析资金支出结构、资金投向，评价项目的立项、组织实施情况及绩效目标完成情况，揭示项目资金管理使用中政策上、体制上和机制上影响资金效益发挥的

问题和薄弱环节，确保科研事业发展专项资金的作用得到充分发挥。

为实现上述目标，在绩效评价中，需要全面收集和熟悉项目计划的立项、申报、审批、组织实施和验收资料；资金筹集、分配、拨付、使用及管理拨付文件和相关政策，单位内部控制措施及落实情况等。

三、科研事业发展专项支出绩效评价指标体系的设计

开展科研事业发展资金绩效评价，需要区分科研仪器设备购置类项目，实验室维修与改造类项目，试验基地设施建设类项目等各类项目的性质和特点，有针对性地确定评价指标体系。在绩效评价指标体系的确定上，应充分了解资金涉及的相关法律法规、产业政策和行业规划以及资金使用管理、项目管理、资金绩效考核评价办法等方面的政策制度，参照相关现有指标，在此基础上科学地确定适合的资金效益评价标准。

根据不同的资金性质和特点，科研事业发展专项资金绩效评价分为业务指标评价体系和财务指标评价体系，其中：科研事业发展专项绩效评价指标体系（业务）和财政支出绩效评价指标体系（财务）如表1和表2所示。

表1　　　　　　　　　科研事业发展专项绩效评价指标体系（业务）

一级指标	二级指标		三级指标		备　　注
项目实施绩效状况 35	立项目标完成程度	20	项目完成情况	20	实际完成是否达到立项计划；实际采购设备仪器型号、规格、数量、质量等；对实验室的维修和改造；实验基地建设规模、条件是否符合理想要求；实际进度与计划进度是否一致，或提前完成
	项目效益	15	科研条件改善情况	9	项目实施是否为科研项目提供了更大的帮助，是否能满足研究先进技术的需要，是否有助于科研课题研究深度的提高，有利于提高自主创新能力，有利于凝聚人才形成高水平科技人才队伍，多出、快出高水平、高效益科研成果
			科研项目对社会效益的影响	6	项目投入使用后是否激发了更大的科研积极性，提高公共科技服务条件与能力，推动省科技事业发展，是否产生较好的经济效益并促进社会发展
项目组织管理状况 15	立项目标的合理性	9	立项目标准确性	6	该项指标主要从项目立项必要性和项目实施相符性考核立项目标是否明确、合理，论证是否充分；项目立项目标与实际目标是否相符；项目是否符合单位年度和中长期发展规划
			目标调整合理性	3	该项指标主要从项目调整依据充分性和程序合规性考核目标调整理由是否充分；调整后新目标是否可行；项目调整手续及报批程序是否符合相关程序和规定

续表1

一级指标	二级指标	三级指标		备　注
项目组织管理状况 15	项目组织管理水平 6	管理制度健全性	3	该项指标主要从管理制度完整性和合理性考核项目在实际执行过程中，相关管理部门有无专门的项目实施管理措施和制度等，各项管理制度制定是否完善、合理
		组织实施有效性	3	该项指标主要从机构设置、人员配备和项目管理的组织有效性等方面考核项目实施机构是否发挥了相应作用，项目实施的制度和管理办法是否得到有效执行，能否保证项目的顺利实施。是否严格执行项目管理程序及招投标制、监理制、合同制、项目公示制、政府采购等（针对具体项目对应考核）

表2　　　　　科研事业发展专项绩效评价指标体系（财务）

一级指标	二级指标	三级指标		备　注
项目预算管理状况 50	预算编制合理性 5	预算依据充分性	3	该指标主要考核项目单位在编制申报预算时的预算依据是否与政策相符，同时考核预算编制论证是否充分
		预算编制规范性	2	该指标考核项目单位编制的申报预算测算标准是否符合规范要求，测算方法是否合理、科学、规范
	预算执行有效性 25	资金到位率	5	该指标考核财政资金到位金额占预算批复数比重
		资金到位及时性	5	该指标考核财政资金到位的及时性
		预算执行相符性	5	该指标考核各项目预算执行内容和进度与预算批复的相符程度。主要考核实际支出内容与预算批复内容是否一致，实际支出进度与预算安排是否一致
		预算支出合规性	5	该指标主要考核实际支出内容和标准及其结构与预算批复、财务管理制度和专项资金管理办法规定的是否相符
		预算调整合理性	5	该指标考核预算是否有调整或预算调整的合理性。主要考核预算调整内容的必要性、调整审批手续的完备性以及调整后预算的合理性和可行性
	财务信息质量 10	财务资料完整性	4	该指标考核财务资料齐全和合规程度。主要考核与项目资金收支凭证等财务资料的完整性，及财务资料形式和内容是否符合财务管理和会计核算制度
		会计核算准确性	6	该指标考核会计核算合规性、会计数据真实性及准确性。主要考核会计核算方法与会计制度和专项资金管理规定的相符程度，会计数据反映是否真实和会计数据记录是否准确
	财务管理状况 10	财务制度健全性	5	该指标考核项目制度体系是否完整，制度内容是否全面。主要考核项目单位是否根据国家有关法律法规，结合本单位实际情况，制定了预算管理制度、专项资金管理制度、各项财务开支标准和管理办法等一系列制度和办法，制度体系完整性、内容全面性，是否能满足项目财务管理要求
		财务制度时效性	5	该指标考核制度制定是否及时，制度执行是否有效。主要考核制度的可操作性、是否得到执行、执行在保证专项资金使用效益和提高财务管理水平等方面的效果

四、科研事业发展专项支出绩效评价的实施阶段

绩效考评实行定性考评与定量考评相结合，业务考评、管理考评与效果考评相结合的方式，实施绩效考评时可根据各个科研事业发展专项的特点和管理要求，选择一种或多种考评方法。

绩效考评工作分准备阶段、实施阶段和报告阶段，具体可分为以下步骤。一是组织准备。重点是确定考评实施机构，落实考评人员，如委托社会中介机构实施绩效考评，应签订相关协议，明确考评工作任务、具体要求以及双方的权利和义务。二是拟订方案。考评实施机构应按不同考评形式的要求，拟定绩效考评工作方案，明确考评项目、对象、依据、指标、方式方法、组织分工、工作进度等。若需现场考评，还应拟定工作日程表并提前通知项目单位。三是具体实施。考评人员根据工作方案，收集、整理、分析项目执行过程的业务资料和财务资料，并根据确定的指标及权重进行初步评价。四是专家分析。必要时应组织专家委员会（组）对绩效考评工作中发现的重点、难点和疑点问题，组织专门讨论，并形成一致意见。五是交换意见。绩效考评实施主体应就绩效考评中发现的成功经验、存在的问题及考评结论等与项目单位或其主管部门进行沟通，以使双方对绩效考评结论形成共识。六是撰写和提交报告。实施绩效考评的部门或中介机构，应按照规定的格式和要求撰写并提交项目支出绩效考评报告，做到内容完整、依据充分、客观真实。七是结果反馈。组织绩效考评的部门或机构应以适当形式向项目单位或其主管部门反馈考评结果。

五、对绩效评价工作的建议

1. 逐渐完善绩效评价指标体系

在今后的工作中，要结合实际不断完善评价指标体系和评价方法。目前世界上较多国家都对财政支出进行绩效评价，评价内容一般为目标评价、财务评价、结果与影响评价和资源配置评价，我们可以吸取他人的长处，为我所用。笔者认为，绩效评价要以提高效益的要求贯穿于用财的全过程。重点要从为什么立项，资金用到什么地方，支出是否合理，管理是否规范，项目的质量是否达到要求，产生了什么效果，是否以最少的投入产生了最大的经济效益和社会效益等着手，这方面有很多文章可做。

2. 项目主管部门认真组织，精心部署

绩效评价是一项新工作，无论是对于项目主管部门，还是对项目承担单位来说，都是比较陌生的，需要认真地学习、领会，并在此基础上，承担对下属部门

讲解、培训的任务。因此，需要主管部门认真组织，精心部署，为各单位详细讲解绩效考评工作报告和相关表格的填写要求，有利于最终形成绩效评价报告。

3. 项目承担单位高度重视

作为省级农业科研单位，其二级单位承担了大量农业科研项目的研究工作，此类科学研究项目的申请、组织实施和验收，对于科研人员来说，驾轻就熟。而对于科研事业发展专项资金，由于其申请来源的渠道为省财政厅，资金的使用主要用于购买仪器设备、科研设施建设和后勤改造等，尤其是对此类项目的绩效考评，都需要科研人员重新学习，高度重视。

参考文献

[1] 于新玲. 对财政专项资金绩效评价的认识与思考 [J]. 新疆农垦经济，2009 (5).
[2] 冯平. 建立林业资金绩效评价探讨 [J]. 云南林业，2009 (3).
[3] 李雪泉. 青浦区农业专项资金使用绩效评价初探 [J]. 上海农村经济，2007 (3).

加强农业科研单位财务信息化建设

蒋　岩

（辽宁省农业科学院财务处　辽宁沈阳　110161）

【摘　要】　对农业科研单位财务信息化平台建设的研究，可以提升财务管理水平，降低财务管理成本。本文介绍了财务信息化建设的基本原则，辽宁省农业科学院财务信息化建设情况，并结合工作实际，提出了加强财务信息化建设的几点建议。

【关键词】　财务信息化；建设；原则；建议

随着农业科研单位整体信息化建设水平的提高，财务信息化平台建设在农业科研单位的财务管理中开始发挥越来越重要的作用。农业科研单位的会计核算模式、财务管理模式、预算管理模式、资金支付方式以及对外服务模式都发生着巨大的变化，先进、合理的财务管理信息化平台的建立，依托现有网络资源，可以使农业科研单位的会计数据和管理数据等信息得到更有效、更合理的运用。对农业科研单位财务信息化平台建设的研究，可以将先进的财务管理理念与先进的信息化手段结合起来，在建设财务管理信息平台中，发挥出最大的作用，使农业科研单位的财务管理工作迈上一个新的台阶。

一、财务信息化建设基本原则

1. 整体规划原则

农业科研单位财务信息化建设覆盖面广、涉及专业多，并且采用的应用软件系统也有多种，因此，应对财务信息化建设进行整体规划，规划内容要完整，并面向全局，统筹考虑，以保证各应用系统的集成性。要将财务信息化建设纳入到单位本身的发展战略中，要与单位未来的业务发展和管理发展充分结合，只有这样，才能保证单位整体的发展方向。

2. 合理配置原则

财务信息化建设需要配置合适的软硬件系统。在硬件购买上，不仅要看同类设备的性价比，还要看该产品是否能满足单位整体信息化建设的需要，是否为市场的主流产品，是否有发展前途。在软件开发上，应该坚持用户主导，强调软件的适应性，追求应用软件能解决本单位的业务需求，业务人员能很轻松地学会，系统能稳定地运行。

3. 安全管理原则

财务信息化建设一定要考虑系统安全，要为数据处理系统建立和采用技术和管理上的安全保护，保护计算机硬件、软件数据不因偶然和恶意的原因而遭到破坏、更改和泄露，保证财务信息系统正常运行。

二、单位财务信息化建设概述

辽宁省农业科学院是省政府直属的综合农业科研单位，主要从事粮油作物、蔬菜、花卉、果树等新品种选育和栽培技术、生物技术、植物保护、农业信息技术等方面的研究。近几年，辽宁省农业科学院在财务信息化建设中，主要做了以下工作。

（一）账务核算系统建设

随着国家对"三农"方面的投入规模逐年加大，辽宁省农业科学院的科研经费大幅度增长，不同类别的科研项目有不同的资金管理办法，这就对财务管理工作提出了新的要求。经过充分调研，我们认为天财科研单位财务管理信息系统能够满足农业科研单位财务管理，特别是预算管理的需要，并于 2010 年用天财软件更新了原有的财务软件。

1. 软件系统设置

（1）科目设置。在账务处理系统中，我们按照最新的政府收支分类科目设置会计科目。由于农业科研项目资金支出范围与政府收支分类科目中的支出经济分类科目不同，造成两方面数据衔接不顺畅，为此，我们设计了科技项目资金支出范围与政府收支科目——经济分类科目对照表，将科目细化对接，使科技项目核算更加清楚规范。

（2）部门及项目设置。在辅助账系统中，我们按照辽宁省农业科学院现有的核算单位设置部门，在部门下设置核算项目。根据不同科研项目的管理及核算需要，我们将项目分为几大类，并设置不同的类别码，这样在项目查询时，既可以按部门查询，也可以按项目类别查询，非常方便。

（3）核算项目额度设置。科技项目承担单位应当严格按照下达的项目预算执行，一般不予调整。以前为了防止项目支出偏离预算，财务人员需要随时查询项目支出情况并和预算进行比对，管理起来比较麻烦。天财软件设置了项目额度控制功能，科技项目的支出预算可以直接录入项目额度，这样软件就可以按照项目预算自动控制支出，而且可以随时查询项目剩余额度，减轻了财务人员的工作量。

2. 统一本部门二级单位财务核算系统

天财软件在院本部正式运行一年后，开始在全院范围内推广，并争取到省财政的资金支持。财务软件的统一，有利于单位对财务资金的统一管理，有利于提高财务信息的真实性和资金运作的透明度。通过全院财务人员的努力，用了半年多的时间，将院外七个研究所的财务软件统一更换为天财软件，做到统一账务系统，统一会计初始化设置，统一预算管理，从而使全院的会计核算和财务管理工作更加科学有序，也为将来主管部门实现远程财务查询、指导和监督提供了基础条件。

（二）财务查询管理系统建设

为方便单位管理者、科研人员及时掌握单位经费或所主持的科研项目经费使用状况，提高财务信息服务质量和工作效率，发挥数据共享作用，院财务处安装了财务信息及工资信息查询系统。通过财务信息及工资信息查询系统，院主管领导可以查询院属单位各类经费的收支、结余情况；研究所负责人可以查询本部门各类经费的收支、结余情况；项目负责人可以查询所负责的科技项目的往来款、收支明细和当前余额情况；职工可以查询本人工资及个人往来款情况。财务信息及工资信息查询系统正式运行后，院财务处不再打印在职职工工资条，院属各单位需要了解本部门财务收支情况，可以随时登录院财务网查询，一方面院财务处节省了人力物力资源，另一方面也为院属各单位及广大职工提供了方便。

（三）资产管理信息系统建设

农业科研单位国有资产管理的主要目标是合理分配、有效使用国有资产，维护国有资产安全完整，为农业科研单位履行社会职能提供有力保障。院财务处充分利用现有资产管理信息系统，开发网络版资产管理信息系统，实现"单位所属部门—单位—主管部门—财政部门"自下而上的资产管理模式，全面满足对国有资产动态监管和日常管理的需要。通过卡片管理和条码管理功能形成资产档案；通过系统各项业务登记功能实现日常业务管理，形成资产管理台账；通过数据交换中心功能实现资产业务的申报审批和备案；通过资产报表、综合分析功能为财政及主管部门提供决策支持的依据。建立与完善网络版资产管理信息系统，使固定资产的管理、清查与业务处理效率大幅度提升，其业务内容覆盖了资产的配置、使用、处置、评估和收益等各个环节，有利于实现固定资产精细化管理。

（四）财务活动网络化建设

为了积极宣传财务工作，让全院财务人员及时了解财务工作动态，财务规章制度，加强财会人员的学习交流，创办了辽宁省农业科学院财务网和辽宁省农业科学院财务 QQ 群。

辽宁省农业科学院财务网设置了规章制度、工作动态、服务指南、下载专区等板块，内容丰富，查阅方便。其中规章制度板块用来上传国家发布的一些重要财务制度、法律法规，各类专项科研经费的管理办法，院里制订的各项财务制度、规则等；工作动态板块用来上传本院财务工作的最新情况及重要事项；服务指南板块用来上传财务方面的一些业务处理流程及操作说明；下载专区板块提供一些财务方面的自制原始凭证格式、合同（协议）范本及工作报表、文档等的下载。通过财务网这个平台，全院财务人员学到了很多专业知识，开阔了眼界，同时也为全院日常财务工作带来了很多方便，降低了财务管理成本。辽宁省农业科学院财务 QQ 群的建立，可以使全院财务人员商讨在线交流工作中遇到的一些问题，效果也很好。

三、加强财务信息化建设的建议

通过大家的努力，我院的财务信息化建设取得了一些成绩，这对提升辽宁省农业科学院的财务管理水平，实现信息有效流通，实现资源共享，提高工作效率等都起到了积极的促进作用。但在具体工作实践中，还存在一些问题和管理上的薄弱环节，需要在以后的工作中加以解决和完善，结合辽宁省农业科学院的财务管理工作实际，笔者认为应当从以下几方面加强财务信息化建设。

1. 进一步完善财务核算与查询系统功能

对财务软件管理的程度将直接影响财务信息化建设的质量。目前正在使用的天财核算软件和查询软件虽然能够满足我院财务管理工作的需要，但是软件的有些功能还有待进一步提升，比如报表功能和查询功能等。要格外关注软件平台的建设和完善，加强规范化、系统化、高效化管理。要扩展财务软件的功能系统，在将其功能模块建设稳定化的基础上，涵盖更多的财务处理功能，如财务分析、预警反馈、网上审批等，尽可能地使其为财务工作服务。作为用户，我们要与软件公司加强沟通和协作，根据单位财务管理的实际需要，不断改进和更新软件技术，同时，要加强网络安全和软件风险防范设计，避免因为软件漏洞等原因而造成的信息泄露。

2. 加强财务信息系统标准化建设

信息技术可以推动单位业务的发展。而将信息技术的各个组成部分，例如个人电脑、邮件系统、财务软件和办公软件等个人操作软件标准化，可以为单位带来巨大的回报。如果统一使用同样标准的个人电脑，并且通过网络管理来完成软件自动升级之类的工作，可以为单位节省很多运作成本。目前，辽宁省农业学科院财务部门已经统一了财务核算软件、工资核算软件、资产管理软件，这样除了节约成本和提高效率外，也使得全院财务信息更加统一、有效。接下来，将在全院范围内逐步统一服务于财务信息工作的软、硬件系统，包括电脑的品牌、型号，系统软件和应用软件等，只有使用同样的技术标准，才能进一步扩展全院的信息技术能力。我们应对信息技术工具的使用和采购实行战略管理，要把单位购买的信息设备和相关服务的数据收集起来，考虑到财务信息技术发展的趋势，作出系统决策。

3. 加强院财务网建设

辽宁省农业科学院财务网是服务全院财务工作的一个窗口，在财务管理中发挥着重要作用。由于人员配备不足，在网站维护中还存在一些问题，比如采编力量不够，内容更新不及时，文稿质量有待提高等。为此我们要加强力量，提高网站服务质量和水平。第一，要调动全院财务人员关注网站建设工作，参与网站管理，对网站建设及时提出好的建议，健全相应的网站信息奖励考核机制；第二，要结合我院财务工作，对网站板块进行更新，确定各板块具体负责人，各板块责任人要积极收集整理相应板块的图文信息，经审核后上传，逐步丰富网站内容；第三，院财务网要及时反映出财务动态和全院财务人员的精神风貌，发挥网站的各项功能，为全院财务管理做好服务。

4. 加强人才队伍建设

人员素质是财务信息化建设能够顺利推进的关键。目前，需要一批既懂计算机知识，又懂财务管理理论的复合型信息化管理人才，这将在很大程度上决定信息化建设的成效。然而我们的大多数财务人员还没有达到这一要求，人员层次有待提高，因此，我们要加强财会人员队伍建设。首先，要加强引导，深化财务人员对于信息化的认识水平；其次，要注重人才培养，建立财务信息化人才培养的长效机制；最后，要结合单位实际制定人才标准，明确财务人员的培养方向。作为财务人员，应不断完善自身的专业知识，优化知识结构，提高专业技能，加强职业道德修养来提高自身的综合素质，并将其运用在财务管理工作中，从而有效实现财务管理信息化目标。

参考文献

[1] 施文全. 财务信息化发展问题探讨 [J]. 财经界，2010（24）：242-244.

农业科研单位科研经费管理存在的问题与对策

杜慧莹

（宁夏农林科学院　宁夏银川　750002）

【摘　要】科研经费的管理既是科研单位科研管理的一个重要环节，也是单位财务管理的一个重要方面。本文通过对目前科研经费管理中存在问题的分析，结合宁夏农林科学院农业科研院所科研经费管理的实践，提出加强农业科研单位科研经费管理的改进对策。

【关键词】科研经费管理；问题与对策

近年来，政府逐步加大了对农业科研的投入力度，财政部门对科研单位的科技投入逐渐增加，农业科研经费的来源渠道和资金量日益增多，特别是2012年中央一号文件《关于加快推进农业科技创新持续增强农产品供给保障能力的若干意见》，将农业科技摆到更加突出位置。科研经费作为科研单位开展科研工作的支撑，如何有效地加强科研经费管理，保证科研资金的安全、高效使用，使之发挥最大的经济效益和社会效益，是急需解决的问题。

一、科研经费管理中存在的主要问题

随着财政对科研单位科技投入的逐渐增加，国家和地方政府以及经费管理部门对科研经费的管理也越来越重视，并制定了一系列规章制度，使各项经济活动有章可循。但是，科研经费在管理方面还存在一些突出问题，主要表现在以下几点。

1. 科研经费管理与会计核算的复杂性，造成财务管理执行难度大

随着农业科研工作与社会经济建设的联系逐步加强，科研经费的来源渠道亦呈现多样化。不但有来自于国家各类科学基金、科技支撑计划项目、国家重大专项以及各行业主管部门下拨的纵向科研经费，还有来自于社会各界的横向科研经费，各项经费又都有独立的管理办法。虽然去年国家对《国家重点基础研究发展

计划专项经费管理办法》《国家科技支撑计划专项经费管理办法》等四个办法作了统一规定，但科研经费管理办法还是很多，这就意味着科研项目不同，资金来源渠道不同，对经费管理与核算的要求也不同，一定程度上给管理和核算带来难度，也对科研财务人员的要求也就越来越高。

2. 项目管理与经费管理缺乏协调协作，导致项目与经费管理脱节

长期以来，科研项目管理各部门从自己的利益考虑，对科研经费的管理没有统一的认识，采取各自为政的传统管理模式，不能形成一个一致的、有利于全体效益的整体。具体表现为，项目课题组只注重项目经费的争取而轻视经费使用的合理性；科研管理部门只关注项目的申报、立项，忽视跟踪经费的使用效益；财务部门则只是在不了解科研活动实际的情况下，依据收到的有关单据对经费进行会计核算，不清楚科研工作的进展，更无法对项目及经费的运用状况进行综合管理和监督。各部门之间缺少必要的沟通和协作，不能通过经费管理来控制项目进程，严重影响了科研经费的运用效率。

3. 科研经费预算编制不够规范，编制与执行没有融合衔接。

按照国家财政预算管理改革的总体要求，对课题经费实行全额预算管理，细化预算编制，并实行课题预算评估、评审制度，课题经费预算一旦审批通过，必须严格执行，一般不作调整。第一，由于各科研项目所研究的领域不同，每个项目都有其特殊性，而农业科研具有周期长、季节性、复杂性等特点，并且科研项目的不可预见性及复杂性，立项时的预算很难全面覆盖科研全程中的需求，也很难预测可能发生的变化，这就容易导致项目预算编制不合理、不科学等问题。第二，有些科研人员对科研经费管理需要遵循的有关专项经费管理办法和财务管理的规章制度了解较少，在预算执行中随意变更预算或调整预算支出结构的现象时有发生。第三，预算批复书一般由项目主持人保管，财务部门只是按照财务规章制度监督管理科研经费的使用，不能参与到项目的直接管理当中，很难对科研经费的预算进行控制和监督。

4. 科研经费使用效益不高，致使资金重复购置浪费严重

科研经费开支审批实行课题组负责制，各课题组添置设备大多由课题经费支付，购置的设备成为课题组专用设备，存在不同部门、课题组重复购置相同或类似仪器设备和仪器设备闲置现象，一些课题负责人或课题组成员往往同时参加几个项目的研究，通过不同经费来源的课题重复购置设备，特别是笔记本电脑、数码相机等归个人使用的物品，使得单位难以实现资源的合理配置与共享，仪器设备的使用率不高，造成科研资金使用效率不高，重复浪费现象严重。

5. 科研经费到位滞后，影响项目的执行和年度资金的结余

农业科研与其他行业科学研究存在较大差异，具有周期长、季节性、复杂性等特点。目前大部分项目经费在任务下达后，到下半年甚至到年底经费才能到

位，致使预算执行时间过短，甚至还未列支就进行结算。不仅影响项目按时开展工作，而且会造成项目经费间互相挤占和年末项目资金结余，影响国库集中支付改革进程。

二、存在以上问题的原因

1. 会计基础工作差，经费管理不严格

许多单位只注重科研、管理岗位的人才培养，忽视了财会人才队伍建设和岗位培训，使得财会队伍人员结构、业务素质与管理要求不相适应。一方面不能按照经费来源对不同项目单独建账，造成科研经费预算管理混乱，无法监控各个项目的财务进展情况，更谈不上项目决算；另一方面，财会人员在科研经费支出核算时，业务能力不强，对政策把握不准，不能够按照国家相关规定和项目经费预算控制来进行经费支出，造成科研项目经费支出账目混乱。

2. 项目管理与经费管理各自为政，缺乏全局观念

大多单位科研项目管理的职能部门是科技处，科研经费管理的职能部门是财务处，科研项目经费预算是由项目组编制的，财务人员不参加项目可行性分析，无法落实项目成本管理工作。项目完成后，财务人员被排斥在项目验收环节之外，无法参与财务决算与项目绩效考评等管理工作，而财务部门又缺乏与科研管理部门以及项目负责人沟通的平台，造成科研项目管理与经费管理各自为政、相互脱节。

3. 对项目预算管理理解不够，预算执行乏力

一是项目预算编制随意，缺乏科学性。由于科技人员对项目预算管理认识不够，在编制科研项目预算时，绩效预算意识薄弱，不能很好地利用财务信息编制科研项目预算，凭经验估计，导致科研项目预算编制不够经济合理。

二是一些科研人员缺乏预算执行的意识。在科研经费支出中，有的项目没有按批复的预算执行，有的没有按科研项目的进度执行，决算与预算差异较大。

4. 资金审批程序和拨付渠道不畅，影响项目完成的质量

由于科研经费的来源渠道的多样化，资金到位时间不能保证项目的按时执行。如有些项目资金是直接拨付，有些项目资金需要几次拨付，每个环节都需要一定时间才能到位，导致项目实施单位资金到位严重滞后。

三、加强和改进农业科研单位科研经费管理的对策

1. 加强管理，提高科研资金的使用效益

一是充分做好项目预算的编制工作，财务人员应参与项目编制、项目执行管

理的全过程，使预算既适应研究工作的需要，又符合财务的各项规章制度，以保证预算的严肃性，增加了可操作性；二是做到项目单独核算，使每笔开支均有完整的审批手续，定期按科研项目预算要求，核对经费用款计划的落实情况；三是应根据农业科研季节性强的特点，为一些对农业生产影响较大的新项目提供方便，提前资助，保证这些重大项目的研究进度，促进科研工作有序进行。

2. 完善措施，明确各部门之间的权责关系。

科研经费管理作为科研项目管理工作的重要环节，离不开科研部门与财务部门和科技人员的紧密协作。科研部门应与财务部门相互协调，共同管理，才能使有限的科研经费发挥最大的经济效益。这就需要建立一个科研管理部门、财务部门、科研人员责权利相结合的有效管理办法，明确科研管理部门、财务部门、科研人员之间的权责关系。从科研项目申请、立项到经费入账、中期评估以及项目结题结账的整个过程，各部门都应明确职责，各负其责，密切配合，协调工作，保证科研工作顺利进行。

3. 强化培训，提高财务人员的综合素质

会计基础工作是科研经费管理工作的重中之重。科研院所应加强财务人员对国家科技政策、科研专项经费管理办法及财经制度等相关知识的培训，培养财务人员的职业道德和爱岗敬业精神，将财会队伍建设纳入院所人才队伍建设规划，配备相应岗位的财务管理人员，逐步建立年龄构成合理、知识结构完善、综合素质较高的财务管理队伍。

4. 健全机制，充分发挥项目资金绩效评价优势

近年来项目管理提倡项目绩效考评，这种管理新思路不仅对项目支出的目的、执行过程、效益、作用和产生的影响进行全面系统的分析和评价，客观总结正反两方面的经验教训，提出改进和提高效益及管理水平的建议等，也可以有效地解决目前科研经费管理中存在的问题，提高科研经费的使用效益。因此新时期农业科研单位应高度重视绩效预算管理，充分认识绩效管理的重要作用，对保证农业科研经费的充分利用，促进农业科研单位的可持续发展具有十分重要的意义。

参考文献

[1] 稳定英. 强化预算执行管理在农业科研单位财务管理中的作用 [J]. 农业科研经济管理，2011 (4).

[2] 庞燕珍. 农业院校科研经费管理问题及对策 [J]. 会计之友，2009 (6).

[3] 朱翠琴. 科研项目及经费管理浅议 [J]. 事业财会，2006 (3).

[4] 李洋. 高校科研经费的管理中存在问题及对策 [J]. 企业家天地：理论版，2008 (7).

浅谈对农业科研经费的管理

陈晓霞

（山东省农业科学院作物研究所　山东济南　250000）

【摘　要】本文分析了目前农业科研单位在科研经费管理中存在的主要问题，并对造成这些问题的成因进行了分析，有针对性地对解决这些问题提出了一些意见和建议。

【关键词】农业科研经费；管理

农业科研单位科研经费是农业科研机构科技活动的主要资金来源，随着"三农"问题的提出和国家建设社会主义新农村战略的不断深入，国家对农业的投入不断加大，同时对农业科研的投入也随之不断增加，如何加强农业科研经费的管理，使有限的科研经费发挥最大的效益，不断提高农业科研单位的核心竞争力和服务"三农"及社会主义新农村建设的能力，成为农业科研机构的主要任务之一。

一、存在的问题

1. 预算编制不够规范，与执行脱节

一是由于科研经费预算主要是由课题负责人和课题组成员编制的，往往没有财会人员参与，使得财会人员一般是在课题经费到达后才了解情况。项目负责人对项目的研究是专家，但对预算的编制等财务会计问题却不熟悉。由于考虑欠周，造成编制预算时未编入而实际执行中又必须开支的项目过多。二是科研经费预算编制缺乏科学合理的论证，还存在"先确定额定资金，再论证项目，后编预算"的现象，从而导致预算编制与预算执行脱节。

2. 财务管理不够规范，与项目管理脱节

目前，项目管理由项目主管部门和项目承担单位科研部门及课题组负责，资金管理由财务主管部门和项目承担单位财务部门及会计人员负责，项目主管部门批复的课题实施方案、计划等全部通过科研部门下达到课题组，会计人员只是在收到经费后根据科研部门和课题组的通知进行会计业务处理，根本不了解项目方案和经费预算及科研经费的性质类别，无法根据项目预算进行预算控制。特别是现在科研项目经费类别很多，且每个类别的资金都有自己的管理办法，如良种工程、推广项目、成果转化项目、应用技术研究、自然基金、综合开发、产业化资金等，基本上是每一项经费都有各自的管理办法，差异较大，使会计人员不知道该执行那类资金管理办法，无法有效地进行财务管理和监督。

3. 日常核算不够规范，存在挤占挪用现象

有些项目没有严格按计划、按预算支出；有的项目经费支出没有严格执行标准和审批程序，随意增加或扩大科研项目经费的开支范围；有的项目没有把课题经费全部用于课题的研究开发，而是挪作他用；有的项目违规、超比例提取项目管理费。

二、原因分析

1. 单位负责人不够重视

农业科研单位普遍存在"重项目争取、轻资金管理"的现象，导致单位内部管理弱化。农业科研单位负责人为争取项目，单位领导亲自抓，全力以赴做好项目的争取工作，但在项目资金管理方面重视不够，对财经法纪缺乏了解，对会计知识学习不够，对自己所担负的责任缺乏认识。

2. 财政监督不够到位

普遍存在"重分配，轻管理"的观念，导致财政监督弱化。主要表现在：财政支出监督滞后，支出监督的方式方法落后，突击性、专项性检查多，日常监督少；事后检查多，事前、事中监督少；对某一事项和环节检查多，全方位跟踪监督少。对于一些不按预算执行或随意改变支出用途的问题，特别是以前年度发生的违规事项，目前还只是要求违规单位今后予以杜绝，而没有相应的解决办法和措施，使得监督往往流于形式，缺乏应有的力度，直接影响了财政监督的权威性和有效性，助长了财政支出过程中的浪费、违纪现象。

3. 管理体制不够规范

目前项目管理部门普遍要求科研项目实行课题制管理，科研经费由课题主持人负责管理。课题主持人都是某一领域科研专家，专业理论知识非常渊博，但对财务会计知识了解很少，有的基本上不了解项目经费的管理制度，他们只考虑如何搞好科研工作，并根据科研工作的需要安排支出，很少考虑项目资金的支出是否符合财经规章制度，是否符合项目经费预算。课题一般都是依托某个单位，单位负责人作为单位财务会计责任主体，对科研经费使用承担责任，课题主持人并

不承担责任。

4. 正常经费不够充足

随着国家对事业单位改革的不断深入，提出了改"以钱养人"为"以钱办事"，由给"口粮"变给"种子"的改革方针，逐步减少对农业科研单位基本支出的投入，要求农业科研单位增加自身组织收入能力，来弥补正常经费的不足，保证单位工资和正常运转的需要，但由于许多农业科研属于应用研究，农业科技产品不是纯粹的公共产品，在不同程度上具有一般公共产品的两大特征：多数农业生产是生物产品的生产，生物产品生产的一个重要特征是可以自我繁殖（非排他性）；农业技术一旦产生，一些农民对某种技术的采用不会限制其他农民对该技术的采用（非竞争性）。公共产品的非排他性必然会出现"搭便车"现象，导致农业科研单位自身收益低，社会效益大的特点，另外由于国家政策也要求无偿向社会推广新品种、新技术（财政安排推广资金并不允许支出成果或技术转让费），因此，农业科研单位保工资、保运转的压力非常大，在没有其他收入来源的情况下，为了稳定科研队伍和单位的运转，一些科研单位不得不制订内部政策挤占或挪用科研经费，如由课题分摊部分水、电、气、暖费用，科研人员的津贴补贴和奖励酬金以及违规提取管理费等。

三、措施和对策

1. 实行经费预算管理，加强预算监督

课题组应协助会计人员共同完成经费预算的编制，并由科研管理部门和财务部门联合进行审核，尽可能细化每一项开支，认真估算各项业务所需资金，尽量考虑需要开支的每一个环节，使预算的每一个数据有合理、合法的依据，使科研项目的预算编制工作制度化、规范化、合理化。通过课题组、会计人员、科研管理部门和财务部门的共同参与、相互交流及相互协助，使项目经费预算编制的内容更加科学、合理和有效，实际执行起来更加具有可操作性。同时政府主管部门应重新认识和定义科学研究活动的成本，建立科学的预算体系和预算标准，为合理编制科研项目预算提供科学依据。

2. 实行项目库管理，加强科技监督

按照部门预算编制的要求，建立健全项目库。项目库本身具备项目维护、项目评价、项目排序、财力控制、审批流程管理等多项功能，实行项目滚动管理和有序安排，并把项目库建设与项目预算、项目年度预算的编制衔接起来，及时下达预算，充分发挥资金的使用效益。同时，加强对已实施科技项目的跟踪监督，督促其规范账务处理，实现财政预算管理的法制化、数据化、规范化、高效化。

3. 实行单位法人责任制，加强单位监督

单位法人是对外承担责任的主体，也是我国会计法规定的财务会计工作的主要责任承担者，管好单位的科研经费并组织好科研工作是单位法人的职责，同时也有利于协调各课题组、财务部门、科研部门和其他有关部门分工协作，共同做好科研和资金的管理，可以避免"资金管理与项目管理"脱节和"预算编制与预算执行"脱节的问题。财政部门应建立健全有关的科研经费单位法人责任制管理制度，明确单位法人在科研经费管理中应承担的责任和权力，进一步调动单位法人在科研经费管理中的积极性和主动性，实现单位法人对科研经费的日常管理。

4. 实行会计集中核算型国库集中支付，加强财政监督

财政监督作为财政经济活动的专业监督，实践证明具有其他监督所不可替代的作用，它为强化财政职能，创新财政管理，净化经济环境，规范财政行为，提高财政资金的使用效率作出了大量具体而卓有成效的贡献，国库集中支付制度和会计集中核算制度是当前财政收支管理体制改革的两项重大措施，会计集中核算型国库集中支付是将会计集中核算和国库集中支付制度有机结合起来，实行以会计集中统一核算与国库集中收付制度并存的模式，可实现两种制度的优势互补，实现了财政资金的全过程监督管理，变以前的事后监督为事前、事中、事后全过程监督，增强了财政资金使用的透明度，提高了财政资金的使用效益。

5. 实行"科研经费管理卡"管理，加强科研项目的动态监督

借鉴银行"会员卡"的模式，增设"科研经费管理卡"的辅助核算功能，每个课题组发一个课题卡，课题组凭"科研经费管理卡"报销，课题主持人可以随时查询课题经费情况，实现了科研课题项目的动态管理，使课题负责人能够及时准确地掌握经费开支结余情况，发现预算执行过程中出现的问题，以便及时解决，并更好地执行预算。

参考文献

[1] 徐红宇. 高等学校科研经费管理问题研究 [J]. 教育财会研究，2006 (3).

[2] 朱翠琴. 科研项目及经费管理浅议 [J]. 事业财会，2006 (3).

[3] 韩卓飞. 浅谈高校科研经费管理中存在的问题及建议 [J]. 农业科技与信息，2008 (14).

[4] 刘伟英. 浅论农业科研经费管理存在的问题与对策 [J]. 企业家天地，2007 (6).

当前科研事业单位会计信息化发展面临的问题及思考

董秋华

（山东省农业科学院蔬菜研究所　山东济南　250100）

【摘　要】会计信息化的本质就是会计与现代信息技术相融合的一个发展过程。作为会计又一个崭新的发展阶段，对科研事业单位的发展有着重要意义，要求财务人员积极适应会计信息化的特点，建立和加强会计信息化下的控制体系。本文中首先分析了会计信息化产生的原因，并针对科研事业单位信息化发展存在的问题，提出了一系列解决对策。

【关键词】科研事业单位；会计信息化；问题；对策

一、会计信息化产生的原因

1. 会计信息化产生的外部条件

知识就是力量，在会计信息化中，知识经济是其产生的外部条件。知识经济是一种建立在知识和信息的生产、分配以及使用基础上的经济。知识经济条件下，知识和技术的不断创新、高新技术迅速产业化是以信息传递的快捷、开放为特殊条件的。因而，在加工与输出会计信息方面，知识经济对会计提出了更高的要求。为了生存和发展，会计只有顺应时代潮流，运用先进的计算机、网络、电子商务等信息技术，改造传统会计，提高财务信息处理与输出的速度，提高财务信息的质量，才能满足知识经济对财务信息的要求。

2. 会计信息化产生的内在因素

会计信息化产生的原因中除了外部条件外，还存在一些内部因素。现代信息技术与传统会计模型之间的矛盾便是会计信息化产生的内在因素。从理论上讲，一种会计模型的存在是与其所存在的客观社会经济环境相适应的。在信息社会里，社会经济环境和信息处理技术等方面发生了巨大变化，这要求会计要对此作出相应的反应，否则将会阻碍社会经济的发展和文明的进步。传统会计模型是工业社会的产物，是与工业社会的经济环境和手工的信息处理技术相适应的，这与信息社会对会计核算、管理、决策的要求相去甚远。因而，其在处理信息社会的经济事项时，表现出了众多的困惑。传统会计模型已无法适应现实需要，无法提供恰当充分的信息。传统的会计处理程序和规则与现代信息技术之间的不适应和不协调是会计信息化产生的内在原因。

　　3. 会计信息化与传统会计电算化的差异

　　传统的会计电算化，实质上并未突破手工会计核算的思想框架，只是用计算机对会计业务手工处理的一种替代，主要目标就是减轻手工操作的重复性劳动，提高效率。而会计信息化，是从管理者角度设计，以充分发挥会计工作在单位管理和决策中的核心作用为目标，通过重构的现代会计模式深化开发和广泛利用会计信息资源，既包括传统会计电算化处理的事务层面，也包括信息管理层和决策层，并以现代网络和通讯技术为主要手段。

二、科研事业单位会计信息化发展现状及存在的问题

　　近年来，我国科研事业单位会计信息化变革方面取得了很大进展，基本上实现了由手工会计向会计电算化转变的目标，部分单位还不同程度地实现了会计信息化。但是，从总体上来看，会计信息化还处于初期阶段，仍存在着不少问题。

　　1. 财务部门与内部其他部门之间缺乏数据共享

　　财务部门与内部其他部门之间缺乏必要的信息传递。长期以来，会计信息一直被单位视为"商业秘密"加以保护，对外绝对"滴水不漏"，其对内开放程度也有一定限制。会计工作的组织及会计信息系统的操作和运用大都由财务部门一手把持。财务部门与内部其他部门之间缺乏紧密的联系，不能进行必要的信息传递。财务部门的"自闭行为"无法满足信息化发展对单位信息管理的要求，尤其是当前财政部门对项目预算执行要求越来越高，项目预算执行慢的问题迟迟得不到有效解决，与财务信息不能及时传达到项目管理人员手上有着紧密关系。

　　2. 会计人员缺乏现代信息意识

　　科研事业单位会计人员由于受传统会计的影响，往往注重的是会计核算环节，而忽视会计分析和会计管理，强调"算"而放弃"管"，而这种情况只需投入大量人员就可以解决。会计人员普遍缺乏利用信息技术处理数据的感性认识，过分强调会计处理过程的可感觉性，对"看不见"的现代信息处理过程具有一种神秘感，现代意识不强。

　　3. 单位管理思想陈旧

　　随着信息化的不断发展，应该去除一些陈旧的管理思想，根据单位现实的发展提出一些适合时代发展的新的管理理念。不断提倡会计信息化要求把会计信息系统的构建置身于现代化管理思想和社会信息化的大背景之下，建立单位和社会

的有机联系。目前，内部管理思想和管理方式陈旧，地方保护主义、保守主义、观望主义等普遍存在，这一管理现状势必影响到会计信息化的发展。

4. 缺乏相应的信息安全保障

在信息不断发展的未来，会计信息化平台是要搭建在计算机、网络及通讯等现代信息技术之上的。只有现代化信息技术的手段，才能产生会计信息化的财务软件，才能有实现会计信息化的现实基础。但是，信息化的不断发展也会产生一些不足之处，例如网络安全、信息畅通等问题长期以来都没有得到解决。往往会形成旧的安全问题还没彻底解决，新的安全隐患又层出不穷。实现网络安全和信息畅通，还有待于技术的不断进步。

5. 单位信息基础设施水平有待进一步提升

会计信息化不仅涉及单位内部的信息集成，而且集成了整个管理流程中的信息。目前绝大多数科研事业单位还未开发或构建出适合自己的综合性信息化管理系统。主要原因是单位对信息基础设施建设还不够重视，目前大部分事业单位仍旧使用单一的财务管理系统，与为科研管理决策和执行提供及时有效全面信息的目标相距很远；其次是投入上的严重不足，投入到信息设施设备建设上的资金只占到单位运行经费的极少部分，资金的缺乏导致信息基础设施建设的缓慢。

三、解决科研事业单位会计信息化问题的对策

信息化的不断发展同时产生了一些问题，结合单位内部的实际情况、工作的要求提出一系列解决问题的对策。

1. 加强单位内外部的互动

首先从单位内部问题开始，由传统会计发展到信息化会计要求沟通方式由单向沟通转变为双向交流，思维方式由线形转化为网状。这实际上就是要形成一种互动状态，互相借鉴、互利合作、及时反应、借"脑"借力，互动成为推动会计信息化的动力和源泉。因而，会计信息化过程中要加强单位与政府部门，单位与会计及管理软件开发商，单位与供应商、制造商、销售商，单位内部组织成员，单位与其他外部单位及个人等之间的互动，通过各方互动，共同推进会计信息化。

2. 加强信息化人才的培养

人才是会计信息化的成功之本，会计信息化建设必须培养大量信息化人才。单位应从自身的实际情况出发，通过各种途径积极推进职工的再教育工程，提高职工的思想品德、职业道德、专业知识、工作技能，通过信息化的教育与培训，培养既能掌握现代化信息技术，又能掌握现代会计知识和管理理论与实务的"复合型"人才，同时实施会计信息化建设的继续教育工作，实现人才培养教育工作的连续化、规范化、制度化，不断提高会计人员综合素质和能力。

3. 改善单位内部控制制度

健全的单位内部控制制度是实施会计信息化的前提条件。会计信息化的发展使财务业务可以在远离单位的终端机上瞬间完成数据处理工作，缩短了办公时间，过去由会计人员处理的有关业务，现在可以由其他业务人员在终端机上完成，使得会计工作更加快捷准确。过去应当由几个部门按预定的步骤完成的经济业务事项，现在可能集中在一个部门甚至一个人就可以完成，节省了大部分劳动力。实行会计信息化之后，单位内部控制制度的范围和控制程序比手工会计系统更加广泛、更加复杂，控制的重点由原来只对人的内部控制转变成为对人、机的共同控制。可见，单位只有建立完善的内部控制制度，确保财产物资的安全完整、才能保证会计信息系统对单位经济活动反映的真实、准确、有效。

4. 完善会计信息化档案管理制度

实行会计信息化后，单位的会计档案资料除了传统的纸质档案资料外，还增加了磁介质电子档案资料。因此，单位必须建立和完善会计信息化档案管理制度，防止存储会计信息的磁介质档案资料不能及时归档，或者归档的内容不完整，会计数据的备份和清理不规范，造成会计档案被人为破坏、损坏或泄密。单位应及时备份硬盘数据，每次备份不少于两套，分两地存放，确保会计信息的安全，并按时清理磁盘备份，定期清除过期数据，保证会计信息系统高效运行。

只有充分了解会计信息化产生的原因及其具有的特征，运用科学有效的方法，结合单位内部的实际情况，不断完善内控制度，强化各项管理，这样单位才能不断向前发展。总之，在网络技术日趋成熟与完善的今天，会计信息系统的内部控制体系也发生着深刻的变化。只有清楚地意识到这些变化，才能适应社会的发展，建立科研事业单位完备、崭新的会计体系。

参考文献

[1] 李华. 我国会计信息化发展的现状及对策研究 [J]. 现代情报，2010，2 (2).

[2] 韩斯宇. 论会计信息化的发展及策略 [J]. 中国医疗前沿，2009，3 (5).

[3] 尚红岩. 我国会计信息化发展探索 [J]. 边疆经济与文化，2007，7 (5).

[4] 冯燕云，黄传常. 我国会计信息化存在的突出问题与对策 [J]. 商场现代化，2007，10 (1).

[5] 赫英霞. 论我国会计信息化存在的问题和对策 [J]. 商业文化：学术版，2008，11 (26).

[6] 李晓明，闫宏，张敏达. 会计信息化过程中的问题及对策研究 [J]. 现代经济信息，2007，8 (15).

管好用好财政支农资金 为山西农业发展提供科技支撑

梁吉义 曹 盛 牛 伟

（山西省农业科学院计划财务处 山西太原 030000）

【摘 要】加快农业发展方式转变是加快经济发展方式转变的重要内容，是推动传统农业向现代农业转变的重要途径，也是增强农业可持续发展能力的根本举措。紧紧围绕加快推进农业发展方式转变这一核心任务，山西省农科院较好地使用财政支农项目经费为山西省的农业发展提供了科技支撑，确保了财政支农资金发挥最大效益。

【关键词】财政资金；用好；成果转化

一、搞好财政支农项目的总体思路与做法

山西省农业科学院是山西省唯一的一所学科门类齐全的综合性省级农业科研单位。全院下设 21 个专业研究所、5 个研究中心、3 个农业试验站，院内拥有 2 个省级重点实验室、4 个省级重点学科点和 3 个硕士学位授予点，1 个博士后科研工作站和 1 个国家级引进国外智力示范推广基地。现有在职职工 2779 人，其中，正高职专业技术人员 223 人，副高职专业技术人员 342 人，有突出贡献的中青年专家 11 人，享受政府特殊津贴的专家 81 人，何梁何利基金农业科学家 1 人，山西省科技功臣 11 人，山西省优秀专家 28 人。"十一五"期间，全院共获得国家和省级科技进步奖 115 项，可谓人才荟萃，成果累累。如何发挥这一优势，做好财政支农项目，是我们一直思索的重点。在省财政厅的大力支持下，2012 年初，省财政部门安排我院项目预算 4880 万元，重点支持了农业高新技术开发转化工程、农业生态环境建设工程、绿色产品开发与研制工程、农业科技成果示范与推广工程、生物育种工程、粮食稳产高产优质科技支撑工程等农业科技工程，以及玉米所高产优质高淀粉玉米新品种'晋单 65 号'示范与推广、小麦所高产小麦新品种"临远 8 号"产业化开发、高寒所优质高产马铃薯新品种"晋薯 19 号"推广等 29 个单位的科技成果推广转化项目以及一批科研项目。经作所国审广适高产大豆"汾豆 56"中试与示范、优质抗旱高产小麦新品种"运

旱 20410"示范推广等 5 个科技成果转化项目和 3 个农业新技术项目已经通过山西省财政厅组织的专家论证。为了管好用好财政资金,保证项目资金专款专用,确保项目顺利实施,为新时期我省全面建设小康社会的宏伟工程提供强大科技支撑,2012 年我院财政支农项目管理工作的总体思路是:充分发挥人才荟萃、成果丰硕的优势,紧密围绕促进全省农民增收、农业发展和保证粮食安全的目标,坚持科学发展观,突出资金扶持重点,加强项目管理和监督,加大科技示范和成果推广力度,促进农业科技进步,加速科技成果转化和产业化发展,为山西农业发展做出贡献。

遵循上述总体思路,搞好财政支农项目管理的主要做法如下。

1. 规范申报程序,搞好项目的申报论证工作

为了提高扶持项目质量,保证一批经济效益高、市场竞争力强的项目得到支持,我院财政支农项目申报严格按照《山西省农科院财政支农项目管理办法规定》的要求申报项目,层层把关,严格要求,先由各基层单位自行筛选,然后由院组织有关专家论证。通过听取项目汇报、打分排队,筛选出一批社会效益和经济效益好、科技含量高、推广应用前景广阔、具有独立自主知识产权的科技成果转化和产业化项目上报省财政厅。做到择优支持,优胜劣汰,扶强扶大。

2. 明确领导责任,措施落实到位

各研究所(中心)行政一把手是保证项目顺利实施的关键。为此,我院明确规定所长(主任)为项目第一责任人,全程参与项目实施和管理,同时分管院长与所长(主任)签订项目目标责任书。如果项目不能按照计划要求实施,出现问题,所长(主任)承担主要责任。从而做到领导重视,责任到人。

3. 加强项目日常管理,确保项目顺利实施

为了搞好财政支农项目,及时掌握了解项目实施进展情况,做到心中有数,我们坚持跟踪问效制度,定期对项目进行跟踪检查。做到发现问题,及时纠正,确保项目顺利完成。

4. 坚持项目完成验收制度

按照晋财农〔2001〕190 号《山西省财政支农专项检查验收制度》文件精神,每年由省财政厅和省农科院组成联合小组对完成的项目进行检查验收。通过检查验收制度的执行,促使各单位按照预期目标完成任务。

5. 搞好调研,不断完善项目管理

为不断总结财政支农项目管理经验,完善项目管理,我们深入项目执行单位,认真调查研究,撰写了《关于对山西农科院财政支农项目检查验收的调研报告》《关于搞好农业科技成果转化调研报告》,上报省财政厅。通过调研,总结经验、发现问题,进一步完善了财政支农项目管理。

二、实施财政支农项目收效明显，有力地促进了全省农业发展

近年来通过财政支农项目的实施，加快了农业科技创新步伐，推动了我院科技成果快速转化和产业化进程，为全省农业产业结构调整、增加农民收入、农村经济的可持续发展和粮食安全作出了重要贡献。

1. 推广了一批先进、适用的农业新技术、新品种，为科技兴农发挥了带头示范作用

通过财政支农项目的实施，我院广大科技人员深入农村大力推广农作物、畜、禽新品种和农业新技术的试验、示范、组装配套，加快了全省传统农业向现代农业的转化进程，促进了全省农业的全面增产、增收、增效。如玉米所2010年"高产、优质高淀粉玉米新品种'晋单54号'的开发与推广"项目，在晋西北、晋中、吕梁山等地建立了十几个示范推广基地。采取以示范基地为样板和中心，辐射周围地区，联合当地种子公司等有关单位，邀请政府部门领导和农技推广人员前来观摩取经的办法进行示范推广，使新品种种植面积比2009年扩大了5倍，农民收入增加了30%以上。同时，利用基地特有的科技优势，向农民宣传我院其他农业高新技术成果和科技产品，深受农民的欢迎，发挥了科研单位科技兴农的带头示范作用。

2. 大力开展技术培训，有力地提高了农民科技、文化素质，为全省"科教兴晋"打下了良好基础

全院各项目执行单位在项目实施过程中，通过广播电视讲座、现场讲授示范、科技宣传栏、技术咨询点、科技大篷车等活动，对广大农民进行技术培训、技术咨询和技术指导。培养了一大批掌握并能应用现代科技的新型农民。在实践中积累了丰富培训农民经验，形成了一套行之有效的科技培训体系，为提高全省农民科技文化素质和农业再上新台阶奠定了良好的基础。如2010年作物所"高产优质玉米新品种'晋单390'示范与推广"项目，把技术培训制度化，对农民定时间、定人数、定地点进行技术培训，使实施区内每100亩拥有一名技术员，每户拥有一名懂技术操作规程的技术能手，定期组织农户代表到样板田、示范户进行观摩学习，掌握先进的栽培技术，做到以点带面，辐射推广。通过样板田和示范户的带动，高产典型层出不穷，极大地调动了农民的生产积极性，充分发挥了科研单位的科技优势，取得了较大的社会经济效益。

3. 通过实施科技成果转化和产业化，培植和发展了一批农业科技经济实体，壮大了科研单位经济实力，有力地促进了我院科技开发创收工作

近几年来，通过省财政科技成果转化项目和产业化项目的扶持，我院创办了几十个科技含量高的科技型企业，已经初步形成了种子苗木、饲料兽药、农用化

工、农产品保鲜加工、农业科技咨询与科技市场五大产业。企业依靠科技优势开拓市场，带动农户生产，在激烈的市场竞争中脱颖而出，产品遍布全省和国内部分省份，在山西农业调产、农民增收、农村经济发展中发挥了重要作用。如院强盛种业公司，坚持以科技为本，先后培育出强盛牌玉米、蔬菜、瓜果等系列新品种 58 个，产品以其品质好、产量高、抗病性强、适应性广销往全国 28 个省、市、自治区。已形成集科研、生产、销售、服务为一体的大型种业集团，2003 年、2006 年进入全国种业企业五十强，2004 年进入国家农业高新技术产业化示范工程；2005 年被认定为山西省高新技术企业；"强盛"牌商标 2004 年被评为"山西省著名商标"。

4. 巩固和加强了农业科技示范推广基地建设，为加速农业科技成果转化、全省农业产业结构调整和农民增收发挥了重要作用

通过财政扶持农业科技成果转化和农业科技推广示范行动项目，我院农业科技示范推广基地不断加强巩固，发挥了重要作用。在实践中总结出了"典型引路，全面推进，基地示范，大面辐射"的成功经验。通过项目实施，2011 年农业科技示范基地规模更加扩大，组织全院 300 名科技人员在全省不同类型农业生态区的 80 个县，确定 40 个示范推广项目，推广新品种 186 个，组装配套 105 项先进适用技术，带动了全省乃至全国大范围的农业发展。

三、做好 2012 年财政支农项目安排

2012 年如何继续进一步搞好农业科技成果转化工作，加速转化进程，创新和构造出更具效能的农业科技成果转化和产业化新机制，取得事半功倍的效果，是摆在我院面前迫切需要解决的问题。结合我院特点，2012 年提出如下安排。

1. 突出重点，继续抓好农业高新技术开发与转化工程等农业科技工程

继续下大力气，重点抓好农业高新技术开发转化工程、农业生态环境建设工程、绿色产品开发与研制工程、农业科技成果示范与推广工程、生物育种工程等农业科技工程以及果树所"新凉香"苹果优质栽培示范基地建设等 28 个财政支农项目。通过连续几年上述重点项目的实施，力争使我省在农业高新技术开发与转化、农业生态环境建设、绿色产品开发与研制、农业科技推广、生物育种等方面有一个更大的发展，促进山西农业发展。

2. 建立健全财政支农项目管理科学化、规范化、制度化的长效机制

结合科研单位自身特点，我院近几年陆续下发了《山西省农科院财政支农项目管理办法规定》《农业高新技术开发与转化等项目立项指南》《关于加强我院农业财政资金监督管理的通知》等管理办法和规定，为财政支农项目管理步入科学化、规范化、制度化轨道奠定了基础。2012 年，我院要进一步强化项目管理，

从制度上防止和克服资金使用上的拖拉和不规范问题，提高资金使用效率。要进一步完善和执行贮备项目库制、立项专家评审制、法人第一责任人负责制、目标责任制、支出报账制、进展监督制、问效跟踪制、项目竣工验收制等制度规定，加大支农资金执行情况检查力度，对挤占挪用资金等违纪违法行为从严处理，确保我院财政支农项目顺利实施。

加强项目经费管理　促进科研事业发展

宋春艳

（吉林省农业科学院　吉林长春　130124）

【摘　要】本文对科研项目经费管理展开论述，提出科研项目经费管理中存在的问题和应加强的管理措施，全面推行科研经费科学化、精细化管理，不断提高科研项目经费管理水平和使用效益，促进科研事业健康发展。

【关键词】项目经费；监管机制；科研发展

科学技术是人类智慧的伟大结晶，是推动经济社会发展和人类文明进步的动力。党中央、国务院高度重视科技工作，把科教兴国作为国家战略。近年来，我国的科技投入持续增加，科研项目经费越来越多，这就给科研单位财务工作者提出了更高的要求：提高业务管理水平，加强对科研项目经费监管的力度，保证科研项目计划的实施，促进科研事业的发展。

一、科研项目经费管理的内涵

科研项目经费管理是指课题项目从经费预算、经费拨入，到经费支出、经费转出、经费结余及结余分配的管理。其项目经费的开支范围主要包括设备费、材料费、测试化验加工费、燃料动力费、差旅费、会议费、国际合作与交流费、出版/文献/信息传播/知识产权事务费、劳务费、专家咨询费、管理费用、其他支出。科研项目经费管理贯穿于科研项目的整个寿命周期，对科研项目经费实行制度化和科学化的管理，合理使用项目经费，完成项目审计验收，实现项目目标。

二、科研项目经费的种类

（1）国际合作课题项目经费；

（2）国家、省、市、区科技部门立项及中标课题经费；

（3）上级下达的科研项目和研究任务经费；

（4）农科院立项、研究所自选的课题经费；

（5）合作课题（有经费支持）项目经费；

（6）其他项目或课题（相关学会、机构等）申请的项目经费。

三、科研项目经费管理的过程

1. 立项审批阶段

立项审批阶段财务部门要提前介入，加强审核，对项目的投资期及投资收益进行分析，从实际出发，由有经验的财务人员根据"以收定支、收支平衡、统筹兼顾、保证重点"的原则，参与任务书中经费开支预算部分的编写。并组织相关部门做好项目预算的审核工作，杜绝预算编制的随意性，保证预算的科学性和合理性。

2. 科研项目研发实施阶段

科研项目的研发实施阶段，主要是指科研项目立项后组织实施直至科研成果验收前这一阶段。此阶段是科研项目全过程的重点和核心，是科研项目经费使用过程管理的重点。

首先，要完善财务的建账工作，保证科研项目单独建账、单独管理。通过财务软件的核算，在账务处理上实时保证科研项目独立账目，专款专用，以利于项目管理和项目验收。其次，要提高审核把关能力，保证项目开支合规合法。从发票审核入手，确认费用开支的真实性。根据任务书的开支预算，严格按计划列支，防止对科研经费的挤占挪用。完善成本核算，合理分摊项目间接费用，切实加强科研经费使用过程的监管。

3. 科研项目结题验收阶段

结题验收阶段财务部门主要是按计划任务书中经费预算，提供该项目经费收入、支出总账及明细账，经费支出汇总表，固定资产购置明细表，劳务费用及专家咨询费明细表等，做出该项目财务决算报告。配合项目审计人员及会计师事务所完成项目验收审计报告。做到合规合法，数据准确，信息真实。促进科研项目按时保质完成研究与开发任务，实现科研事业健康、有序、持续发展。

四、科研项目经费管理中存在的问题

近年来，我国出台了一系列改革措施，这对搞活科研机构，增强科研单位的活力和调动科技人员的积极性起了一定的作用。但是在目前的科研系统中，仍然存在很多需要解决和完善的问题。

1. 科研项目经费预算管理弱化

我国科技管理体制中缺乏预算及核算制度与项目管理的责任制，只关心科研项目经费的投入情况，不关心科研项目支出的资金使用情况，科研项目经费预算执行存在漏洞，有些项目在实行的时候并没有严格按照预算进行支出，还有一些项目的经费支出没有严格执行预算标准，甚至随意支出。

2. 科研项目经费的成本核算管理还需加强

在科研项目的实施过程中，有很多费用的成本核算体系不完善，有一些间接费用没有成本核算。如固定资产使用费以及各种管理费用的核算不能完全依据实际情况进行分期摊销。大批材料购置有的无验收保管手续；有的还存在项目之间相互串用，成本核算不实。

3. 部分项目配套资金不到位

近年来，科研项目立项时，有的项目需要地方政府或科研单位按一定比例配套部分资金，项目申报时需要地方政府或申报单位出具配套资金承诺，才能立项成功，而在实际运行当中配套资金却不到位或部分到位，导致项目结题时，不能正常验收，有的即使是验收了也是应付了事。

4. 项目经费在使用过程中"前松后紧"现象严重

目前，很多科研项目经费规定，结题验收后结余经费将被收回。很多项目负责人为了留住结余经费，在项目结题时"突击花钱"，造成了国有资产的浪费。而造成项目经费结余的原因是多方面的：一是有些项目在经费到账之前就产生一些前期支出，而根据会计核算的要求，以前的支出因为经费没有到位是无法入账的；二是很多科研项目经费拨款滞后，有时三年的项目，款项拨付时已经是执行年度第一年的年底，直接影响项目经费按其计划使用的进度，造成项目结题时存在一部分经费结余；三是按照科研课题的规律，有些支出必须等到项目完成后才会发生，如专利使用费、项目审计费等，而这些支出由于支付时间在项目验收期外，无法计入财务决算；四是科研项目负责人通过加强管理形成的；五是科研人员对国家资金高度负责，平时精打细算、勤俭节约积累的。如果不分主客观原因一律收回，无疑助长了铺张浪费的风气，也挫伤了科研人员勤俭节约的积极性。

5. 少数项目经费结余不真实

项目任务书由项目组人员编写，经费开支预算存在较大的随意性，导致项目执行时，经常出现项目费用分布不合理的情况。为了使经费开支与任务书保持一致，以利于顺利通过验收，财务人员只能在后期账务处理上进行项目间调账、挪用、虚列支出等"技术处理"。造成一些项目结余经费不真实，很多项目实际上已结题验收，但在财务账面上仍有结余并长期挂账、使用。

五、加强科研项目经费管理的措施

科研项目经费来源渠道多样、项目数量庞杂、管理模式各异，为科研项目经费的管理带来了很大的难度，积极探索加强科研项目经费管理监督工作的有效措施，完善科研项目经费的管理制度，提高科研项目经费的使用效益势在必行。

1. 必须高度重视科研项目经费管理

科研项目的负责人必须高度重视科研项目经费的管理工作，投入足够的时间和精力，采取有效措施，提高科研项目经费的使用效益。充分认识科研项目经费管理的重要性，加快科研事业发展建设的步伐。

2. 必须将科研项目经费纳入单位财务部门统一管理

要对科研项目经费实行集中统一核算，对每个科研项目单独立账，加强预算和决算管理。国家投入的科研项目经费，不分资金来源，应当纳入财务部门统一管理，财务部门应按项目管理要求，使用科研项目经费，确保科研项目经费的专款专用，要重视并加强科研项目经费的预算管理工作，科研管理部门和财务部门应在申请科研项目时，协助项目负责人编制真实、合理、有效的经费预算。

3. 必须建立健全科研项目管理的内部控制制度

对科研项目经费要从申报立项到结题验收的每个环节进行严格管理，制订相应的项目经费收支结余分配的管理制度及经费使用管理办法，改变科研项目经费管理比较粗放的现状，实行科研项目经费制度化、科学化、精细化的管理格局，为做好科研项目经费管理提供政策保证。做到科研、财务、行政等相关部门及人员相互制约、协调配合，按照规定专款专用，合理支配，成本核算真实，防止科研项目经费管理出现漏洞，充分提高科研项目资金的使用效率，保证科研计划圆满完成。

4. 完善信息平台，强化过程管理

要充分利用现有的信息化手段和技术，建设科学的信息平台。平台建设不仅要为财务部门提供详细数据，还要能让项目负责人随时查看到项目实际开支情况、各项目经费余额以及剩余可使用经费等。并且还要使审计部门能调阅项目开支明细，查阅开支是否合理，是否符合预算、决算要求，数据是否准确。

5. 加强科研项目经费结余管理

有些科研单位对科研项目经费结余管理工作不够重视，一定程度上存在结题不结账的问题。要根据实际情况，制订科研项目经费结账管理办法。明确结账时间、结余经费分配比例和用途。结余经费分配时，要兼顾国家、集体和个人利益，合理确定上缴和奖励的分配比例。财务部门要管理和统筹使用好科研项目结余经费。

6. 严肃财经纪律，管理奖惩分明

　　承担科研项目的单位和部门要自觉遵守财经纪律，严格要求，自省自律，认真查找和纠正在经费管理及使用中存在的问题。科研项目经费管理部门应对科研项目经费的使用和管理进行定期监督检查和跟踪了解，及时了解项目执行情况及科研项目经费的使用情况。对违规违纪人员进行处罚，对遵纪守法者给予奖励，并加大对科研人员的奖励额度，排除科研人员生活上的后顾之忧，调动科研人员的工作积极性，激发科研人员多出成果、多出人才、多出效益，提高科技竞争力。

六、结束语

　　总之，财务人员一定要做好科研项目经费的管理工作，从事前、事中和事后三个环节进行探讨，完善科研项目经费的监管机制，全面推行科研项目经费制度化、科学化、精细化管理，加强科研项目经费使用绩效考核，不断提高科研项目经费管理水平和使用效益，促进科研事业健康发展，加快科技创新步迈，为我国实现 2020 年进入创新型国家行列的宏伟目标奠定坚实的基础。

增强科研单位财务管理　提升科研项目资金管理水平

任延辉

（吉林省农业科学院　吉林长春　130124）

【摘　要】一直以来，农业科研单位的大块收入来源于科研经费。科研经费的管理、合理使用在财务管理中具有特殊的地位，加强科研经费的财务管理对于提高经费的使用效率，加强科研工作具有重要的意义。本文就目前科研事业单位财务管理存在的问题，针对其特点和规律，采取的有效方法等，浅析了加强财务管理对提升科研项目资金管理水平的影响。

【关键词】财务管理；科研经费；预算；成本控制

一、科研事业单位财务管理存在的主要问题

1. 科研事业单位的财务部门对单位的统筹能力不强

当前科研事业单位的财务部门主要作用还是会计核算，没有发挥"财务管理"的作用，对单位资金的统筹能力不强；未能较好地参与单位事业计划的制定和重大经济活动的决策；不能较好地参与科研项目预、决算的编制和科研项目经费支发展出的审核监管。

2. 轻视科研项目资金的管理

项目负责人轻视项目资金管理，往往认为资金管理是财务部门的事情，与自己不相关，认为项目是自己要来的，可由自己支配。没有统筹安排项目资金。造成项目未按项目合同书约定进行支出，待项目验收时才进行东补西就，不仅加大了财务部门的负担，也使项目验收工作无法顺利进行。

3. 申请科研项目时预算编制不完整、不科学

项目负责人在争取项目的时候受客观因素的制约和影响，往往对预算编制缺乏细致的考虑，由于编制时间仓促，编制程序简单，未认真测算每个细项的支出要求，造成预算编制不够准确合理。预算编制环节脱离实际支出环节，造成了项目实际支出与预算支出的相背离，致使项目结题验收无法顺利进行。

4. 科研单位成本控制意识淡薄

注重项目实施结果远胜于注重项目实施过程中的成本消耗，没有明确衡量标准，不能准确合理地界定节约还是浪费，公用经费的支出管理难度随之加大。同时还存在着科研项目经费在人员、设备、场地等诸多方面相互交叉、界限不清的现象。

5. 科研单位固定资产管理存在漏洞

固定资产的管理是一个系统的工程，由于科研事业单位固定资产的起点低，造成了事业单位的资产数量庞大，固定资产"账""卡""物"不相符的情况时有发生。

6. 项目支出中动用现金支付量过大

一个项目专家往往有很多课题，少则几个，多则十几个，课题组人员经常通过预借差旅费的形式借出现金，支付课题所需的各种支出。造成现金支付量过大；借款占用项目资金的情况比较严重，科研人员借出现金，未能及时报账冲账，致使某些项目看上去有余额，其实全部以借款形式借出。有的甚至出现了借款大于余额的情况，产生了项目赤字，挤占了项目资金。

7. 科研项目结余资金不清

在科研课题与结余课题相互交叉使用，资金不合理收支现象十分严重，容易导致资金的流失或者闲置，降低资金的使用效率。

8. 财务管理监督力度不够

科研单位内外部监督机构没有对科研单位的财务收支情况进行强有力的监督，对预算是否得到切实执行、超支或减支等情况进行全面深入的监督，致使某些科研单位擅自扩大开支范围、任意挥霍国有资产，造成国有资产流失和科研资金严重浪费。

9. 财务人员参与项目决策的热情缺失

由于项目申请是科研人员及科研管理部门在操作，自行填报预算执行数据，从科研管理部门的角度看，财务就是一个核算的工作，没有必要参与到项目申请的决策中来。而会计人员长期以来被动完成项目资金的会计核算工作，对项目的申请、预算的执行往往认为是科研部门的事情，参与的热情也就大大降低了。

二、科研事业单位加强财务管理的对策

如何加强财务管理，提高科研项目资金的利用率，最大化的产生其社会效益、经济效益，是摆在农业科研单位财务部门面前的重要任务。

1. 建立健全财务制度，规范单位财务行为

财务制度是财务管理的基本依据和行为规范。建立健全财务制度是科研事业

财务管理的重要任务之一。现行的《科学事业单位财务制度》（以下简称《财务制度》）自 1997 年颁布以来，已实施 15 年，在此期间，我国的财政和科技事业管理体系发生了巨大变化，公共财政框架体系已初步建立，科技体制改革取得重大突破，现行财务制度已难以适应新形势和新任务的要求。目前执行《财务制度》的科学事业单位主要是转企改制后保留下来的公益类和基础研究类院所。这些科学事业单位业务类型比较单一，主要是面向国家需求开展公益科学研究活动，单位财务管理的重点已经发生了显著变化。当前，随着我国事业单位分类改革的深入推进，这些变化和特点将更加突显，对科学事业单位适应体制改革步伐，加强预算管理、成本费用管理、科研项目管理以及绩效管理等提出了新要求。随着科研单位事业的发展和壮大，单位财务管理的作用将不仅限于记账及核算，更重要的是规范单位运行机制，并为单位统筹财务资源、重大经济决策和科研项目管理等提供支撑。所以国家财政部、科技部于 2011 年 3 月正式启动了《财务制度》的修订工作，相信新的《财务制度》会解决困惑已久的难题。

2. 加强科研项目经费管理

科学事业单位的核心业务是科研，其主要收入来源也是科研项目经费。因此，除规范单位的财务管理外，还应当重点加强科学事业单位作为责任主体对科研项目经费进行管理和使用的制度约束。因此，科研项目经费的预算管理、支出管理、经费使用情况报告和监督检查等内容在新修定的《财务制度》中予以明确，提高了科研项目经费管理的地位和重要性，明确了单位的管理责任。每一个科研单位的预算是国家财政预算的基础，科研单位要严肃预算编制，严格执行预算。以单位的客观情况为基础，统筹兼顾，保证重点，收支平衡，全面反映预算单位所有收入和支出，将预算编制与本单位事业发展计划紧密结合，保证预算内容的完整性和科学性。

3. 加强内部财务控制制度

（1）机构控制。即对单位机构设置、职务分工的合理性和有效性进行的控制。主要包括两个方面：一是不相容职务的分离；二是组织机构的互相控制。

（2）权限控制。指对单位内部部门或职工处理经济业务的控制。建立健全财务收支审批控制制度，是财务会计工作正常运转的关键环节。明确财务人员的审批权限，明确审批人员的责任。

（3）实存控制。即对单位实存资产所采取的控制措施。限制接近、严格控制对实物资产及实物资产有关文件的接触，如限制接近现金、存货等，以保护资产的安全；定期进行财产清查，保证财产实有量与有关记录一致。

（4）内部审计控制。建立内部约束机制，通过内部审计，对存在的问题进行揭示、查处、建议，促使各部门加强管理，堵塞漏洞，提高效益，为实现单位的经济目标服务。

（5）全面提高财务人员素质。科研单位要结合自身具体情况，对会计人员加强培训，全面提高会计人员参加政策法规、业务知识等方面的培训和学习，增强会计人员的职业道德和法制观念，大力培养知识经济时代需要的复合型人才。

4. 引入成本费用奖励机制

科研项目在运行过程中，应充分考虑支出成本与所产生的经济效益和社会效益的平衡关系，对用最小的成本完成预期项目任务的科研成果项目，结余经费与项目承担单位利益挂钩，与科研人员、财务人员的奖励机制挂钩，使科研人员、财务人员在项目实施过程中充分考虑节约成本，用最小的资金代价，获得最大的收益成果，调动科研人员、财务人员控制成本的积极性。

5. 加强固定资产管理机构的设置

确立以"统一领导、分级负责、责任到人"的原则，合理分工，明确各部门的职责。吉林省农科院的机构分工为：固定资产账归财务部门管理，实物归各所、分中心管理，各所、分中心都下设固定资产管理员，这样层层落实，保障固定资产的安全和合理利用。购置价值较大的固定资产之前要进行充分的可行性论证和效益评估，杜绝浪费；规范运作程序，建立专业的采购责任人队伍。落实政府采购的执行，增加设备采购的透明度，尽可能以最少的投入获得最大的社会效益及经济效益。

随着科研事业单位改革的深入，财务管理在科研事业单位中的作用越来越重要，科研单位要充分认识到财务管理的重要性，改变传统的观念，加速本单位的财务管理部门建设，为新时期科研事业单位的腾飞做好充足的准备。

参考文献

[1] 王耀鹏. 加强财政拨款项目支出结余资金管理的对策 [J]. 中国财政, 2009 (14)：73-74.
[2] 刘红. 中国事业单位财务管理存在的问题及对策 [J]. 易起论文网, 2011 (7).
[3] 谷秋丽. 行政事业单位财务管理存在的问题及建议 [J]. 活力, 2009 (4).
[4] 樊汝春. 行政事业单位财务管理中存在的问题与对策 [J]. 财会研究, 2009 (6).
[5] 卢健新. 有关事业单位财务管理中存在的若干问题探讨 [J]. 中小企业管理与科技, 2009 (6).

谈农业科研单位如何管好用好农业科研项目经费

赵梓邑

（云南省农业科学院计财处　云南昆明　650231）

【摘　要】本文对目前农业科研项目经费管理、使用中存在的问题及其产生的原因进行归纳分析，并提出了相应对策，以确保农业科研单位科研项目经费的安全、使用规范并提高其使用效益。

【关键词】科研经费；治理对策

近年来，国家非常重视农业科研事业的发展，加大了对农业科研事业财政资金的投入力度，财政农业科研经费的投入近年来保持了很强的增长势头，并相继出台了《关于改进和加强中央财政科技经费管理的若干意见》《民口科技重大专项资金管理暂行办法》《现代农业产业技术体系建设专项资金管理试行办法》《公益性行业科研专项经费试行办法》《国家科技计划和专项经费监督管理暂行办法》等一系列规定，指导科研经费的合理使用，促进了农业科学研究和农业产业的发展。2012 年中央一号文件明确提出，农业科技是确保国家粮食安全的基础支撑，是加快现代农业建设的决定性力量，具有显著的公共性、基础性、社会性。坚持科教兴农战略，把农业科技摆上更加突出的位置，下决心突破体制机制障碍，大幅度增加农业科技投入，推动农业科技跨越发展。

但是，有好的政策应该要有好的管理、出好的成效。科研经费管理是科研项目管理中的一项非常重要的内容，规范管理和使用农业科研经费已成为农业科研事业财务管理的重要内容之一。本文结合云南省农业科学院在管理中的可取经验和财务管理工作中的实践，对科研项目经费在使用和管理中一般可能存在的问题以及如何用好管好农业科研项目经费管理做以下的探讨。

一、科研经费管理使用中一般可能存在的问题

1. 科研项目经费在上一层级来源环节上缺乏总体安排

当前农业科研单位科研项目经费来源渠道比较多：有省级财政直接安排的科

研项目经费；有省级财政通过科技厅、发改委等部门安排的科研经费；有其他厅、局或部门，如省农业厅、水利厅等安排的科研经费；有通过科研院所如中科院、烟科所、高等院校等以某专项项目经费的形式安排的科研经费；有地方、企业根据自身发展需求以合作方式对科技项目投入的经费；有通过国际科技合作从国外得到的资助资金。现行的这种项目和资金分属不同部门和单位管理的体制，造成农业科研单位科研项目统筹和信息沟通不够，各类科研经费的管理使用没有一个统一明确的规定，各类资金的管理制度和项目管理办法也不能配套，造成了各科研项目和资金缺乏统一口径的有序管理和有效监督，一些科技项目的重复申报、同 ·项目在不同部门重复立项的现象，而有的项目则因多种原因得不到资金支持，形成不均衡的情况。科研项目应该倡导大协作、联合攻关，跨系统、跨行业的项目将会越来越多。

2. 预算编制不科学、执行不严格

一是科研项目的选题与项目预算编制一般由项目课题负责人主导，大多数农业科研院所仍由科研管理部门管项目、由科研院所的二级财务部门管经费，而管经费的财务人员熟悉科研管理工作的程度并不高，科技人员对有关专项资金管理办法和财务管理的规章制度也了解不多，如果存在缺乏有效的沟通的情况，就会导致预算的编制欠缺科学性、规范性。

二是容易产生项目由于预算编制不合理或未按批准的预算执行，造成结余数额较大，一些项目承担单位没有按规定程序报批，擅自使用项目结余资金。

三是容易产生编制虚假预算以套取课题经费的现象。一小部分课题在申报预算时，存在编报虚假预算现象，虚列人员费、考察调研费、会议费、设备购置费、对外协作费等，课题完成后形成课题资金大量结余，长期挂账用于课题以外的支出，造成科研经费的极大浪费。

四是预算编制时考虑不全面，常常造成在编制预算时没有列入的预算等，而在实际科研项目研究中又必须开支的有关费用，导致没有办法列支。

3. 经费开支的过程中、使用环节上存在管理不规范、损失浪费问题

课题组成员进行项目开支时，没有认识到项目经费预算的严肃性和重要性，认为资金是属于项目组的，与项目相关的一切开支就都是合理的，在固定资产的购置、人员接待、差旅补助等方面就会有一些随意的支出，甚至将日常财务管理中不能报销的费用也纳入经费列支，挤占使用科研经费，超预算范围支出；预算调整不按规定程序上报审批，自行调整预算问题未引起高度重视，严重影响着项目的财务验收。在进行专项资金检查时就会出现经费开支的合法性问题。从近年来全国科研系统审计的情况看，在科研经费管理和使用的过程中超范围开支，招待费、咨询费、会议费、办公费、管理费支出比例过大现象比较严重，损失浪费、虚列转拨套取科研经费、将个人及家庭开支在科研经费中报账、找发票报科

研经费等现象也时有发生。

容易出现在课题经费中列支不合理支出的现象。有的从课题经费中提成用于课题组主持人奖励提成，课题主持人直接以现金形式提走；有的根据项目承担单位内部制定的管理办法层层提取管理费，计提比例 5% ~ 20% 不等。按照规定，管理费"用于支付依托单位课题服务的人员费用和其他行政管理支出、现有仪器设备和房屋的使用费或折旧费等"，而目前项目依托单位提取的管理费几乎很少有用于弥补单位公有财产的耗费，绝大部分用于科研管理部门的招待费、会议费等。有的用科研经费发放岗位津贴；开列专家咨询费；用科研项目资金弥补人员经费、公用经费的不足；还有列支其他支出，如在课题费中列支本单位硕士研究生、博士研究生的培养费，列支与课题研究活动无关的会议费、旅游费、招待费等。

4. 项目成本核算可能存在不够全面的情况

目前为了加强对科研项目的支持，大多数农业科研单位基本上对项目科研不实行全成本核算，或者虽然制订了一些相关的成本核算规定，也没有严格执行。例如：开展科研工作所用的水、电费，固定资产，科研人员工资、奖金等都不计入科研成本。同时，因为设施设备客观条件的限制，对于多个课题或课题与行政管理共用的资源，基本没有制订相应的成本分摊比率，也缺乏合理的测量手段，使得成本计量很难进行，从而使得项目经费的开支不全面，如果在编制预算中也考虑了这部分支出，将可能存在套取课题经费行为。

5. 科研项目经费的监管机制完善情况不理想

第一，制度执行的力度。科研经费的开支大部分虽然遵循科学配置、合理预算、超支自负的原则，但是还有经费包干的现象，这使得课题负责人往往在编制课题项目经费预算时夸大支出，也有的科研所财务部门在超支发生后只挂账应收课题负责人的款项，碍于情面，不真正扣除。第二，有效预算监督的问题。在项目经费开支的过程中，财务部门大多只关心是否超出经费总额、是否过得了项目审计关，而对日常开支是否符合预算，开支的金额是否与项目的进展计划相吻合等不太在意，这就使得项目预算流于形式。第三，对项目监管的落实问题。农业科研有时会涉及试验农田等的建设，对于这一类的基本工程建设，一般来说，只是在建设完成后，会由项目人员会同财务、基建人员进行竣工验收，然后付款结账。目前仅依靠农业科研单位的财务人员和基建人员很难形成有效的监督和审计，这种模式难免存在监管落实的问题。第四，资产使用效率低下甚至流失。对于因项目需要而购置的固定资产，一方面由项目人员负责保养、使用，只管理实物；另一方面由财务部门作为固定资产挂账管理，只反映科研资产的金额，无法知晓科研设备的利用率高低以及科研设备的购置、利用是否合理；也有些农业科研部门只追求科研设施、设备的高、精、尖，对使用效率考虑的较少，形成设备使用价值的隐形流失，从而造成科研设备重复购置和经费利用率低下的浪费现象。

6. 财务人员和科技人员相关专业素质有待提高

农业科研单位的财务人员大多数都是财会专业出身，具备相应的财务知识，是专业型的人才，但对农业科研懂得不多；另一方面大多数财务人员加强自身学习提高的意识还不强，学习也大多仅仅与会计专业相关，有效参与项目预算编制的难度较大，也很难对项目研究进度和经费开支额度是否合理做出准确的判断。当然，事物都有两面性，科技人员也应该进一步加强对有关专项资金管理办法和财务管理的规章制度的了解和学习。

7. 课题项目结题后不及时财务结算，长期挂账

科研项目的课题负责人在课题结题并组织验收后，发现科研项目经费仍存在结余，如不向财务汇报课题的结题情况，而是继续以科研项目需要为名，将各种不合规的票据进行报销，直至项目经费没有结余。农业科研单位虽然制订了科研项目财务结账制度，但有的并没有得到严格执行。由于科研管理部门管项目、财务部门管核算，但有时由于分属不同的领导分管，欠缺沟通，因而财务部门不清楚哪些项目已结题，从而无法结账，就会造成农业科研投入的浪费。全国的科研审计中发现这种情况非常普遍，很多课题存在不及时结题或结题后不及时办理财务结算手续的情况，长期挂账报销费用，由课题组甚至课题负责人随意支取，破坏了科研经费预算的严肃性。

二、上述问题的原因分析

1. 科技协调机制仍然存在着制度的缺失

当前，政府并没有从宏观上建立真正有效的科技协调机制，对科技活动的调控往往难以达到预期的效果，这导致科技领域宏观管理各自为政、科技力量自成体系的现象一直存在，造成科研项目"一稿多投"、重复立项，缺乏有序管理和有效监督，直接影响了对科技资源的有效管理和整合，制约科技资源的优化配置。

2. 经费管理办法操作性有待加强

当前，我国科研经费管理制度尚不够健全，相关的法律法规过于宽泛，有的项目经费管理办法操作性不太强，对具体问题的细化具体管理监督是不够的，对未知问题做到预见性的约束也不强。现有的一些制度均是针对某类科研计划规定的，但现实情况是科研经费来源渠道极为广泛，缺乏一个对科研经费的使用予以规范的统领性的文件。

3. 科研活动自身特点造成管理的复杂性

科研活动具有前瞻性、探索性、风险性和不可预见性，要立法机关或主管部

门对其制定准确的法律法规难度相当大。一方面，高新技术对社会、经济、环境会产生越来越广泛的影响，这一影响也具有不可预测性和隐蔽性；另一方面，现行的立法机关缺少专门的科技立法队伍，只有具有法律、科技、财政、管理等方面知识和经验的复合型人员才可能对科学研究的特征、内容、项目有较清楚的认识，从而恰当地对科学研究究竟应在什么范围内进行、科研经费预算应在什么范围内支出、如何规范各科目的比例等做出评价。

三、如何管好用好农业科研项目经费的对策与建议

1. 建立科技协调合作机制和科技计划管理信息系统

要从管理体制上解决科研项目重复立项的现状，一是必须加快建立科技协调合作机制，科技部门应牵头建立部门联系会议制，加强各部门间科研项目的沟通协调，实现科研项目的有效组织管理。二是建立统一的科技计划管理信息系统，建立起各部门、各年度、各类别项目申报、立项等数据信息互通平台，以方便项目申报、立项情况的查询，解决部门间信息闭塞的问题，通过项目信息数据库的建设，严堵多头申请、交叉和重复立项问题。

2. 加强财务人员在"科研项目的选题与立项以及项目预算编制"过程中的参与力度

云南省农科院于2009年在院计划财务处设立了计划发展科，进一步加强了财务人员在"科研项目的选题与项目预算编制"过程中的参与力度，专门分管计划、发展、农业科技发展规划编制、科研项目筹划与申报等工作。财务部门参与到课题项目申报、申请、预算书和决算书的编制之中。各科研所不得脱离财务部门自行编制预算书和决算书。在管好用好农业科研经费方面收到了良好的成效。

3. 合理编制并严格执行项目预算，创新经费管理模式，重构支出预算范围

科研项目预算编制必须依托农业科技发展规划，立足农业科研生产实际，科研部门和财务部门应高度重视此项工作，邀请项目负责人、财务人员甚至相关的专家、领导，投入足够的时间和精力，进行科学论证，保障预算编制的合理科学；同时，结合项目研究的进度计划，分阶段、分类别安排项目经费的预算配套，保证预算的可操作性。在预算执行的过程中，加强审计，必要时可实行项目经费的专人管理，最大限度地减少"突击花钱"和重复购置的现象。

在科研经费管理模式上，应该建立科研激励机制，激发科研人员的积极主动性。如科研经费支出预算范围中，修改"劳务费是指在课题研究开发过程中支付给课题组成员中没有工资性收入的相关人员（如在校研究生）和课题组临时聘用人员等的劳务性费用"条款，明确劳务费不限于在校研究生及临时聘请人员，对项目负责人和课题组成员根据贡献大小也可以支付一定比例的劳务酬金，增加对

在职科研人员特别是项目负责人的激励条款，以激发科研人员的积极性，促进科研活动的发展。

4. 对农业科研项目实行全程监督和核算管理

科研项目经科技部门批准立项后，及时将课题预算书送财务部门。财务部门根据课题书实施财务管理、会计核算和预算控制。科研项目经费必须纳入单位财务统一管理，单独设账，专款专用。科研项目结余经费应严格按照国家有关财务规章制度和财政结余资金管理的有关规定执行，不得长期挂账。经费支出要严格按照批准的预算执行，严禁违反规定自行调整预算和挤占、挪用科研项目经费，严禁各项支出超出规定的开支范围和开支标准。课题支出预算科目中劳务费、专家咨询费和管理费预算一般不予调整。其他支出科目，在不超过该科目核定预算10%，或超过10%但科目调整金额不超过一定额度时，由课题承担单位根据研究需要调整执行。单位不得自行承诺自筹经费，承诺自筹经费的，由承诺单位用自有货币资金或专项用于该课题研究的其他货币资金自行解决。已承诺的配套资金应及时足额到位。有多个单位共同承担一个课题的，应当同时编列各单位承担的主要任务、经费预算。不违反规定转拨、转移经费。实行报账制度的，按规定办理。科研课题（项目）结题后，财务应当及时结账，不长期挂账报销费用。财务管理与监督应贯穿项目管理的始终，逐步规范从申请、立项、可行性研究、审计、计划、设计、施工到验收、结题、结账的程序，通过审计、专项检查、绩效考评等手段及时了解课题经费的使用情况，形成科研项目运作模式并逐步完善。

5. 对农业科研项目实行全成本核算

农业科研经费投入虽然逐年加大，但与我国现代农业科技发展的需求相比，仍然不足。实行农业科研项目的全成本核算，有利于将一些比较效益较差的项目拿掉，把有限的科研经费投入到急需、重要的项目中，发挥科研资金的效益。可组织财务、后勤和项目科研人员对项目所使用的资产进行清查，通过测算，对共用资产所产生的相关费用，确定一个合理的分摊比率，将发生在这些资产上的成本按比率分摊；也可以对房屋、大型仪器设备等参考市场价确定合理租金，按项目使用实际期限，把租金计入成本；对人员工资等比较容易归结的费用，直接计入项目成本。通过逐步建立和完善全额成本核算制度，确定项目经费支出的合理水平，在保证工作正常开展前提下，按照节约原则，严格控制开支标准。

6. 强化单位各级财务人员对农业科研业务知识的学习

应当加强科研经费管理，提高财务人员的业务素质。从科研项目立项、预算，到科研项目经费管理、使用，再到科研项目的结账，全过程无一不需要有高素质、懂业务的财务人员的参与。只有财务人员提高素质，才能科学地制订项目的预算，才能有效地监管项目经费的使用，才能适时地作出项目的决算，也才能为领导提供科学的决策信息。云南省农科院的经验是和做法是：以会代训、以查代训，定期或不定期地对全院各级财务人员进行相关培训和业务检查。计划财务处定期或不定期地组织全院 16 家科研单位各级财务人员组成交叉检查小组对财务工作进行交叉检查。财务人员在项目管理过程中，除了认真核算和严格把关外，多学习，多与科研项目人员沟通，了解、熟悉科研业务，主动参与经费预算、使用全过程，充分发挥国家有限的科研资金效益。同时在科技人员中也加强对有关专项资金管理办法和财务管理的规章制度的宣传力度。

7. 建立健全农业科研项目经费的监管体系

第一，制定和完善科研经费管理制度。根据国家相关规定，结合农业科研单位的自身实际，制定一套适应不同性质研究工作要求的科研经费管理制度，并使之不断完善。将科研项目经费的性质、开支范围、不同类别事项开支的比例、审批手续、相关人员的权利、责任等予以明确，使农业科研管理部门和财务部门在实施项目经费管理全过程中有章可循。例如：经费开支中会议费、交通费、接待费等开支限额；临时用工"白条"入账的审批手续；科研管理部门负责项目管理、合同管理、协助财务部门进行经费管理的职责；财务部门会同项目负责人编制预算，监督项目负责人按照预算和法律法规进行预算开支，行使进行项目结算的职责；项目负责人编制预算，按项目合同书中的经费开支范围和栏目，以合格票据具实报销等职责。

第二，建立并落实对科研项目经费开支的定期检查和临时抽查机制。根据云南省农科院的经验，可以要求农业科研管理部门会同财务部门按照项目预算和项目研究的进展情况，对项目的进度、经费开支的合规性进行监督检查，通过项目研究所购置资产的盘点掌握资产的完整情况和使用率。对本单位无法或没有能力进行的监督、审查工作，比如基建项目，可委托独立的造价公司或审计人员进行跟踪审计或决算审计。对项目经费支出进行全面监管，严格预算执行，杜绝管理上的真空。

第三，联动监管，规范流程。为避免出现在经费使用过程中监管不力、农业科研管理部门和财务部门各自为政、扯皮现象，应明确在项目经费的监管过程中，建立以财务部门为主的、科研管理部门、科研项目负责人、相关专家组成的监管小组，形成例会制度，定期就科研项目的进展情况、科研经费的开支情况、资产的购置及使用情况进行通报，相互了解和监督；建立包括审计、财务、科研等部门以及事务所等社会中介机构在内的科研项目经费监督体系，建立科研项目的财务审计与财务验收制度。

第四，加强项目结题后固定资产的管理。科研经费购置的固定资产，产权属于农业科研单位，应针对购置的固定资产、低值耐耗材料建立台账，定期进行资产清查，专物专用，不得挪作他用，更不得私自外借。使用期间，由该项目负责人承担非正常损耗的经济责任。项目结题后，应按规定上缴或续借，办理固定资产的变更登记手续。涉及参加课题研究的单位如实行报账制，形成的固定资产应该由参加单位负责登记保管（以备查），到项目主持单位报账时应提供参加单位已进行固定登记管理的证明，此证明与购买设备的发票一起作为报销附件。总之，逐步建立一个大范围的科研资源平台，部门甚至单位间资源共享，有偿使用，充分发挥科研经费的最大效益。

第五，逐步建立科研项目经费的绩效评价制度。对应用型科研项目，应明确项目的绩效目标，并对其执行过程与执行结果进行绩效评价。绩效评价的结果将成为单位和个人今后申请立项的重要依据。逐步建立国家和省级科技计划（基金等）项目经费的绩效评价制度。

第六，呼吁完善相应的法律法规和管理制度，增强法规的可操作性。具体来说，就是增加针对具体项目、具体问题的管理办法，做到科研项目管理制度的宏观与微观兼备。科研项目经费依托单位必须在国家和省有关科研经费管理制度基础上，结合自身特点制订科研经费内部管理制度，明确科研、财务等部门及项目负责人在科研经费使用与管理中的职责与权限，三者之间加强有效沟通和协作；明确各科研项目经费的开支范围、开支标准与开支比例，重点规范招待费、咨询费、会议费、办公费等支出的管理；明确规定科研设备购置纳入项目依托单位统一采购范畴，所购设备由项目依托单位统一管理，低耗性物品由项目依托单位提供，不允许项目负责人和项目组成员自行采购和报销。

第七，进一步改进监督制约机制，加大处罚力度。一是对科研项目经费的监督制约由"事后"提前到"事中"。事后监督工作的重点是"堵漏"，偏重于事后惩戒，忽略了行为发生前的预防和进行中的控制。事后监督不管如何及时、有效，其功效总是具有暂时性和滞后性，把监督环节提前到"事中"，结果就会变亡羊补牢为未雨绸缪。二是加大处罚力度。处罚程度偏轻会纵容违法违纪行为，因此，必须进一步加大对违规责任人的处罚力度，加大违规成本，包括政治名誉成本、职业道德成本和经济成本等。

总之，农业科研项目经费管理工作是一个细致而复杂的系统工程，需要政府相关部门的重视、农业科研单位相关部门的大力配合，也需要农业科研财务工作者和管理者的积极探索，随着农业科研事业又好又快的不断发展，农业科研项目经费管理的体系必将会得到逐步完善。

农业科研单位科研经费管理中存在的问题与对策建议

杨小丽　　沈新芬　　郑建彪

（浙江省农业科学院　浙江杭州　310021）

【摘　要】本文对农业科研单位科研经费管理中存在的重立项、轻预算，支出与预算脱节，经费核算不规范，监督不力及经费结余过大等问题及其产生原因进行了分析。在农业科技财政投入持续加大的新形势下，提出了加强农业科研经费管理的对策建议。一是加强对预算重要性的认识；二是提高经费管理水平；三是及时处理科研结余经费；四是强化审计监督，不断提高科研经费的使用绩效。

【关键词】农业科研；经费管理；对策

随着我国不断加大对农业科技财政的投入，政府有关部门也加大了对农业科技资金的监管力度，制定出台了一系列科研经费管理的政策法规。2005 年科技部颁布《关于严肃财经纪律规范国家科技计划课题经费使用和加强监管的通知》（国科发财字〔2005〕462 号），2011 年财政部、科技部又联合出台了《关于调整国家科技计划和公益性行业科研专项经费管理办法的若干规定的通知》（财教〔2011〕434 号），各省也都相继出台了相关的管理办法与管理细则。在新形势下，如何加强科研经费的管理，深入研究农业科研经费管理中存在的问题，积极探索科研经费管理的有效措施，提高科研经费的使用绩效，保证科研任务的顺利进行，已成为农业科研单位财务管理工作的重要内容。

一、科研经费管理中存在的主要问题

1. 重课题项目的立项论证，轻项目预算的编制

在课题立项过程中，有关部门往往投入了大量的人力和物力进行前期调研，确立支持方向，对课题立项报告要求非常具体，程序也非常复杂严密，申报单位的要求也非常严格，但对课题的预算编制却重视不够，由于科研人员缺少财务知

识，预算的编制仅仅是为了满足争取科研项目的需要。预算的编报随意性较大，预算内容不够细化，预算分类不够规范，所编制的项目经费预算不能全面、真实地反映科研实际所需的成本，造成预算编制与课题实际需求不匹配。

2. 科研经费的使用与预算不符，支出存在很大的随意性

科研经费在使用过程中存在的最大问题就是"随意性"，这种"随意性"体现在科研人员普遍存在"科技项目一旦争取到经费，其资金使用便由我支配"的观念。因此，在经费使用上随意性较大，项目负责人按预算开支经费的观念淡薄，普遍存在超用途、超出预算开支现象，一些专用材料购置缺乏必要的验收手续，还有项目负责人因不及时向财务人员提供项目合同，使财务人员在经费支出审核时只管控制每个项目总经费不超支，对支出是否符合预算无法掌控，科研经费的使用与预算脱节现象已成为科研单位普遍存在的问题。

3. 科研项目经费核算不够规范

专账核算是保障科技经费专款专用的基础，也是政府和有关部门对科研经费管理的最基本要求，目前很多项目承担单位未按规定对科技经费进行单独建账、独立核算，只是简单地按课题组进行核算。项目核算的不规范，往往造成项目结题审计时，前期积累的矛盾集中爆发，给财务人员增加很大的工作量，同时财务人员自身也背负一定的财务风险。

4. 科研项目结余资金长期挂账

目前很多科研单位存在研究课题结题验收后，财务上不及时进行结算，项目结余资金长期挂账使用，导致科研单位科研项目经费结余资金过大。

5. 科研项目资金监管主体不明

科研单位一般是科研管理部门负责项目的申报，财务部门负责经费的核算，审计部门负责项目验收审计，科研项目资金监管主体不明，监督机制存在缺陷，各部门之间缺乏明确制约的监督机制，缺乏严格的制衡机制和约束考核制度，出现问题难以问责追究，致使有的科研单位违规使用科研项目经费。

二、存在问题的原因分析

1. 科研项目预算编报不科学、不准确

一是项目负责人对预算科目不理解，比如，认为"会议费"就是指项目组成员参加会议的费用支出，却不知预算中的"会议费"是指在项目研究开发过程中为组织开展学术研讨、咨询以及协调项目等活动而发生的会议费用。又比如，认为"劳务费"是科研人员完成科技项目后的劳务酬金，却不知预算中的"劳务费"是指在项目研究开发过程中支付给项目组成员中没有工资性收入的相关人员（如在校研究生）和项目组临时聘用人员等的劳务性费用。二是农业科研项目预

算不同于工程项目预算，工程项目国家有一套成熟的计算方法和规范，农业科研项目因受自然环境气候条件的影响较大，一些不确定性因素较多，给编制准确预算带来了较大困难。三是在实际工作中，项目负责人普遍认为编制预算的目的是让科研项目成功立项，在编制预算时往往只按项目管理单位的要求及项目申报经验来预算，没有相关财务人员参与编制，对项目的各项开支缺乏足够的科学论证，导致预算不准确、不科学，从而在经费到位后无法严格按照预算执行。

2. 按预算执行意识不强

科研人员对预算执行意识淡薄，科研经费使用的过程中，实际使用和预算往往存在较大差距，一方面，很多科研人员认为项目经费到位就归课题所有，想什么时候用就什么时候用，想怎么用就怎么用，这不仅使预算执行中出现问题，也给经费使用中的不端行为甚至科研腐败创造了机会；另一方面，财务人员在经费支出审核中把注意力主要放在经费使用过程的形式和程序上的审查，比如发票上财务负责人的签字，大额交易附有合同等，而没有将经费使用的内容和预算相比对，造成经费的实际使用和预算相脱节。

3. 科研项目结余资金管理薄弱

由于政府科技政策的不配套，科研人员的保障问题没有从根本上得到解决，出现了项目经费使用客观事实与政策法规相背离的问题。一是项目结题后经费按要求应进行结算，而在现行科研体制下，部分人员费用要项目承担，使科研人员存在生存的后顾之忧，他们必然要考虑后续科研项目衔接不上时需要有一定的经费以维持生存；二是科研项目的立项和开题，往往需要研究人员的前期预研费用。因此，大部分科研人员对结题和验收的项目结余资金长期挂账不作处理，导致科研单位科研经费结余过大。

4. 科研经费监管体系不健全

在项目申报成功并取得科研经费以后，主要由科研管理部门负责科研项目管理及经费使用控制，其所谓经费的使用控制，往往只是科研管理部门定期与财务部门的有关账务进行核对。在这种情况下，财务人员的管理监督往往只是合规性的审查，是对财务活动程序、凭证票据作形式上的审查，其内容的真实性、合法性财务人员一般无法掌握。例如假发票，既有形式上的假发票（内容真实而票据造假），也有内容上的假发票（票据真实而内容虚假），前者容易识别，后者则很难把握，因此，财务人员只是简单地控制每个项目的总体经费不超支，而对科研经费的筹集和运用全过程缺乏综合管理和有效监督，很难通过经费的管理，使科研经费列支按照项目合同使用资金，造成科研项目（特别是纵向科研项目）结题验收时财务审计的困难。还有由于财务管理部门与科研管理部门之间的信息不对称，对科研项目的运作过程不熟悉，也难以监督科研经费的预算执行情况，造成实际支出与预算不符，使得预算形同虚设，失去了预算对支出应有的约束力。

由于科研经费使用监管主体不明，体系不健全，科研经费的使用缺少必要的内控监督机制，造成了许多科研单位科研项目经费支出的无序性和随意性。

三、加强科研经费管理的对策建议

1. 提高对科研经费预算管理重要性的认识

近几年来，随着中央和地方各级政府对科学事业发展资金投入的不断增加，对科研经费预算管理的要求也越来越严，管理部门要通过宣传、教育、培训、督查、提醒、通报、警示等措施，改变科研人员对科研经费管理的一些陈旧理念，增强科研人员的预算意识和法制观念，让科研人员真正了解和掌握科研经费预算执行管理的要求，项目组成员和依托单位财务负责人要认真学习国家和地方科技计划和经费管理有关制度，增强预算管理和财务监督意识，严格执行项目预算，保证项目经费在批准的预算范围内合理使用。

2. 提高预算编制的科学性和准确性

预算编制是预算执行管理的源头，预算编制得越科学合理，越有利于预算执行。因此，编制科研项目预算时，科研、财务、审计等管理部门应积极协助项目负责人共同编制预算，在预算编制中要贯彻政策相符、目标相关、经济合理、依据充分等原则，使预算既适应研究工作的需要，又符合财务的各项规章制度，保证预算的科学性、准确性、严肃性和可操作性。

3. 加强财务管理，提高科研经费管理水平

根据国家相关财经法规，要制定适合本单位实际的科研经费管理办法，并在此基础上，分别制定纵向、横向科研经费管理实施细则，按照"纵向从严，横向放宽"的原则，细化科研经费过程管理内容，规范经费使用程序，明确开支范围和口径，确定合理的支出水平。对纵向科研经费中的"863"计划、"973"计划、科技支撑计划、国家自然科学基金等项目，必须严格执行上级科研经费管理办法，按项目专账核算，严格按照项目合同内容使用经费。对横向科研经费可以视不同情况按项目组进行核算。对项目管理费的使用，一方面可在项目合同规定的比例额度内列支有关水、电、气、暖费用，房屋占用费、物业管理费、土地、设备、科研设施等一些公用费用；另一方面也可在科研经费下拨时按一定比例预留部分科研经费，统筹用于本单位的科研管理支出。另外财务部门要严格控制管理费、人员经费、业务招待费开支，确定合理的支出比例；要严禁在科研经费中列支国家明令禁止的消费项目及与科研活动无关的家庭消费性和个人生活性支出，把科研经费真正用在科研所需的事情上。

4. 加强科研结余经费管理

为加强对科研结余经费的管理，单位要制定科研结余经费管理办法。每个科

研项目完成后，项目负责人应及时办理项目验收或结题工作，并按照项目主管部门或委托单位的要求提交相关材料，提供的经费使用报告，需由项目负责人、所在单位领导、主办会计、审计室负责人及财务处负责人签字后有效。项目结题验收后，项目结余经费不得长期挂账报销费用，项目结题未按时结账的，除国家有明确规定结余资金退回原拨款渠道外，本单位有权及时处理结余经费。对以前年度的结余经费要进行彻底清理，并对不同资金来源的结余经费，作不同处理，对纵向科研经费结余，应转入单位的"事业基金"，对横向科研经费结余，可按单位、部门、个人三者不同比例进行分配，属单位部门的可转入"事业基金"，"事业基金"下可设立"科研发展基金"，专归集已结题项目的结余经费，这些科研结余经费可用于科研仪器设备运转的维护、人才培养及其他研究发展项目的预研和启动。

5. 强化审计监督，保证科研经费安全有效使用

要建立健全科研经费使用和管理的监督约束机制。充分发挥审计、监察部门的监督作用，要加强对科研经费预算执行的审计，发挥审计的预防、揭露和抵御作用，特别是单位内部审计要提前介入科研经费预算管理，及时发现在预算编制和执行中存在的问题；同时审计部门要认真组织科研经费自查工作，定期或不定期地进行检查，对科研经费使用实施全过程的有效监督，防止弄虚作假、截留、挪用、挤占科研经费等行为，要建立责任追究制度。对科研经费管理和使用中出现的违规违纪行为，要根据有关规定，视具体情况对相关责任人给予通报批评、警告或记过处分，并限期整改；对违法违规问题按规定严肃处理，促进科研经费安全有效、合法合规使用。

参考文献

[1] 王新，徐中瑛. 高校科研经费财务管理的问题与对策 [J]. 教育财会研究，2010，21（2）：28-31.

农业科研项目结题验收中存在的问题及对策分析

冯予玲　　　张显华

（河南省农业科学院　河南郑州　450002）

【摘　要】本文在阐述新形势下农业科研项目特殊性的基础上，对我国农业科研项目结题验收中存在的诸如项目管理与资金管理脱节、科研人员与财务人员交流脱节、内部控制环境差、内控意识薄弱、信息与沟通系统不健全等问题进行分析，从而提出了农业科研项目经费管理的对策措施。

【关键词】农业科研项目；内部控制；管理

农业科技是确保国家粮食安全的基础性支撑，是突破资源环境约束的必然选择，是加快现代农业建设的决定力量，具有显著的公共性、基础性、社会性。随着国家政治、经济形势的变化，农业科研单位的经费投入也在逐年增大，科研项目经费在农业科研单位总收入中已占据主导地位，支撑着农业科研单位的正常运转及发展。如何对科研项目资金进行科学管理已显得尤为重要。特别是近年来，科研单位产生了相当规模的资金流，同时随着改革开放事业的发展，科研环境也发生了巨大变化，面临的社会经济和社会活动越来越复杂，随之而来科研项目资金管理上出现的问题也就越来越多。从近几年不同类型项目结题验收审计、检查的结果看，由于许多科研单位在科研经费管理的制度和机制等方面不健全，致使科研项目资金管理方面出现了项目管理与资金管理脱节、未实行项目经费单独核算、专款专用、配套资金不到位、科研人员与财务人员交流脱节、内部控制环境差、内控意识薄弱等问题，这些问题的出现如不及时解决，将直接影响科研事业的发展。

一、现　状

1. 项目业务管理与项目资金管理脱节

由于科学研究的纵深、创新、发展，农业科研事业单位的立项渠道越来越广，科研经费来源渠道呈现多样性。按照科研经费来源渠道的不同，科研经费可以分为纵向经费、横向经费和单位配套经费。其中，纵向经费可分为国家级科研经费和省、部级科研经费；横向经费分为国际合作经费、国内合作经费以及委托项目经费。根据资金来源渠道的不同，项目结题验收要求不同，对经费管理与核算的要求也各不相同，这在一定程度上增加了科研经费管理和资金核算的复杂性和难度。目前，许多科研单位科研管理部门只负责科研项目的申报、立项和合同签订，财务部门负责项目经费的会计核算和财务管理，不清楚项目的内容及进展情况。项目管理部门不过问经费使用情况，不跟踪经费使用的合理性和使用效果。对每一项科研项目经费的筹集运用缺乏全过程的综合管理和有效监督，出现"两张皮"现象。实际工作中往往是在项目验收时财务部门还不知道总经费是多少，按项目要求专项管理也就无从谈起。部分科研项目经费不能按照项目预算及时、足额用完，从而影响项目通过验收。原因大多是同一研究内容，多头项目申报，造成资源的浪费，也加大了科研经费管理及核算的难度，还有项目经费预算编制不科学，导致预算执行和预算编制存在较大差异。科研项目结题偏重于科研成果的验收，较少顾及经费使用的绩效评价。

2. 科研人员与财务人员交流脱节

科研人员与财务管理人员之间缺乏信息交流和沟通。一方面财务人员不能及时了解项目的管理情况和项目执行的实质进度，不利于加强对项目预算执行的监督和管理；另一方面，项目管理人员、科研人员不能及时获取财务信息，掌握项目支出的情况，不利于加快项目预算执行和提高资金使用效益。目前，科研经费管理主要实行的是课题主持人负责制，即以项目为核算对象，全额预算、过程控制、成本核算。在会计核算中，财务部门要根据不同项目资金管理要求，对不同项目进行不同的账务处理，比如建设项目、农业综合开发项目、"863"项目、"973"项目等。由于科研人员和财务人员很少交流，缺乏联系，造成了对项目管理的不规范，财务部门只根据账面数核算收入，而单位有多少个项目数不清楚，按什么项目入账较为模糊，造成了项目经费管理的漏洞。再如，在项目经费管理办法中，燃料动力费是指在课题研究开发过程中相关大型仪器设备、专用科学装置等运行发生的可以单独计量的水、电、气、燃料消耗费用等。而在项目验收中往往将车辆燃油费计入此范围内，这与项目要求偏离很大。目前许多具体的操作办法国家没有具体规定，各省财政部门根据本省情况制订的一些制度还显笼统，比如差旅费，在项目经费管理过程中造成实际操作的不确定性，边缘化的费用支出很难把握。再比如，付给零工的劳务费是否可以按材料费入账，其与材料费的区别在哪里？因对于农业科研项目中许多的劳务费实际也是材料费，如在施肥过程中，是按每亩施肥数量承包给农民个人，这就需要科研人员与财务人员相互沟通，完善手续。

3. 内部控制环境差、内控意识薄弱

由于我国的农业科研单位绝大部分是"非营利性科研机构",其主要依靠财政拨款,不以营利为目的,同时政府为其规避了大部分的市场风险,管理层对于市场风险的意识比较差,对单位面临的各种风险往往重视不够,导致机构的运作缺乏有效的风险管理机制。项目验收时财务审计一般都委托会计事务所,中介机构对单位业务也不是很了解,特别是农业科研单位目前会计制度一直执行的是1998年财政部、科技部颁发的《科学事业单位会计制度》,在目前形势下已明显滞后。特别是在项目结题验收时,没有按项目单独核算,就更谈不上专款专用,为应对项目验收,部分单位一票多用,编凑支出,出现虚假现象。还有课题结题后不及时进行结账,长期挂账报销费用,由课题组甚至课题负责人随意支取,影响了科研经费预算的严肃性。其中管理最薄弱、最混乱的部分就是固定资产管理和固定资产处置,目前我国科研机构大部分的固定资产都是国家拨款的资金购置,购置的主要用途是为了科研,并且金额较大。由于有些为科研项目而购进的仪器设备有相当大部分的使用价值随着项目的完成而完结,并不利用仍具有使用价值的仪器设备继续为其他课题使用。再加之科研人员固定资产管理意识淡薄,使得固定资产账有实无、账无实有现象普遍存在。所以科研单位处置固定资产时,往往无章可循,随意性较大,从而使固定资产的安全性和完整性很难得到保证。

二、创新措施和手段

1. 理顺科研管理与财务管理的关系

作为财务工作者,我们深深感受到扑面而来的新思维、新变化、新气象。科研经费管理是科研管理的一个主要环节,也是财务管理的一个主要方面,在项目经费管理中要从源头抓起。首先要重视并加强科研项目的经费核算管理,科研管理部门和财务部门应配备业务素质较高的专职人员,从科研项目申请开始,协助项目负责人编制经费预算,使预算既适应研究工作又符合财务制度,保证项目预算的严肃性和可操作性,科研管理和财务管理两个部门对各个项目统一标示或代码,通过信息化技术设置相应权限,使双方对项目的各方面信息有所了解。财务人员要随时掌握各个项目课题的经费管理要求,从而按不同项目要求分项核算,做到专款专用。财务部门对项目的核算应从立项开始跟踪,即会计跟着项目走,项目档案跟着会计走。具体步骤是:① 财务人员接到项目分配任务后便开始建档;② 开始要求进行项目执行前的小组工作;③ 进一步要求中标和供应单位提供文书;④ 项目开始实施后负责项目的会计审计,完成后负责验收的准备工作。从科研项目的立项、预算,到科研项目经费的使用、结账,整个过程无一不需要有高素质、懂业务的财务人员的参与、配合,为单位领导提供科学的决策信息。

2. 加大对科研人员政策及相关法规的宣传及学习

财务部门要不断积极宣传讲解有关国家政策及相关法律法规知识，努力沟通，通过培训、座谈等手段使科研人员了解项目执行的财务要求。财务人员除了严格把关和认真核算外，要注重学习，积极与科研人员交流，熟悉业务，参与经费预算、使用的全过程管理，促进科研经费规章制度的履行。另外，科研人员应加强有关财经法律、法规的学习，提高综合素质。科研人员平时忙于科研工作，大多数对财务管理方面的法律制度和规定了解不多，科研单位要根据这一实际情况定期或不定期地举办有关财经法律、法规的培训，也可以采取形式灵活、题材多样的财务知识讲座，以提高科研人员合理、合法使用经费的意识，为保质保量地完成项目提供充分的保障。

3. 加强制度建设，细化规范各项管理措施

加强科研经费管理力度，完善科研财务管理办法，结合农业科研的特点，在国家政策及相关法律法规下，制订具体的符合本行业特点的财务管理制度，细化项目管理，夯实各项管理制度，财务工作是集服务，监督、管理于一体的工作，财务管理者必须树立"服务要到位，监督不缺位，管理不越位"的指导思想，加强各项管理工作，做到制度完善，管理规范，运作有序，监督有力。因此，通过创新工作思路和管理技术手段，建设和完善科研院所项目经费管理体系，构建一个实时、互动式的项目经费管理信息系统，将科研院所的全部项目纳入系统进行统一、全过程和动态管理，实现项目经费管理的信息系统建设目标，利用现代网络技术和信息技术，构建一个信息平台，在科研院与所之间建立起一条有效的信息交换和沟通的渠道。科研经费管理是一项细致而复杂的系统工程，需要科研和财务人员的积极探索，需要从完善科研经费的管理制度、建立定期检查和临时抽查科研项目经费开支的机制、多部门联动监管规范流程、加强科研经费转拨管理、规范科研经费转拨行为、加强项目结题后固定资产的登记管理、加强和保障审计监督、强化财政国库管理制度的改革力度，将科研项目经费列入国库集中支付体系等方面完善科研经费有效监管机制，堵塞监管漏洞，保障科研经费的良好运行和使用。

参考文献

[1] 沈建新，郭媛媛．农业科研项目经费管理的思考［J］．安徽农业科学，2010，38（12）：6591-6593．

[2] 张俊芳．科研经费管理中存在的问题与监管对策［J］．上海农业学报，2011，27（4）：106-109．

[3] 冯彦妍，张建新．我国科研经费管理使用现状分析与治理对策［J］．经济论坛，2010，474（02）．

浅谈广西壮族自治区事业单位绩效工资的实施

黄 琳 　 向 昱 　 廖 幸

(广西壮族自治区农业科学院 　广西南宁 　530000)

【摘　要】为促进广西壮族自治区事业单位收入分配制度改革，从 2012 年 1 月 1 日起，自治区本级其他事业单位开始实施绩效工资。现就事业单位绩效工资的含义、评估办法、总量、分配和水平的核定以及不纳入绩效工资的项目和经费管理作简要的阐述。

【关键词】事业单位；绩效工资

为了深化和规范广西壮族自治区事业单位收入分配制度改革，建立保障公平效率的长效激励机制，提高事业单位公益服务水平，促进公益事业发展，从 2012 年 1 月 1 日起，自治区本级其他事业单位实施绩效工资。

一、事业单位绩效工资的含义及绩效评估办法

1. 事业单位绩效工资的含义

事业单位绩效工资又称绩效加薪、奖励工资或与评估挂钩的工资，是以职工被聘上岗的工作岗位为主，根据岗位技术含量、责任大小、劳动强度和环境优劣确定岗级，以单位经济效益和劳动力价位确定工资总量，以职工的劳动成果为依据支付劳动报酬，是劳动制度、人事制度与工资制度密切结合的制度。

2. 绩效评估办法

第一，事业单位的绩效评估办法不能变成简单"计工分"的形式，要充分体现公平、公正，在规范事业单位工资、津贴制度的同时，逐步形成合理的绩效工资水平决定机制、完善的分配激励机制和健全的分配宏观调控机制。第二，绩效管理应该更多关注员工内在的积极性，让他们有发自内心的对单位的热爱，有发自内心的主人翁感觉，有充足的能量，有高度的责任感。第三，绩效工资改革应该规范事业单位本身的经费使用，使得其更专注于"提高公益服务水平"。"工

分"式的绩效评估方法难以激发劳动者的活力，而事业单位的员工大多是知识性员工，知识性员工的绩效是很难测度的。事业单位在绩效考核方面也没有很好的经验积累，强制推行可能会导致能力上的不足和文化上的阻碍。另外，对于事业单位改革而言，单单搞绩效工资改革远远不够，还需要完善的管理体系、良好的管理环境、优越的领导力、较高的员工素质和执行力等。领导的绩效是由领导决定的，比较科学的方法是综合的方法——有领导决策，也有普通员工的民主参与。不过哪一种方法都有利弊，需要每一个事业单位根据自身的具体情况摸索适合的方法。

二、绩效工资总量、分配和水平的核定

1. 绩效工资总量

绩效工资总量由相当于单位工作人员上年度 12 月份的基本工资和规范后的津贴补贴构成，原工资构成中津贴比例按国家规定高出 30% 的部分（不含特殊岗位原工资构成比例提高部分），纳入绩效工资总量。由自治区人社厅和财政厅综合考虑平均绩效水平和事业单位上年度原实际发放水平等因素，按编制数内（含编制控制数）实际在岗人数核定各主管所属事业单位年度绩效工资总量。对完成年度目标任务好、考核优秀的事业单位，以及知识技术密集、高层次人才集中、国家战略发展需要重点支持的事业单位，应给予适当倾斜。总量核定后，原则上不作调整。

2. 绩效工资的分配

第一，绩效工资分为基础性绩效工资和奖励性绩效工资两部分。基础性绩效工资统一设立岗位津贴项目，按月发放。奖励性绩效工资主要体现工作量和实际贡献等因素，根据专业技术、管理、工勤等岗位的不同特点，实行分类考核。第二，对事业单位按照国家规定，通过科技开发经营、技术服务等方式取得的合法收入，可提取一定比例纳入奖励性绩效工资发放。第三，各事业单位要完善内部考核制度，根据考核结果，在分配中坚持多劳多得、优绩优酬，重点向关键岗位、业务骨干和成绩突出的工作人员倾斜，发挥绩效工资分配的激励导向作用。

3. 绩效工资水平

对实施前平均津贴补贴水平低于当地绩效工资水平控制线的，全额拨款事业单位由自治区财政补助至控制水平线；差额事业单位按原经费渠道分别由自治区财政和单位负担。对超过控制水平线的，且经费来源符合有关财务规定的，经自治区人力资源和社会保障、财政部门审核，超过控制水平线的部分可予以保留，由单位负担。其中，对超过控制水平线 2 倍的部分，采取累进方式征收调节基金。

4. 单位主要领导与工作人员的绩效工资水平

单位主要领导与本单位工作人员的绩效工资水平，要保持合理关系。单位主要领导的奖励性绩效工资原则上控制在本单位工作人员平均奖励性绩效工资的1.5~3倍。

5. 退休（退职）人员津贴补贴

在职人员发放的绩效工资水平相当于退休人员统一规定补贴平均水平2.5倍以上的单位，其退休（退职）人员津贴补贴所需经费自行解决。

三、不纳入绩效工资的项目和绩效工资经费管理

按照国家规定的艰苦边远地区津贴、特殊岗位津贴和政府特殊津贴等仍按国家现行政策继续执行；按规定由政府投入的人才基金、创业基金和引进高层次人才的特殊报酬，以及临时性科研课题（项目）报酬等，不纳入绩效工资管理。

事业单位绩效工资经费要加强会计核算，专款专用。绩效工资应以银行卡的形式发放，原则上不得发放现金。单位工会经费、集体福利费和其他专项经费要严格按照现行财务会计制度规定的支出范围使用和核算。对事业单位的各类政府非税收入，一律按照国家规定上缴同级财政，严格执行"收支两条线"。对事业单位的各类经营服务收入，也要统一核算、统一管理。

实施绩效工资后，各事业单位只能执行国家规定的事业单位岗位绩效工资制度，不得突破核定的绩效工资总量，不能违反规定的程序和办法进行分配，不得在核定的绩效工资总量和确定的补贴标准外自行发放任何津贴补贴或奖金。只有通过建立有效的分配激励机制，才能充分调动广大事业单位工作人员的积极性、创造性。

试论科研单位控股企业财务管理存在的问题及对策

韩彦肖　　王广海　　王献革　　王　雪

(河北省农林科学院石家庄果树研究所　河北石家庄　050000)

【摘　要】随着我国市场经济的发展和国有企业改革的推进，财务管理作为国有企业管理的组成部分，在促进企业健康发展、提高企业经济效益中发挥着越来越重要的作用。本文从科研单位控股企业财务管理现状和存在的问题出发，探讨完善其内部财务管理的措施。

【关键词】控股企业；财务管理；问题；对策

依据国家有关科研和科技体制改革的精神，我国成立了一批由科研单位控股、职工持股的科技型中小企业。这些企业在促进科研单位科技成果转化、加快经济发展中起到了重要作用。同时也暴露出了一些问题，突出表现在财务管理方面。

一、财务管理现状及存在的问题

(一) 财务管理环境较差

1. 人员结构不合理，素质偏低

由于科研单位控股企业规模普遍较小，人员不过几十人，甚至十几人，为了降低成本，往往一人身兼数职，且重经营轻管理，甚至没有专门的财务机构及专职财务人员，大多是兼职会计或委托代理会计，加之工作繁杂，没有时间静下心来钻研业务，致使知识老化，远远落后于经济发展的步伐。企业中多少比重的财务人员才算合理，要根据行业的性质和企业的自身情况而定，并适当考虑成本效益原则。

理论基础薄弱、工作水平低。出于成本效益的考虑，企业不太注重聘请专业财务人员，认为财务就是"记账、算账"，财务人员大多是"半路出家"，虽有

较多的实践经验，但缺乏系统的理论学习，没受过规范、严格的专业教育，工作仅停留在记账、算账、报表的水平；甚至有些素质不高的财务人员对复杂的会计业务无从下手，只能应对简单的会计处理，存在账务处理差错多、报表混乱、信息失真等现象，工作敷衍了事，得过且过，缺乏企业前瞻性分析的能力，更谈不上用理论指导实践。对企业存在的财务风险不能提前作出预判，以最大限度地减少企业的损失。

2. 权力集中，缺乏监督

企业的人事安排往往由（企业控股者）少数人甚至一人说了算，致使企业在选用财务人员时往往凭某个人的喜好而定，而非从企业发展的全局考虑，所有权与经营权高度统一，人治色彩浓厚，个人主义倾向严重，使财务监督浮于表面，极易产生决策失误和财务风险。

3. 知识结构不合理，后续教育跟不上

从企业的财务队伍来看，财会专业科班出身的不多，知识结构参差不齐。有的虽然后补了大专或本科文凭，但实际知识水平和工作能力并没有多大提高；在会计职称方面，中级职称会计人员很少，高级会计师和注册会计师更是凤毛麟角，难以满足企业发展的需要。

（二）财务管理制度缺失，管理监督不到位

1. 制度控制环境较差

公司的财务人员大多由原科研单位的事业会计分离担任或兼任，受能力和精力的限制，使财务管理无法达到制度化、规范化、程序化。例如，负债经营对企业的发展至关重要，但是柄双刃剑，若使用不当，会给企业带来不可挽回的损失。尤其是处于创业初期的企业，规模小、竞争力差，有的经营者过于"求大、求快"，过度负债，盲目扩张，只注重负债经营的财务杠杆作用，忽视了企业负债经营，尤其在收益不确定的情况下负债经营带来的巨大财务风险，加之财务监督不到位，极易导致资金链断裂，被淘汰出局。另一部分企业经营者或过于厌恶风险，小富即安，财务人员提出的理财建议被一票否决，企业领导只看到了负债经营之弊，而忽视其有利的方面，年末资产负债率偏低，而流动比率、速动比率、现金比率较高，远远超出了行业公认的比例，企业虽有很强的偿债能力，但过高的流动比率意味着企业闲置现金持有量过多，造成企业机会成本的增加和获利能力的降低，致使企业发展缓慢。

2. 制度设计落后

由于企业规模小，人员、资金少，组织结构简单，组织制度不完备，形成了财务制度的缺失。有的企业即使有书面的章程和制度，也多是一些照搬、照抄的文字，除了应付检查，很难在实践中发挥作用。

3. 制度执行力度不够

企业的人事安排现状，使得企业领导越权管理、随意调整业务流程的现象时有发生，使得财务人员难以对经济活动实施有效监督，制度的落实往往成为一纸空文。

二、探讨改进企业财务管理的有效途径

（一）完善公司治理结构、改善企业管理状况

公司治理结构指为实现公司最佳经营业绩，公司所有权与经营权基于信托责任而形成相互制衡关系的结构性制度安排。良好的公司治理结构，可解决公司各方的利益分配问题，对公司能否高效运转、是否具有竞争力，起到决定性的作用。集权式的企业虽能减少代理成本、节约交易费用，但不利于决策的制订和风险的防范，产权多元化能有效防止集权制带来的弊端。企业应建立健全内部治理结构，明确各层次管理者的责权关系，特别是决策层人员、决策执行层人员和监督审计层人员必须彻底分开，强化生产者与经营者双向监督，建立员工风险报酬机制，使员工的命运与企业的发展息息相关。

（二）培养或吸引优秀的经营管理人员，改善财务管理环境

我们现在处于高技术、高文化、高智商的知识经济时代，不同于以支柱产业、稀缺资源为主要依托的传统工业，知识经济时代既给传统财务的发展、创新带来了机遇，同时也提出了全方位的严峻挑战。企业的竞争，归根到底是人才的竞争，经济越发展，会计越重要，企业要积极招聘优秀的财务人员，突破集权式的人才结构模式，摒弃任人唯亲的旧观念，建立科学的用人机制，以人为本，这样才能充分发挥财务人员在企业管理中的主观能动性，为企业发展出谋划策，为企业发展保驾护航。

（三）加强后续教育，与时俱进

在新形势下，不仅要求会计全面反映经济活动、监督经济过程，更重要的是要担当主导社会资源流向和主导社会财富分配的重任。随着世界经济一体化进程的加速和信息时代的到来，各国经济相互渗透、相互交往不断加强，会计要实现与国际的趋同势在必行。科技的发展大大缩短了会计担当财务功能的传统角色的时间，使其有富余的时间和精力完成向领导能力、道德规范、公司行为、公司治理和战略决策角色的转移。这就要求财务人员不断加强业务培训、职业道德和法律教育，提高其综合素质，增强其监督意识和参与企业管理的能力，培养其强烈的时代意识和竞争意识，从高层面上把握财务工作的运行规律，提高财务分析能力，针对本公司要解决的实际问题编制程序、储存信息、进行财务分析和编制报

表，為領導決策提供有価値的建議。這様才能有効地防範財務風険，帮企業理好財。

（四）更新財務管理理念，建立健全財務管理制度

科学、規範的企業財務管理制度対于企業発展的作用越来越重要。企業的管理者要充分認識到財務管理在企業管理中的戦略核心地位，使企業的財務管理工作変被動為主動。

建立健全内部会計控制和内部審計制度。内部控制作為企業管理的重要手段，越来越受到企業自身及監管部門的高度関注。内部控制是企業内部為合理保証既定目標実現而進行権利和責任分配的過程。制訂内控制度応遵循合法性、全面性、重要性、有効性、成本効益性原則，企業的内控制度要与自身的生産経営特点相協調，考慮成本効益原則，可适当減少一些不必要的控制環節和憑証伝遞，以提高会計信息質量、保証財産安全完整、確保財務制度執行為目標，将主要精力放在必要的控制環節上。従決策層到管理層和普通員工，都応在内部控制"鏈条"上擁有一個合适的位置，享有一定権利，承担一定責任。内部審計制度要着力査錯防弊、保護財産安全、優化資源配置、提高経済効益和経済管理水平。企業考慮成本和自身内部審計人才的限制，可采取聘請兼職内部審計人員或内部審計外包的方式進行。

健全各種管理制度，有効発揮内控作用。内控制度不可能面面俱到，触及企業的各個角落、各項事務，只是一条"管理線"，在這条管理線上有若干個結点，毎個結点都連着各項管理。応把内部控制作為管理的核心，并囲繞這個中心，認真、細致地梳理現有的各項管理制度，優化整合以確保内控目標的実現。

科技型中小企業是科研単位経済増長的重要動力之一，是科研単位経済健康発展不可或缺的因素。在全球経済疲軟、債務危機層出不穷、国内経済結構調整進入困難的時期，科研単位控股企業財務管理中的問題将会更加突出，并呈現多様化趨勢，如融資范囲進一歩拡大、風険投資比例将大幅度増加等。同時，解決途径也会因客観経済環境変化、企業自身発展而発生変化，企業不仅要及時転変発展方式，提高創新能力，而且要加強企業財務管理、完善内部各項規章制度，苦練内功，不断加強"造血功能"，只有這様，企業才能做大、做強，確保企業持続、健康発展。

参考文献

[1]　柴芸虹．浅議提升会計人員職業素養 [J]．現代企業教育，2011 (8).
[2]　将宗良，甄立．中小企業内部会計控制建設芻議 [J]．中国農業会計，2008 (1).
[3]　蔡麗蘭．内部控制設計和実施芻議 [J]．中国農業会計，2008 (4).

省级农业科研单位财务管理模式的创新和应用

张余仁

（辽宁省农业科学院　辽宁沈阳　110161）

【摘　要】省级农业科研单位（以下简称单位）在我国经济生活中占有举足轻重的地位。由于受地方政策和各种机制因素的影响，他们的自身优势（尤其是潜在的优势）还远远没有得到有效发挥。本文针对如何通过财务集中核算这个平台来创新财务管理模式，从而达到更好地发挥科技支撑作用的目的，谈谈自己的体会和看法。

【关键词】省级农业科研单位；财务管理模式；创新和应用

一、财务管理模式创新的背景

1. 解决会计机构臃肿，队伍庞大等弊端的需要

各单位在实行财务管理模式创新和应用之前，其系统内大都有若干个独立核算的会计机构，其中包括若干事业单位（即预算单位）性质的会计机构和企业性质（即预算外单位）的会计机构。在日常的会计实务中，有大量人员从事会计岗位工作。面对臃肿的组织机构、庞大的会计队伍、从业人员综合素质参差不齐的现状，省级农业科研单位财务管理工作面临巨大挑战。这就要求我们必须改革现行财务管理体制和模式，促进省级农业科研单位更好地发挥科技支撑作用。

2. 规范财务管理制度的需要

从历次财务专项检查（审计）中发现，各会计单位报销签字手续不全；白条子列支；大额提取现金；往来款项不能及时清理；一些事业单位没有按预算批复使用科技项目经费；企业库存商品入（出）库手续不健全；出现各种跑冒滴漏等问题。这些现象集中反映出一些单位的内部财务规章制度不够完善，主要领导、财务负责人以及会计主管人员财经法规意识淡薄，不能认真执行《中华人民共和国会计法》、企（事）业单位会计制度。这就要求我们必须从创新现行财务管理模式入手，完善内部财务管理制度，严格遵守国家财经纪律。

3. 完善财务部门考核激励机制的需要

各单位财务是掌管财权的部门。财务人员的素质和积极性对单位职能发挥和目标实现具有重大影响。我们的考核激励办法不完善、不科学，将严重影响财务人员积极性的发挥，影响综合素质的提高，影响单位科研任务和目标的实现。因此，我们必须下大力气来完善会计专业技术岗位绩效考评办法，建立科学的财务考评管理运行机制。

4. 健全财务管理手段的需要

现代网络通信技术在财务管理中没有得到很好应用，集团和成员单位之间没有形成财务数据体系以及信息共享机制，从而不能实行集中监控，不能整合财务内部资源，不能防范决策风险，不能提高管理效率。因此，必须尽快建立适应单位特点的以财务电算化为标志的现代化财务管理新模式。

5. 提高财务服务能力的需要

一些财会人员专业素质偏低，导致各单位会计基础工作不规范，严重制约了财务服务职能的发挥。单位如何管好国家财政资金，使用好所属企业预算外收入（直接或间接弥补农业科学研究经费），已成为财务管理者亟待解决的问题。

6. 加强财务监督，提高风险控制能力的需要

各单位在一定程度上存在财经法规意识淡薄，会计核算、会计监督和会计管理工作不到位；财务管理在廉政建设中地位薄弱，作用有限；科研专项经费被截留、挪用和浪费等现象。这些问题表明：实行财务管理模式创新与应用具有紧迫性。

以上六大问题表明，单位财务管理必须进行改革，必须从组织体系、管理制度、运行机制、管理手段、管理方法等管理环节乃至监督控制、服务能力、服务思想文化等方面进行全方位、全过程、全局性、系统性改革，进行财务管理模式的创新与应用。这是一项重大而系统的工程。

二、实施财务管理模式创新的重要意义

1. 有利于提高财务服务科研的能力和水平，促进科技支撑作用

实行财务管理模式创新和应用，强化资金调控力度，提高资金的使用效率。资金由原来的各基层单位分散存储变为财务部门集中存储，资金在未被使用前始终保留在财务部门会计核算系统的账户上，便于统一支配、调剂使用。总之，财务管理模式创新与应用有利于统一调控资金，加强财务预算管理，提高财务服务能力，促进农业科研事业的发展。

2. 有利于加强会计基础工作，提高会计人员素质

实行财务管理模式创新和应用，通过竞争上岗、择优录取等方式，选拔一批思想政治素质高、专业技术过硬的精兵强将充实会计队伍，将解决因财会人员素

质偏低而导致会计基础工作薄弱的问题，从而使会计标准化工作进入一个新的阶段。

3. 有利于严格执行内部财务控制制度，强化会计监督，从源头上预防腐败

实行财务管理模式创新和应用，各企（事）业单位的会计业务由分散处理变为财务部门集中处理，财会人员与原单位脱钩，将减少各单位决策者对会计业务的行政干预行为。通过会计监督前移，有利于财会人员依法办事、科学理财，有利于正确行使监督职能，有利于会计监督职能作用的充分发挥，实现对资金的全过程监督，做到事前预防、事中控制和事后问效，从源头上预防腐败。

4. 有利于预算管理，增强财务工作的计划性和系统性

实行财务管理模式创新和应用，特别是对事业单位财务实行集中核算，财务管理部门将有效实施预算制管理办法，通过统一控制各单位的部门预算执行情况，从而达到对各单位部门预算进行有效监督和指导的目的。各企业财务实行集中核算，对市场融资、防控风险、降低经营成本，提高经济效益具有重要意义。

5. 有利于降低管理成本，盘活闲置资产和沉淀资金

实行财务管理模式创新和应用后，原来各会计单位取消了财务科（室），人员裁减，将节约大量的人员经费和办公运营成本，单位综合经济效益也将得到提高。通过资产信息化管理系统，有利于及时发现并盘活所属单位的闲置资产和沉淀资金，使内部资产的调拨更加有效，提高存量资产在农业科研和管理工作中的综合利用率。

6. 有利于成本费用的控制，提高经济效益

实行财务管理模式创新和应用，由财务部门统一各下属单位的财务、福利等费用的开支范围和标准，对规避财务管理风险，将起到积极的促进作用。同时，将大大降低各下属单位在人员交流、资源配置以及资产重组中的直接或间接费用，下属单位无法再像过去那样将超预算成本（或严重亏损）的包袱在年末（或一个经营期间结束后）甩给单位主管部门。在财务管理模式创新和应用后的会计业务处理过程中，财务主管部门对超预算或有投资风险的项目，可以拒绝办理融资、结算以及核销业务，从而实现了对成本费用开支范围和标准的科学控制。

7. 有利于国有资产保值增值

实行财务管理模式创新和应用，各下属单位处理经济业务的审核职能由财务主管部门行使，实现财务审批权和审核权的分离，这将降低处理财务事项的风险；会计业务由财务主管部门集中核算，将增强经济事项处理流程的合法性和规范性，提高各下属单位在资金使用上的安全系数，对从源头上预防腐败，实现国有资产保值增值将起到重要作用。

8. 有利于科技成果产出、转化，完成单位的职能任务

实行财务管理模式的创新和应用，能确保资金用于科研项目、科技成果转化

以及服务"三农",对盘活存量资金,高效运营科技专项资金,集中财力办大事,更好地完成单位重大科研任务将产生深远影响。

三、采取有效的实施方法,稳步推进财务管理模式创新和应用

(一) 深入调研,摸清情况,为财务管理模式创新创造条件

为适应财务管理发展的需要,推行财务管理模式创新和应用已势在必行。结合新形势下各单位机构调整和中层干部竞聘交流,结合本地区、本部门特点,做好财务管理模式创新和应用的调研和组织实施工作。在实践加大财务管理和有效调控资金的力度,对财会人员完成工作任务和履行岗位职责情况进行科学评价。针对目前一些下属单位从事会计专业的人员数量多、会计队伍庞大的现状,做好对会计人员的管理、培训工作尤为重要。

(二) 优化会计管理机构和人员,为财务管理模式创新提供保障

实行财务集中核算管理,通过竞聘上岗,优中选优,会计从业人员与财务管理模式创新和应用之前相比将大幅度缩减;会计管理机构也将大量减少,从而大大降低财务管理的运行成本。通过精简会计机构,科学设岗,财务部门将更加科学地行使监督管理职能,通过整合内部财务资源,提高单位的财务管理水平和工作效率。

(三) 完善会计管理制度,为财务管理模式创新提供制度保障

1. 制订财务管理模式创新和应用业务流程图,开展会计核算和监督工作

在财务管理模式创新和应用的实践过程中,财务部门通过设置不同的会计核算机构,实行不同的会计电算化管理模式。在资金所有权、资金使用权和财务自主权不变的情况下,实行财务收支集中管理,统一(或分户)开设账户、统一(或分户)会计核算、统一收付并调配资金,按照规定的标准和相应的科目列入资金使用计划或预算,严格行使资金监督职能,满足各单位对会计信息的要求;对各单位的所有开支,在本单位领导批准的基础上,经财务部门审核(或再报主管领导审批)后入账,从而保证了各单位的经济事项符合财务会计制度的要求;对固定资产的增减变动情况,严格按照业务流程进行账务处理。

2. 制订会计电算化操作规程、单位会计管理制度,开展财务管理模式创新和应用业务

针对各单位的特点和财务管理模式创新与应用的要求,为了提高财务管理水平和工作效率,保证会计电算化工作规范、安全运行,根据《中华人民共和国会计法》、财政部发布的《会计电算化管理办法》和《会计电算化工作规范》,结合单位实际情况,运用科学的财务理论和方法,构建、创新单位财务规章制度三

维体系框架结构，即从内容维、制订控制维、执行控制维构成的三维架构，反映财务制度创新所需要制度保障的具体内容，来开展财务管理模式创新和应用业务。财务部门依照创新财务规章制度三维体系框架，制定《会计管理制度》和《会计电算化管理办法》等财务规章制度。

（四）做好会计核算、监督、资源重新配置以及遗留问题的处理等工作

1. 分步实施单位银行账户的整合

针对财务集中前存在多头账户且又比较分散的问题，可借助单位软件技术研发平台这个载体，将财务集中核算前的多个银行账户整合为一个账户，将各项经济预算指标嵌入计算机软件系统，从而提高资金的使用效率，也能有效防止科研专项资金被挪用、截留等现象的发生，维护受款单位的利益和国家财经纪律。根据单位现状，在原法定代表人（负责人）不变的情况下，实行财务管理模式创新与应用，统一财务管理口径，严格执行会计政策，运用科学的财务计划与成本控制方法，加快资金周转和货币回笼，减少融资成本，盘活存量资金，加强对货币资金的管理。

2. 注重发挥财务管理模式创新和应用的监管职能

财务实行集中核算后，财务工作具有相对的独立性，能否充分行使会计核算、监督和管理职能，是必须下大力气才能解决的问题。对财务工作中存在的问题，在实行财务管理模式创新与应用初期，要采取有效方式认真加以解决。通过制订或修订《财务人员岗位职责》《预算制管理办法》等内部管理控制制度，为单位领导决策提供快捷、高质量的会计信息。

3. 注重提高会计以及报账员的业务素质

在办理报销和结算业务时，报账员必须依照财经法规、内部财务制度的相关规定以及会计业务处理流程，持有效票据到财务部门报销结算，原始凭证经过严格审核合格后才得以支付，审核的过程不会受到原单位领导等的人为干预，避免了恶意财务处理现象的发生。通过计算机网络和会计集中核算系统，完成对原始凭证真伪、资金流向和资金使用效果的全过程监管，通过发挥会计监督职能，来实现财务管理模式创新和应用管理的预期效果。

4. 认真执行资金预算（计划）管理，推动各企（事）业单位科研、经营管理工作有序开展

事业单位实行财务管理模式创新和应用，财务部门将有效实施预算制管理办法，通过对各下属单位部门预算进行有效监督和指导，使财务部门能站在全局的高度来掌握各下属单位的财务运行情况，及时提醒和指导各下属单位认真执行部门预算，以增强财务工作的计划性和系统性。对企业财务集中核算，通过完善企业财务经营管理制度，制订生产经营计划，合理调控资金，将加大应收账款的清理力度，流动资金周转速度加快，企业经济效益将得到显著提高。总之，通过创

新企（事）业单位财务管理模式，将推动农业科研、经营管理以及服务"三农"等工作再上一个新的台阶。

5. 妥善处置好会计机构关、停、并、转以后的遗留问题

各单位在财务实行集中核算后有相当一部分下属会计机构将被取消。原来一部分财会人员，其身份将变为报账员或库存商品保管员，其余大部分人员回原单位从事其他工作（对大部分同志还需做好思想安抚工作）。对于调减会计机构后闲置的房屋、仪器设备等固定资产，要认真做好资源的重新配置和清查工作，以提高资产的使用效益，实现国有资产的保值增值。

（五）整合会计专业人力、物力资源

1. 完善会计电算化平台建设

一是优化财务管理模式创新和应用预算单位的财务预算制指标体系，按照国家财经法规要求，进一步强化单位的财务预算管理。

二是开通并逐步完善财务部门的网站，建立网站管理办法，适时更新财务信息，便于广大财会人员学习、科研人员交流和提高财务以及相关业务知识。

三是对系统内的各会计机构实行同步的会计电算化管理模式，实现会计信息共享，以降低财会人员的劳动强度，提高工作效率和财务数据传输的精准度。

2. 开通财务信息查询系统，推进政务公开和廉政建设

一是对财务管理模式创新和应用的各会计机构开通职工工资网上查询系统，对各下属单位主要负责人（课题负责人）开通公用经费以及专项经费的财务信息查询系统，便于各单位主要负责人对经费的管理。

二是建立固定资产管理信息网上查询系统，严格按照《国有资产管理办法》的要求对资产进行跟踪管理，确保国有资产保值增值。

（六）强化会计核算监督，提升会计队伍综合素质

1. 增强依法理财观念

为进一步推行财务管理模式创新和应用，财务部门要通过组织各下属单位主要负责人以及广大科研人员参加的课题经费管理、资金风险控制等专业培训，主动及时地掌握财务以及经营管理信息，使有效的财务事前、事中控制理念得到各下属单位主要负责人以及广大科研人员的理解、支持和配合，实现强化科研与完善财务管理工作的双赢，达到效益最大化，从而发挥财务管理模式创新和应用的作用。

2. 完善财务内控制度

一是通过制订会计专业技术岗位聘任办法，财会人员综合素质将得到大幅度提高，法律意识、全员理财观念将明显增强。对各下属单位实行财务集中，换言之就是财权集中在财务主管部门，推行财务管理模式创新和应用。一方面，通过

建立会计专业技术岗位绩效考评管理办法，提升财会人员财经政策和会计专业知识水平；另一方面，通过不断完善内部财务控制制度，建立绩效计划、绩效辅导、绩效考评、绩效激励与改进的绩效管理流程，实现用制度管人，财务人员办理经济业务对事不对人，从而杜绝营私舞弊现象的发生，最大限度地确保各下属单位的利益不受损失。

二是发挥财务管理模式创新和应用的优势，积极为各下属单位的科研、经营以及管理等工作创造便利的条件，逐步完善财务与科研信息的沟通管道，实现财务部门与各下属单位的信息对称，在理财方面体现"公开、公平与公正"的原则。同时，通过对各下属单位的法定代表人（负责人或课题负责人）、报账人员进行定期的财务知识培训，为他们提供有效的网上查询系统和财务信息沟通管道，将提高他们对公用经费和科研专项经费的管理能力，增强他们对科研经费的管理水平和驾驭市场风险的能力。

三是在对各下属单位深入调研的基础上，逐步完善会计电算化核算规程。会计电算化业务核算规程的设计，既要符合会计制度的要求，又要充分考虑各下属单位领导对会计信息的需求。通过对各下属单位进行深入调研，逐步了解他们对财务工作的需求和期待，这样就在实践中建立起一个快捷有效的资金管理网络。通过财务管理模式的创新和应用，严格依照会计电算化核算规程来处理经济业务，保障了原始凭证在传递过程中的安全性与可靠性。

四是财务人员更加明确岗位职责，建立有效的责任追究制度。会计电算化对每个岗位的管理（操作）人员都有明确的职责要求，实行财务管理模式创新和应用之后，各下属单位对于会计核算工作中遇到的新情况、新问题，以及各下属单位反馈的相关信息，财务部门都要建立相应的反应机制，实际工作中规范反馈时长，细化岗位职责，将避免在出现问题时拖延得不到解决等现象的发生。对于违反会计电算化业务核算规程并造成一定后果的，严格追究相关人员的责任。

五是根据各下属单位实际，财务部门要统筹兼顾，稳步推进财务管理模式创新和应用，注意规避损害下属单位整体利益的现象发生。通过不断完善内部控制制度，在财务管理模式创新和应用条件下，建立一套比较完备的会计业务处理流程，培养一批高素质的财务管理人才，打造一支特别能战斗的优秀财会管理团队，保证国家财经法规和各项财务规章制度的有效贯彻。在资金的使用上，做到事前有计划、事中有控制、事后有监督，切实体现财务管理模式创新的作用。

四、财务管理模式创新和应用的前景展望

通过完善省级农业科研单位的体制和机制，财务管理模式的创新和应用在农业科研事业发展、科技产业开发、科技成果转化以及服务"三农"等方面将发挥

越来越重要的作用，在发展中逐步彰显其经济效益和社会效益。

一是建立财务管理模式创新和应用项目评价机制。通过开展财务管理模式创新和应用项目评价，一方面可以清晰界定财务管理模式在同行业中的状况和能力；另一方面使财务主管部门和各下属单位在实践中认识到自身存在的问题，及时总结经验，改进不足，明确财务管理模式创新和应用的努力方向，适时在全国农业科研单位推广理论创新成果。

二是按照标准化、集中化和一体化的原则，在组织上要做好财务管理模式再创新的技术准备。随着农业科研单位经济体制改革的不断深化，要提高财务管理变革的认识，不断加强财务信息化建设，在财务管理模式创新和应用中提升资金运作能力和抵御风险能力，使创新的财务管理模式更好地支持农业科研事业发展和服务"三农"。

农业科研项目资金管理中存在的问题及解决对策

张玉兰　　郑书宏　　王秀果　　吕德智　　谢俊雪

（河北省农林科学院旱作农业研究所　河北衡水　053000）

【摘　要】随着财政投入农业科研项目资金的逐年增加，国家对财政项目资金加强了监管力度。但是，目前农业科研项目经费资金管理中仍然普遍存在重项目执行轻经费监管、预算执行与项目立项脱节、难以达到支出进度等情况。本文结合农业科研项目资金的特点，深入分析新形势下资金管理中存在的问题，探讨相应的对策建议。

【关键词】农业科研项目；资金管理；问题；对策

随着国家对科技投入的加大，财政投入农业科研项目的资金也逐年增加，国家对财政项目资金也加强了监管力度，相继出台了政府采购、国库集中支付、财政支出绩效评价管理等财政改革措施，以达到规范科技经费管理，提高经费使用效益的目的。但是，目前农业科研项目经费资金管理中普遍存在重项目执行轻经费监管、预算执行与项目立项脱节、难以达到支出进度、执行政府采购制度不规范等问题。

一、新形势下农业科研项目资金管理中存在的问题

1. 对财务管理重视不够

目前大多数农业科研单位只重视能争取到多少项目经费，能出多少成果、论文、专利，甚至有不少单位的领导认为，财务人员就是为科研人员服务的，只要把科研人员申请来的项目经费账做好就行，根本不重视项目执行情况是否合理合法，项目执行的效果如何，完全忽略了财务的监督管理作用。

2. 预算执行与项目立项脱节

在具体工作中，有些单位的领导及项目负责人的预算管理意识淡薄，不按预算编制和批复使用资金，错误地认为科研经费是自己争取来的，想怎么用就怎么

用，随意性较大，造成预算变更频繁、执行刚性不强，批复与执行差异较大，编制与执行严重脱节等问题。

3. 难以达到支出进度

按照河北省财政厅的要求，当年专项项目资金支出进度 6 月份达到 60% 、10 月份达到 90% 、年底全部实现支出。但是农业科研项目有其特殊性，受生产季节、农时的限制，很难完成支出进度指标。例如玉米、谷子产业体系等项目，近几年项目经费都在当年的 6 月份到账，6 月底还要支出 60% ，为赶进度造成到账后"突击支出"，购入的专用材料（如化肥、农药等），储存在仓库里，增加了储存成本；玉米、谷子等试验播种在 6 下旬，人工管理费用大多在 7 月份以后才支出，农业科研项目资金难以达到支出进度要求。

4. 项目资金到位不及时

部门预算中的专项项目经费到账在 3 月份，实行零余额账户管理。现代农业产业技术体系项目经费近几年都在 6 月份到位，每个月还要在网上报支出，前期支出只能先用自有资金垫付。但归还垫付款时按规定预算单位零余额账户不得向本单位其他账户划拨资金。致使到账经费较晚，与每月上报支出、先行自有资金垫付与零余额账户不允许向本单位其他账户划拨资金归还垫付资金之间的矛盾无法解决。其他科研项目经费下达较晚，加上中间环节拖延等，到位较晚，形成了年底"突击花钱"的现象。

5. 经济分类科目和专项预算科目不统一

《科学事业单位财务制度》（以及征求意见稿）中科研项目会计科目与财政项目及财务决算中经济分类科目不统一，造成会计核算时，难以用统一尺度衡量不同项目的开支，进而导致分析填制专项资金决算时口径不一致，影响了决算的统一性、财务分析的可比性、财务信息的准确性。

6. 执行政府采购制度不规范

由于多方面的原因，政府采购工作还存在这样或那样的问题，例如：购置仪器设备、工程等办理政府采购手续烦琐，周期长；计划购置的仪器设备型号不在政府采购范围内；急用的仪器设备不能及时购置而影响使用等，致使有些人不理解，不愿意配合工作。

二、对策及建议

1. 重视财务人员的作用，发挥财务监管职能

在单位项目申报、预算编制、合同签订等经济活动中，注重提高财务人员的参与意识，加强项目经费管理和财务管理的有效结合，只有单位领导重视项目的预算执行管理工作，项目人员与财务人员相互配合预算执行，转变观念，项目预

算与实际执行结果产生的差距才会缩小，项目预算执行难的问题才能得到根本解决。

2. 财务人员应参与项目编制、项目执行管理的全过程，项目预算执行实行动态管理

预算编制要有超前意识，统筹兼顾，留有余地，各项目支出必须有合理的编制、测算依据和过程，要有详细的定额标准，应把每个项目细化到经济分类的内容中，经济分类的细化，有助于财务人员在预算执行管理中掌握开支标准、范围和额度，便于控制预算执行中的超支现象，提高资金使用效率。引进项目预算执行动态管理系统软件，利用电算化优势，高效快捷地完成课题项目核算，及时更新数据，提供课题经费的收、支、余结算情况及明细账查询服务，使科技人员和管理者在科学研究与管理过程中能够做出快速反应，为加快预算执行提供了技术支撑。

3. 及时拨付项目资金

财政专项项目经费也可参照部门预算人员经费拨付办法，1 月份开始预拨一部分，2 月份再将预拨资金转回重新核拨经费，使项目执行从年初就可以直接从零余额账户实行支出。其他项目资金拨款时应尽量减少中间环节，使项目经费及时到账。

4. 建立健全内部控制制度

建立健全相应的内部控制制度是保障财政改革各项政策、制度贯彻落实的重要措施，也是提高单位财务管理水平的必要手段。每用一笔钱，都要认真审核，保证支付内容和进度符合批准的用款计划。内部控制的重点是对支出弹性大、容易发生舞弊行为，如试验示范补贴费、交通费、劳务费等，要严格执行授权控制，严格执行"现金管理条例"，加强实施过程监督，保障科研项目健康有序地执行。

5. 提高实施政府采购制度的认识，完善政府采购手续

认真学习相关法规、制度，认识到政府采购制度是加强党风廉政建设、反对腐败、治理商业贿赂的重要举措，加大宣传力度，通过学习、培训使大家进一步提高认识，自觉执行政府采购管理办法。单位内部应实行集中办理政府采购，明确岗位分工，强调服务意识，对拟购设备的名称、数量、价格及购置理由、选型、配置、技术指标等方面进行充分审核论证，特别是针对大型、贵重、精密仪器设备，要考虑已有的配置和使用效益，确保采购计划的可行性，使政府采购工作在和谐的气氛中健康发展。

6. 熟练掌握国库集中支付操作流程和工作方法

国库集中支付制度作为公共财政改革的重要内容，是一项业务性很强的工作。要求财务人员要熟悉国库集中支付制度的操作流程与工作方法，建立对国库

支付业务的授权、批准、执行、记录、检查等控制程序，对照省级财政授权额度到账通知书上的功能分类科目、经济分类科目、项目代码等严格控制支出，规范会计操作，提升核算水平。

7. 加强学习，提高财务人员业务素质

农业科研项目如863计划、973计划、支撑计划、现代农业产业技术体系等项目类型，国家出台的与之相对应的法规政策要求财务人员都要熟练掌握并运用好、执行好。根据各类科研项目的具体要求，合理安排各科目资金的分配，做到既符合上级管理部门的要求，又尽量满足课题科研工作的要求，为将来项目的顺利实施奠定坚实的基础。

在农业科研单位，农业科研项目资金的管理和使用是一项重要的财务管理工作，要使科研和财务等部门有效结合，形成联动，做到任何一项变动因素出现时，各个部门都能及时获得信息，做到相互了解、相互支持、相互配合，事前科学预算、事中实时控制、事后全面分析，保障农业科研项目资金的使用规范合理，促进农业科研单位健康发展。

参考文献

[1]　戴艳.农业科研单位内部会计控制制度的作用和构建 [J].安徽农业科学，2009，37
　　　（22）：10750-10751.
[2]　王艳丽.创新理财观念　加强农业科研单位财务管理 [J].农村经济管理，2008（8）：
　　　7.
[3]　李艳欣.浅议农业科研单位的财务管理 [J].黑龙江农业科学，2011（8）：112-114.
[4]　陈文虹.探索新形势下农业科研单位财务管理新模式和新方法 [J].农业科研经济管
　　　理，2009（1）：25-27.

农业科研单位课题经费使用管理过程中存在的问题及解决对策

王秀果 郑书宏 张玉兰 吕德智

（河北省农林科学院旱作农业研究所 河北衡水 053000）

【摘 要】本文通过分析河北省部分农业科研院所科研经费使用管理过程中存在的问题，并提出了解决对策。

【关键词】农业科研单位；课题经费；问题；对策

一、课题经费使用管理过程中存在的问题

（一）科研单位经费管理环境存在的问题

1. 单位在项目管理过程中责任界定模糊

单位在项目费管理中，只在财务制度中规定了报销审批权限，并未明确各审批人应负的责任，致使部分签字领导在出现问题时互相推脱责任，给问题的处理带来麻烦。

2. 科研人员在经费使用过程中签字随意

在经费报销过程中随便找个执行人签字的现象时有发生，很多科研人员不明白签字的后果，让签字就签，导致经费支出的真实性存在疑问。

（二）科研项目经费收入管理过程中存在的问题

1. 个别存在项目经费划拨到外单位，不入本所财务账户的现象

有的项目负责人在争取到科研项目后，认为本单位管理程序繁杂而将经费放到其他单位，致使成果申报成功后，本单位还不知道情况。

2. 科研产品收入账外存放

部分科研人员存在私自将科研产品处置后自己账外存放使用的现象，脱离了本单位领导的管理视线。

3. 成果转让收入、技术服务收入、科研中间产品等管理不严

存在个别科研人员隐瞒成果转让收入、技术服务收入，私自转让科研中间产

品的情况，脱离了本单位及财政等有关部门的监管。

（三）科研项目经费支出过程中存在的问题

1. 劳务费、专家咨询费支出存在漏洞

部分劳务费、专家咨询费开支不符合制度规定，甚至弄虚作假、套取科研经费。

2. 收购农民的种子、农家肥等手续不严

个别存在打白条领取科研经费的现象，有的甚至金额较大。

3. 管理费用开支不合理

有的单位为弥补经费不足，从科研经费中提取管理费，提取比例由本单位决定，超出国家规定比例，所提管理费的用途也比较随意。

4. 个别存在以拨代支情况

有的单位为完成经费支出进度，将经费划拨到下属单位或实验基地，之后便失去了对该部分经费的控制。

（四）工程和大宗采购过程中存在的问题

1. 工程和大宗采购没有集体决策，相关部门审批手续不全

工程和大宗采购业务涉及资金流量较大，国家对此类业务管理要求严格，涉及的管理部门较多，业务手续相对复杂。有的单位领导为简化手续，会尽量逃避审批手续，甚至有个别领导私自做主，没有实行集体决策。

2. 工程和大宗采购没有做到不相容岗位相分离

因为有的单位领导不清楚哪些是不相容岗位，导致随意指派人员去完成某些采购和工程支出业务，难免存在开支漏洞。

（五）对项目（科研）形成资产的管理中存在的问题

部分科研人员不清楚国家对项目（科研）形成的资产的管理规定，在资产的购置、使用、管理、维修中普遍存在不符合国家规章制度的地方，很多单位有关资产的管理制度也不完善，甚至缺乏管理制度，因此迫切需要加强管理。

（六）会计对项目（课题）经费核算中存在的问题

多数单位的会计只能做到来了单据就记账，年末合同预收款和科研成本对冲就完成任务，对国家有关科研经费核算的制度了解不多。

二、规范科研经费使用管理的对策

（一）明确科研经费使用管理过程中有关人员的责任

法人单位负责人对项目（课题）财务管理负总责，项目（课题）主持人负

直接责任，财务科长负审核监督责任。

研究室（课题）负责人对本研究室（课题）使用的仪器设备及各类材料物品管理负全责；对本研究室（课题）的产品管理负全责；对本研究室（课题）的产品收入、技术收入等各项收入全部及时上缴本单位财务账户负全责。

课题经费开支责任：负责审批的所长对支出的合法性、合理性负责；项目（课题）主持人和业务经办人对业务的真实性负责；工程责任人对工程质量和付款进度负责；实物验收人对实物验收保管负责；财务审核人对所审核的原始凭证合法性、完整性、付款额度合理性、审批手续合规性负责。

（二）加强科研项目经费收入的管理

财政部门及其他单位拨入的科研项目经费必须转入本单位的银行账户，科研产品收入、成果转让收入、技术服务收入等必须及时全额上缴本单位财务，不得私存私分，不得设立"小金库"，不得坐收坐支，不得转移到外单位存放或使用。科研产品收入、成果转让收入、技术服务收入等在不违反国家规定的情况下，根据本单位财务规定对完成人进行奖励，其余用于科研发展。

科研产品、中试产品实行项目组负责人负责制，各课题要设兼职保管员，变现收入集中统一交本单位财务，存入合法账户，各种科研产品、中试产品要办理入库登记，课题留用的种子、试验样本等要先入库再办理领用登记。科研中间材料要如实登记并存档。

（三）规范科研项目经费支出管理

1. 劳务费、专家咨询费应符合国家规定

劳务费只能支付给参加研究开发的课题组成员中没有工资性收入的相关人员（如在校研究生）和课题组临时聘用人员，不能支付给本课题参与者中有财政工资的人员。一般国家科技计划和科技重大专项经费等对劳务费没有比例限制，可结合实际情况编制预算后按预算执行。劳务费一般应附具体劳务清单，还应由本人签字或按手印，并附上身份证号码。

专家咨询费只能支付给在课题研究开发过程中临时聘请的咨询专家并由专家本人签字，不得支付给参与项目、课题研究及其管理相关的工作人员。

以会议形式组织的咨询，专家咨询费的开支一般参照：高级专业技术职称人员 500 ~ 800 元/天、其他专业技术人员按 300 ~ 500 元/天的标准执行。会期超过两天的，第三天及以后的咨询费标准参照高级专业技术职称人员 300 ~ 400 元/天、其他专业技术人员 200 ~ 300 元/天支付。

以通讯形式组织的咨询，专家咨询费的开支一般参照高级专业技术职称人员 60 ~ 100 元/次、其他专业技术人员 40 ~ 80 元/次的标准执行。

2. 规范与农民业务往来的手续

收购农民的种子、农家肥等必须严格办理手续，能代开发票的要尽量代开，不能代开的应统一格式报销单据，详细记载品名、规格、数量、价值、价格根据等信息，由领取人本人签章并登记身份证号。

3. 规范课题管理费的使用与核算

课题管理费是指难以直接计入课题成本的费用，包括课题依托单位为课题提供服务的管理人员费用和其他相关管理支出、房屋占用费和现有仪器设备使用费或折旧费，日常水、电、气、暖消耗等。按规定，课题管理费应按照财务制度允许的分摊方法，分摊计入课题成本，在批复的预算范围内列支。严禁从课题经费中直接提取管理费计入课题成本。

管理费按照课题专项经费预算分段超额累退比例法核定，核定比例如下：课题经费预算在 100 万元及以下的部分，按照 8% 的比例核定；超过 100 万元至 500 万元的部分，按照 5% 的比例核定；超过 500 万元至 1000 万元的部分，按照 2% 的比例核定；超过 1000 万元的部分，按照 1% 的比例核定。

4. 严格资金转拨管理。

对项目（课题）协作单位，除按经立项主管部门批准的子项目（课题）预算可以拨款的，一切协作业务均实行报账制，不得以拨代支。不得将项目（课题）经费转到下属单位、参控股公司和其他单位。

（四）严格按照国家规定管理工程和大宗采购业务

1. 严格办理手续，集体决策

每项工程、采购项目都要明确责任人，对工程依法依规管理负直接责任。国拨资金和自筹资金安排的基建及修缮工程要严格执行招投标制、合同制、监理制、审计制。单位财务部门应严格依据招标文件、工程合同、监理报告、验收报告、审计报告等控制工程支出。凡列入政府采购目录的货物、工程及服务项目，都必须实行政府采购。

制度要求"三重一大"（重大决策、重大事项、重要人事任免及大额资金支付业务）应当按照规定的权限和程序实行集体决策审批或联签制度，任何个人不能单独进行决策或擅自改变集体决策意见，工程和大宗采购应该实行集体决策。

2. 不相容岗位相分离，堵塞漏洞

单位应当建立工程项目业务的岗位责任制，明确相关部门和岗位的职责、权限，确保办理工程项目业务的不相容岗位相互分离、制约和监督。工程项目业务不相容岗位一般包括：项目建议、可行性研究与项目决策；概预算编制与审核；项目实施与价款支付；竣工决算与竣工审计。

根据国家相关内控制度要求，单位应当配备合格的人员办理采购与付款业务。办理采购与付款业务的人员应当具备良好的业务素质和职业道德，且应当根据具体情况对办理采购与付款业务的人员进行岗位轮换。大宗采购应保证不相容岗位相分离，其不相容岗位包括：请购与审批；询价与确定供应商；采购合同的订立与审核；采购、验收与相关会计记录；付款的申请、审批与执行。

(五) 加强对项目 (科研) 形成资产的管理

1. 购 置

课题组购置固定资产应首先提出申请，经单位领导签字后方可购置。河北省农科院制度规定：购置单价 5 万元以上的固定资产，或一次性购置 15 万元以上的国有资产需报省农科院审批。

2. 使 用

课题组对自己使用的国有资产负有保管、维修义务，一般以具体使用人为保管责任人。课题组对闲置、不能使用的固定资产一律交回本单位，由单位统一调剂、使用或处置。

3. 出 租

对于闲置的国有资产可以出租，但应经单位领导集体讨论通过，并签订合法有效的租赁协议。河北省农科院制度规定：出租房屋、土地等不动产或大型仪器设备，每期合同 5 年以上或合同资产额超过 100 万元的，一律报省农科院审核批准后方可签订合同。

国有资产租赁收费原则上不低于资产折旧费；以获取社会效益为主，兼顾获取经济效益的国有资产，收费标准可适当降低，但不低于国家有关部门规定的相当于资产额 5% 的收费标准。

4. 非经营性资产转经营性资产

根据国家相关规定，事业单位将非经营性资产转经营性资产时，需要提出申请，经主管部门审查核实，报同级国有资产管理部门批准。事业单位非经营性资产转经营性资产，应坚持有偿使用原则，以其实际占用的国有资产总额为基数，征收一定比例的国有资产占用费。征收的占用费，用于事业单位固定资产的更新改造。事业单位非经营性资产转经营性资产，其资产的国家所有性质不变，除国家另有规定者外，不得用国有资产开办集体性质的企业。河北省农科院制度规定：以国有资产进行租赁等经营使用的，由省院代省国有资产管理部门收取 5% 的资产使用费后，其他收益归本单位所有。

5. 处 置

河北省农科院制度规定：单位国有资产出让、置换应由本单位提请省农科院审批后方可进行。单位报废、核销 5000 元以下的国有资产由本单位领导批准并报院备案；5000 ~ 50000 元的，需报院审核批准；50000 元以上的由院再报省直国有资产管理部门批准后办理有关手续。

(六) 规范会计对项目 (课题) 经费的管理

1. 规范会计对科研经费的核算

单位应当根据科研经费核算的需要，配备业务素质较好的会计人员，对科研经费进行科学规范的核算。各部门拨入的专项项目经费应按相关规定单独核算，一般科研项目经费根据具体项目要求核算。

2. 严格项目预算编制

课题经费预算编制时应当编制来源预算与支出预算。来源预算除申请专项经费外，有自筹经费来源的，应当提供出资证明及其他相关财务资料。支出预算应当按照经费开支范围确定的支出科目和不同经费来源编列，同一支出科目一般不得同时列支不同来源 (如专项经费和自筹经费) 经费。支出预算应当对各项支出的主要用途和测算理由等进行详细说明。

项目 (课题) 预算一经批复，必须严格执行，一般不予调整，确需调整的，应当履行相关程序。在项目 (课题) 执行期间出现目标和技术路线调整、承担单位变更等重大事项，致使项目 (课题) 总预算、年度预算、项目 (课题) 间接费用以及直接费用中设备费、基本建设费预算发生调整的，应当由牵头组织单位按规定程序报财政部核批。

对其他预算科目之间的调整，在不超过该科目核定预算 10%，或超过 10% 但科目调整金额不超过 5 万元的，由课题承担单位和主持人根据研究需要调整执行，并向牵头单位和课题负责人报告；超过核定预算 10% 且金额在 5 万元以上的，由课题负责人协助课题承担单位提出调整意见，按程序报组织实施部门批准。

3. 间接费用开支国家有新规定

《关于印发〈民口科技重大专项资金管理暂行办法〉的通知》 (以下简称《通知》) 指出，间接费用是无法在直接费用中列支的费用。主要包括承担单位为项目 (课题) 研究提供的现有仪器设备及房屋，日常水、电、气、暖消耗，有关管理费用的补助支出，以及承担单位用于对科研人员激励的相关支出等。

《通知》规定，间接费用一般不超过直接费用扣除设备购置费和基本建设费后的 13%，其中用于科研人员激励的相关支出一般不超过直接费用扣除设备购置费和基本建设费后的 5%。间接费用由项目 (课题) 承担单位统筹使用和管理。间接费用中，用于科研人员激励支出的部分，应当在对科研人员进行绩效考核的基础上，结合科研实绩，由所在单位根据国家有关规定统筹安排。

4. 科研经费决算

项目 (课题) 承担单位应当按照规定编制年度财务决算报告。项目 (课题) 经费下达之日起至年度终了不满三个月的课题，当年可以不编报年度决算，其经费使用情况在下一年度的年度决算报表中编制反映。

课题验收结题后应在一个月内办理财务结算手续，认真清理账目，正确计算课题实际成本，严禁课题结题后不及时进行财务结算，长期挂账报销费用。

5. 结余经费处理

一般中央拨款的专项经费结余管理办法规定，课题经费如有结余，应当及时全额上缴组织实施部门，由组织实施部门按照财政部关于结余资金管理的有关规定执行。对某一预算年度安排的项目支出连续两年未使用、或者连续三年仍未使用完形成的剩余资金，视同结余资金管理。

国科发财字〔2005〕462号文件规定，对课题结余资金问题，科技部在结题验收和专项审计中，对专项经费5%以内且总额不超过20万元的课题结余经费，经主管部门批准后可以留给依托单位用于补助科研发展支出；对课题经费结余超过5%或结余在20万元以上的课题，必须将全部结余资金按原渠道上缴。

浅谈科研项目资金管理中存在的问题及解决措施

李冬梅　　杨桂英　　于海燕

（辽宁省农业科学院大连生物技术研究所　辽宁大连　116023）

【摘　要】本文针对科研项目经费管理中存在的问题，分析其产生的原因，提出了加强科研项目经费管理的对策与建议。

【关键词】科研经费；经费管理；对策和建议

科研项目的资金管理是科研项目管理的核心，并且贯穿科研项目从立项、执行到结题验收的全过程。因此，加强科研项目资金的管理是保证科研资金的安全、高效使用，使之发挥最大经济和社会效益的必要前提。近年来，国家和地方政府以及经费管理部门对科研经费的管理愈来愈重视，并制定了一系列规章制度。尽管如此，科研单位仍存在制度不完善，内控有漏洞等问题，因此课题经费的管理和监督是一项长期的任务。

一、科研项目资金管理使用存在的问题

1. 经费预算的科学性、真实性存在不足

科研项目不确定性和没有成熟的可以参照的数据蓝本，给编制准确预算带来了较大困难。科研人员完全根据个人的意愿进行经费的预测划分，并没有进行正确的经费测算和客观的科学编制预算。在预算编制时科研人员往往只注重科研经费中直接费用和实验相关的费用，例如材料费、测试化验加工费，对于科研过程中发生的间接费用往往不清楚，因此间接费用往往不申请或申请很少。结果一方面不能完整地核算课题成本；另一方面挤占课题承担单位的事业经费。这就埋下了课题经费使用不合理的隐患。

2. 科研项目经费使用管理不规范

多数科研单位通常是实行课题组责任制，即课题经费的支出由课题负责人说了算，有的项目负责人认为科研项目资金是自己通过课题的申请争取到的，只要

能够按照立项单位的要求按时保质保量地完成课题研究任务，所有的经费资金就可以完全由个人支配，而课题负责人通常都是专业科研人员，对会计核算不够了解，对课题预算的执行情况不够重视。因此课题经费使用随意性较大，只要是发票，其用途是否真实，是否超出预算及合同范围，科研单位一般不予控制，以劳务费、咨询费等名义虚列支出现象时有发生，在日常核算中，财务部门除关注报销发票是否合法外，其余的也就难以控制，无法对经费使用的正确性和合理性进行有效的监督，造成课题经费的实际支出与预算差异很大。

3. 年末挂账资金数额较大，影响项目进度

造成这种现象的主要原因是：① 个别单位经费紧张，财力不足，采取拆东补西，挤占挪用科研项目资金，虽然账面有资金数额，但实际银行存款已经没有了。② 单位日常公用支出挤占科研经费。不按科研项目费用开支的因果关系确定科研项目实际支出。列支与科研项目无关的会议费、交通费、物业管理费、水电费及取暖费等。③ 一些项目负责人承担着几个甚至十几个科研项目，在项目经费使用的过程中，项目负责人常常把经费混在一起使用，造成此项目支出了彼项目的经费，导致了项目经费的使用不能按照编制的预算执行，严重影响了科研经费成本核算的真实性，经费使用的过程管理和控制形同虚设。

4. 科研项目结题不结账

大多数单位对科研项目的管理重在项目经费的申请，而忽视了项目的执行。同时由于预算管理模式存在的缺陷，项目预算不细化、管理不科学、预算不准确、支出弹性大，都为项目结题不结账提供了可能。科研项目结题不结账不仅掩盖了项目支出中存在的问题，导致决算数据不真实，项目经费沉淀，不能使有限的科研资金发挥有效的作用。

二、产生上述问题的主要原因

1. 法规制度不够完善

科研项目经费的管理也离不开相关立法，虽然在会计工作方面有《中华人民共和国会计法》等法规的支持，在经费使用方面，国家自然基金、科技三项费用、国家社科基金等都有相应的经费管理办法。但是法规制度还不够完善，相关制度与迅速变化的新形势不相适应，与相关的制度不配套，不利于经费使用和管理人员的履行。资金来源的多渠道，管理的多环节，使科研项目的申报、资金拨付、使用、验收缺少一套科学规范的制度。

2. 资金到位的时效性差

资金到位的时效性差影响了资金正常效应的发挥，并导致挪用科研项目资金的现象发生，科研项目资金预算下达晚，一般财政下达的科研项目资金拨付基本

都在年末完成，影响科研项目资金的使用，致使很多项目当年不能实施。

3. 公用经费预算不足

基本经费预算中公用经费预算严重不足，难以满足单位运转所需的正常支出，使得科研经费必须承担一定程度的单位基本支出。

4. 缺乏依法理财意识

少数单位只热衷于项目的申报和资金的争取，部分科研人员认为只要把资金争取到手，只要与科研活动有关，就可以随意使用，与当前国家有关科研项目经费管理的要求相矛盾。部分单位主观上认为拨到单位的钱都是自己的钱，加上目前公用经费定额不够合理，单位从部门利益和个人利益出发，考虑更多的是如何争取财政资金而缺乏考虑如何合理安排支出。而且多数科研单位通常是实行课题组责任制即课题经费的支出由课题负责人说了算，对财经法律法规知识学习较少，加上对课题经费管理方面重视不够，而忽略对课题执行的日常监督管理职责。

三、科研经费资金管理的对策和建议

1. 加强制度的建设

加强管理，制度要先行。由于科研活动本身有很多特殊性，它主要是脑力劳动，科研成果的价值衡量，不同于其他产品价值的衡量，因此有必要建立符合科研活动自身实际的科研项目经费管理法规和制度，增强专业性和可操作性。同时加强科研管理部门和财务部门人员财经法律法规的学习，使广大科研人员充分认识到严格执行国家法律法规和规章制度的重要意义，做到自觉遵守财务制度。使科研人员合理、合法使用科研经费，避免使用和管理的随意性，提高科研经费的使用效益。提高财务部门的业务素质，是提高财务工作水平的需要，也是提高管理工作质量的需要，使财务人员能够站在较高的起点，同时，提供机会让财务人员积极参与管理活动，对经济活动中发生的普遍性的问题，提出改进性的建议和措施。

2. 完善科研经费预算管理

加强科研经费预算管理应该从科研项目立项开始。为了保证预算编制的科学合理，科研项目立项申报时，科研和财务部门应协助项目负责人共同编制预算，使预算既适应研究工作的需要，又符合财务的各项规章制度，保证课题预算的严肃性，增加了可操作性。同时应强化经费运行过程的管理，保证课题负责人按照有关财经法规以及项目立项书或合同约定在其权限范围内使用项目经费。

3. 规范报账流程，加强对科研项目资金的监管力度

为确保科研经费的有效使用，财务管理与监督应贯穿项目管理的始终，项目

申报、审批、管理与验收的全过程都必须有专业的财务人员参与，变财务管理的事后管理为科研进行中的事前、事中、事后全过程管理。在科研项目实施阶段的经费管理，要按照会计法规和项目合同对经费使用的具体规定，做到专款专用，减少科研人员报销的随意性和盲目性。有关票据及清单应当符合财务管理规定，以保证各项支出的合理性和真实性，避免科研经费的流失。

4. 加强会计电算化，建立科研经费分类控制

为了使课题经费使用过程中按照预算执行，课题承担单位要善于利用财务管理软件，在课题立项时，对每一个科研项目设置专门的项目编号，并对明细科目按预算设置额度，可随时查询该课题明细科目的结余金额，使科研项目经费在使用过程中严格按预算执行。

5. 加强科研经费结余管理

要解决科研课题结题不结账的问题，首先，需完善科研管理体制，制订科学准确的经费预算标准，从根本上避免已完课题有资金结余的现象；其次，项目负责人应按照项目立项书开展研究工作，杜绝科研课题经费挪作他用，按时结题，以避免项目结题时，经费未用完而产生的虚假结题现象，避免应结未结科研项目越来越多，发挥科研经费最大的使用效率和使用效果。

总之，科研经费是科研项目顺利进行的重要物质基础，加强科研经费的管理，必须从源头抓起，其中领导重视是基础，制度完善是保证。科研管理部门、财务管理部门和课题的具体承担人员要互相密切配合，促进科研活动的健康发展，提高科研经费的使用效益，从而多出成果，多创效益，推动我国科技事业的健康可持续发展。

参考文献

[1] 宋传增，王文运，耿军. 纵向科研经费管理中存在的问题及对策 [J]. 财会通讯，2002 (10)：47.

[2] 张岩松. 切实加强农业财政资金管理 [J]. 预算管理会计，2003 (10)：29-30.

[3] 黄秀娥. 高校科研经费管理存在的问题及对策 [J]. 会计之友，2009 (18).

农业科技项目财务管理中存在的问题及建议

苑士勋

（辽宁省水土保持研究所　辽宁朝阳　122000）

【摘　要】管好农业项目资金是农业科研单位财务管理人员的一项重要任务，对农业科技项目财务管理的好坏，直接影响了农业科技项目的实施和成果的取得。本文介绍了农业科技项目财务管理中出现的报销凭证不合财务规定，专款不能专用和挪用甚至侵占现象，资金执行进度慢等问题，结合笔者工作实践，从建立财务管理服务网络平台，建立严格的监督、审计制度等方面提出了一些建议。

【关键词】农业科技项目；科研经费；财务管理

一、前　言

我国是一个农业大国，国家非常重视加强农业基础地位，重视农业和粮食安全问题，加大了对农业的科研投入力度，推动了农业科技的快速发展。农业科技项目是农业科技创新的载体，而农业科技项目财务管理是农业科技项目管理中的一项重要内容，从项目的立项、实施方案的批复、项目资金拨付以及项目实施阶段的检查，到项目完成后的验收，每一个环节都与财务管理紧密相连[1]。

按照国家财政政策对农业科技项目资金管理的要求和规定，管好、用好农业科技项目资金是农业科研单位财务管理人员的一项重要任务。对农业科技项目财务管理的好坏，直接影响到农业科技项目的实施效果和成果的大小。笔者在农业科研单位从事财务管理工作多年，现结合工作实践，针对农业科研单位科技项目资金管理中发现的一些问题，从农业科技项目财务管理的角度，提出一些改进措施，抛砖引玉。

二、农业科技项目资金使用中存在的问题

农业科技项目具有创新性、探索性、灵活性、发展性、复杂性、区域性、季

节性、阶段性、开放性强，且研究周期长、量化程度低、协作涉及面广、投入大等特点，科研单位和部门对其进行管理活动也必然涉及多个利益主体的组织与协调[2]。各级农业科技管理部门已对农业科技项目财务管理做了大量而卓有成效的工作[3]，但仍存在一些问题，主要表现在以下几个方面。

1. 报销凭证不合财务规定

农业科技项目有时需要给试验基地或者示范户提供种子、苗木、肥料、农药、薄膜等农资，这些东西种类繁多，购买场所不同，经常会有疏漏，因而科研人员给财务部门提供报销凭证时，虽然能提供政府采购审批表和发放给示范户的签领明细表，但有时不能提供正式发票、采购合同、验收报告等，这样就会造成某些开支不能入账，给财务人员带来不必要的负担和麻烦。

使用临时劳动人员，在农业科技项目中是比较普遍的现象。使用临时劳动人员，就需要支付劳务费。因为临时劳动人员具有临时性和流动性，在签领劳务费时，会出现一些不符合财务管理规定的问题。譬如：未能建立临时劳动人员考勤制度，发放劳务费时未提供用工考勤记录；有时不能提供临时劳动人员的姓名、身份证号、发放标准、发放金额、工作内容、领取人签字等内容；有的项目组由一人全部签领，签字笔迹相同；有的代人签领，但未写明代领人的名字。

农业科技项目历时长，需要科研人员到实验基地或者示范户的田间地头进行蹲点，记录实验结果，了解实验进度，及时对实验方案进行调整和完善，方能获得令人满意的科研成果。但对于科研人员蹲点补助费用，存在补助标准不统一、蹲点时间、工作内容明细不详等问题。

项目实施过程中，需要参加学术会议，举办研讨会，请专家咨询，或者对科研人员进行培训等。项目完成后，需聘请专家对研究成果进行鉴定。对各种学术会议（包括各类培训），未能制订相应开支范围和标准，报销会议费时未能提供会议通知、参会人员签到簿、发票并附费用明细（注明宿费、餐费、会议室租金和其他杂费等）。对研究成果进行专家咨询、专家鉴定、专家讲课所发生的费用，有时支付清单中含有项目组成员及项目相关管理人员；或者发放专家讲课（培训）费时，发放表中未能详细列出专家姓名、工作单位、职称、身份证号、讲课内容、讲课地点、劳务时间、支付标准、金额、领款人签字等内容。

2. 专款不能专用和存在挪用甚至侵占现象

农业科研经费除了来自国家各类科学基金、科学计划项目以及各行业主管部门下拨的纵向科研经费外，还来自于社会各界的横向科研经费，而且横向联合、合作科研、科技咨询、科技成果转让等活动所获取的经费日益增多。

不少项目承担单位财务管理上没有规范化的制度，或者虽然有制度，但未能按照制度执行。农业科技项目资金本应用于项目的运行，但许多项目承担单位实行负责人"一支笔"签批，但就签批的权限未进行具体规定。这就导致核算不规范、预算执行不严格的情况时有发生，使得科研经费使用方面随意性大，招待费、通讯费、交通费、复印费、劳务费支出占很大比例，有时还会被项目承担人用于购买与项目无关的设备，甚至用于与项目无关的费用开支。

按照科研经费管理办法，科研经费必须专款专用，并坚持勤俭节约原则，保证科研项目的顺利实施。但也有挤占挪用专项经费、超预算开支的行为发生。例如，有的科研单位自行制订政策，从科研经费中提成用作科研人员奖励支出，或者直接从经费中按比例提取管理费，甚至列支招待费、办公费、差旅费等与该科研项目无关的支出项目。或者违反科研项目资金管理规定，在科研项目中列支个人采暖费、加班补助、通讯补助；支付参与科技项目管理人员讲课费、专家咨询费；列支金额较大的办公用品等。还如，个别科研人员因同时有横向项目和纵向项目，将管理严格的纵向项目经费用于科研，而将管理相对松一些的横向项目经费结余，然后挪作他用。

对于纵向经费而言，因相关部门对经费管理相对严格，个别科研人员便想法子钻财务管理的空子，转移科研经费。譬如极少数科研人员和相关关系人串通，虚开种类名目的"假的真发票"，从而将研究经费套现"落袋"。

横向经费开支具有较大自由度，财务部门监管力度有限，因而其经费使用更是"重灾区"。有些科研人员将对外承接的横向项目经费，直接纳入公司实体或个人出资入股的公司核算。有的以协作费名义将项目经费转至不具备研发能力的公司，或者采取虚构经济事项签订合法技术合同的方式转移项目经费，将横向项目经费转至与项目负责人有关联或自己控制的私营公司。经过这些"乾坤大挪移"式的运作，使科技项目经费使用脱离了单位财务监督范围，从而将科研经费转走，侵占国有资产。

3. 资金执行进度慢

农业科技项目通常耗时多年，经常发生项目资金执行进度慢，资金结余数额大等问题。对于一些已实施完成（结题或验收）的项目，项目负责人未能及时与财务部门沟通，对账户进行清理和审计，导致财务部门和相关业务职能部门无法及时清理该科技项目经费，结余经费长期挂账。或者部分项目仪器设备政府采购不及时，对仪器设备技术参数了解不够，造成政府采购经过好几次招标，加之进口仪器设备供货周期长，年末不能结账形成资金结余。

三、农业科技项目资金财务管理改进建议

对于农业科技项目资金使用中存在的上述问题，从项目财务管理的角度出发，提出如下改进建议，以期使农业科技项目资金合理使用，规范和合法使用，提高农业科技项目资金使用效率，为农业科技创新服务。

1. 建立财务管理服务网络平台

与本单位信息和网络管理部门合作，建立科研经费管理信息网络平台，连接科技部门、财务部门、项目负责人以及审计、资产管理等部门，是一个行之有效的办法[4]。在该网络平台上发布财务报销程序和报销须知，让科研人员熟悉办事流程，这样可让农业科技人员从网络平台上学习一些相关的财务知识和政策，从而可以有效减少或避免报销凭证不合财务规定的情况发生，提高财务管理的效率。

在财务网络平台上发布相关财经法律法规和政策信息，加强财经法律法规的宣传力度，让一些平常专心搞农业科学研究的人员闲暇时能多学习一些相关法律法规，使他们充分认识到严格执行国家法律法规和规章制度的重要意义，做到自觉遵守财务制度，从而从根源上避免科研经费被挪用或侵占。

由科技部门将科研项目名称、下达经费单位、研究期限及经费预算方案等信息录到项目负责人名下；财务部门将收到的每笔收入、发生的每笔支出明细录到每个项目中，将各项目财务信息及时更新；项目负责人通过密码可在网络上查看自己的科研经费使用情况及结余情况，做到心中有数；各职能部门可通过该网络平台及时快速地获取准确、完整的科研项目有关信息，达到管理环节的相互协调、相互依托、相互渗透，使科研经费管理从申请到审核、拨付、执行、绩效评估全过程更加科学化、透明化和高效化。

2. 建立严格的监督、审计制度[3-5]

所有违纪违规问题的发生，都是人为的管理与监督问题，因此，要着力建立健全管理互相配套、互相制约的系统管理制度。应及时修订、完善科研管理办法或规章制度。为避免管理缺位或重叠，应进一步完善管理机制，明确规定管理主体的职能、职责、权利和义务。对每个科技项目单独设明细账，严格区分不同项目的经费，分项目核算管理。进一步明确项目负责人的职责、权限，建立经费管理责任制。项目负责人应对科研经费使用的真实性、合法性和有效性承担相应的法律责任，项目结题时应及时办理结账手续，并接受相关部门的监督和检查。明确科研经费的开支范围、开支标准和经费审批权限，建立健全审批制度，减少科研人员报账的盲目性、随意性；明确项目结题时间和结余经费分配比例及奖励办法，避免长期挂账；对弄虚作假、截留、挪用、挤占科研经费等违反财经纪律的行为，主管部门应根据审计结果报告的问题，按照国家有关规定，区别不同性质，采取相应的查处措施，严格管理和教育，杜绝违规违纪现象的发生。通过制订相关的制度程序，使科技经费使用和管理形成相互制约和相互监督的关系，使财务管理人员及科研人员做到有章可循、有法可依，自觉遵守有关财经制度、法规，节约经费开支，从制度上避免一些违规和违法现象的发生。

四、结 论

　　农业科技项目是农业科技创新的载体，对农业科技项目资金管理关系到农业科技项目的实施顺利与否，以及研究成果的大小。而在农业科技项目管理中，发现了诸如报销凭证不合财务规定，专款不能专用和存在挪用甚至侵占现象，资金执行进度慢等问题。建立财务管理服务网络平台，并充分发挥财务网络平台的作用，同时建立严格的监督、审计制度，有利于促进农业科技项目财务管理，促进农业科技项目资金合理有效使用，保障农业科技项目的顺利实施和取得预期成果。

参考文献

[1] 唐晓贞. 浅谈如何加强农业项目的财务管理 [J]. 山西财税，2011（11）：19-20.

[2] 黄建勇. 优化农业科技项目管理的对策 [J]. 发展研究，2005（6）：67-69.

[3] 张炯森. 当前科技项目财务管理中存在的问题及对策 [J]. 管理，2008（1-2）：174-175.

[4] 董莎. 加强重大科技项目管理的对策研究：以宁波市为例 [J]. 浙江万里学院学报，2009，22（5）：111-115.

[5] 张美兰. 高校科研经费审计之思考 [J]. 财会月刊，2011（3）：76-77.

浅谈新形式下财务人员在科技项目资金管理中的作用

冯　晔

（河北省农林科学院植物保护研究所财务科　河北保定　071000）

【摘　要】本文根据新时期农业科研经费管理的新形式，结合财务工作的实际情况，就科研项目实施中财务人员的角色问题进行了分析、探讨，并就新角色下如何进一步提高财务人员的业务能力、参与财务管理的能力，进而促进科技项目资金使用效率的提升，为科研人员提供更加高效、优质的服务提出了粗浅的建议。

【关键词】财务；科技资金；科技项目；资金管理

一、现阶段科技项目资金管理中存在的问题

随着国家对科研投入力度的不断加大，科研课题资金来源渠道呈现多元化，形成了财政投入为主、相关部门和民间资本介入的新格局。最大限度地发挥项目资金的使用效益，已成为当前及以后相当长的时期内科研工作的重要任务。财务人员的监督是科技项目中资金使用管理的重要环节，建立健全科技项目资金的监督机制，管好用好科技项目专项资金，是摆在我们面前的重要问题，也是对科研单位财务人员监督能力和监督水平的严峻考验。加强科技项目资金管理势在必行。目前，农业科研课题经费包括新产品试制费、中间试验费、科学研究补助、示范推广费、技术改进费、自然基金、科技创新、重大专项等财政支农资金与企业投资。虽然项目资金来源众多，但是农业科研院所仍存在事业费和科研经费不足的现象，特别是规模较小的研究所，由于申请课题少，导致财政更加拮据。现有的财务管理模式不适应资金多元化对财务工作的要求，有限的课题经费在使用过程中管理不规范，甚至损失浪费严重等，这些都严重制约了科技资源的高效利用，影响了农业科研的持续发展。本文主要根据农业课题项目经费财务管理中存在的问题，从四个方面提出了加强财务管理的建议。

二、财务人员在科技项目资金管理使用中的作用

针对科技项目资金管理使用中存在的问题，确保高效率管理使用科技项目资金。以下是对如何使财务人员做好科技项目资金监督管理的一些见解。

（一）提高财务人员各项能力

财务科的主要职责中科技项目资金的支出管理和会计核算占很大的一部分，因此财务人员自身的思想道德素质和业务水平、法规意识就对科技项目资金管理起着非常重要的作用。不仅做到参加上级业务主管部门组织的各种业务培训，也要定期进行财务人员内部培训和经验交流。另外，还要多参加所内及社会上的各种警示教育活动。财务人员也要加强自身的政治思想教育和业务知识学习，使财务人员树立正确的人生观、价值观、法律意识，增强危机感、责任感，并保持良好的心态，才能为科技项目资金的管理做出应有的贡献。

1. 宽阔视野的培养

现代财务人员不仅要有丰富的财务专业领域知识和经验，还应加强对实际工作中问题的分析、判断、解决能力，不能仅仅从会计的角度来思考问题，应该看到"数字之外的东西"，要有"走出去"的视野，及时掌握政治、经济环境的变化，了解最新国家政策导向，如"十二五"规划中提到的"推进农业现代化，加快社会主义新农村建设"，对农业发展将会有极大的促进作用。审时度势，视野宽阔，财务人员不仅可以丰富专业知识的内涵，提高自身素质，而且可以进一步增强解决复杂问题的能力。

2. 建立定期的学习交流机制

新时期、新情况、新角色，对财务人员的工作提出了更高的要求。要适应这种变化，不仅要求财务人员有扎实的专业知识，还要求其熟练掌握相关的政策法规与解决现实工作中问题的能力，所以财务人员建立相应的定期学习交流机制是非常重要的。建立学习交流机制这一平台可以从以下三个方面着手。① 根据实际情况，聘请相关行业的专家有针对性地授课，如对项目经费的预算、基本建设类账目的核算管理以及与项目经费中基本建设部分核算的区别、所得税清缴等进行培训；② 组织财务人员对财务方面新的规章制度与相关部门的各种管理办法进行学习，通过集体学习逐条进行分析解读，达到共同学习、全面学习的效果；③ 由于每个部门或每个账户经费核算、管理的要求不同，因此要定期加强财务人员内部的业务沟通交流，通过沟通交流，每个部门可以就工作中遇到的问题及采取的处理办法及最终达到的效果进行介绍，大家互相学习，并就共性的问题形成共识，进而达到共同进步的目的。通过沟通交流不断推动单位学习氛围的形成，让大家养成主动学习的习惯，并就工作中的问题勤于思考、善于总结、共同

分享成功做法，通过学习共同推动财务工作水平的进一步提升，不断适应新形势赋予财务人员的新角色。

3. 建立定期岗位轮换制度

建立定期岗位轮换制度是内控制度的需要，更是通过岗位的轮换不断激发财务人员在新的岗位学习新知识的热情和动力，使财务人员在不同的岗位工作，了解不同的经费管理办法和要求，培养能够胜任不同岗位要求的"多面手"，进一步提高财务人员的综合业务能力。岗位的定期轮换同时也能为财务联系人解决工作中的实际问题提供支撑作用。总之，财务人员应更加注重加强各方面财务政策理论、业务知识的学习积累，通过学习积累不断提高自身的综合素质，更多地站在发展的角度、全局的角度来思考问题，创新工作思路，完善工作方式方法，提升服务理念，为科研人员从广度和深度上提供财务服务，不断提高财务管理水平，进而推动财务核算水平的提升，更好地服务于科研事业的发展。

（二）财务人员全程参与到科技项目

科研活动的探索性和不确定性，加之科研项目经费来源渠道的广泛，对预算的要求也不尽相同，无形之中加大了科研人员对项目前期经费预算编制的难度。科研人员在科研领域是专家，但涉及财务领域方面的问题，往往有些力不从心，靠科研人员本身很难较好地独立完成预算的编制。此时财务人员的适度参与就显得尤为重要，财务人员可在结合国家财税政策、财务制度、财务核算要求、相关科目具体核算的内容以及积累的实际工作经验等方面尽可能地协助科研人员完成预算，为科研人员做好项目预算从财务角度提供思路。

财务人员要把对科技项目资金的管理前置，在项目方案编制、项目实施过程中都要积极地参与进去，对项目资金力争做到项目实施前、中、后全程跟踪监管，支出资金时严格按照农科院财务管理制度进行，切实提高项目资金使用规范性、安全性和有效性。凡涉及大宗物资和工程采购，严格执行所内采购制度和招投标制度。力争项目资金的管理事前有规划、事中有检查、事后有验收决算，严格按制度管资金，资金保项目，充分发挥项目资金使用效率，让项目资金用在"刀刃"上。

1. 经费执行期"沟通"的角色

对于部分重点项目，财务人员在经费使用过程中不能仅仅停留在日常的报销业务上，应根据项目执行期限、项目进度等情况，主动向科研人员定期提供经费使用情况、经费使用进度、经费使用中需要调整和注意的事项，有不合适的费用列支情况要及时与科研人员沟通，向领导汇报，以求协调解决。让科研人员和领导对经费使用有一个了解的过程，避免由于经费使用与项目进度脱节，导致项目验收时才来完善相关的手续等，同时防止项目结束前经费扎堆使用的情况。

2. 财务人员参与课题结题验收及验收后总结的角色

科研课题结题中的财务审计或者验收是项目验收的重要组成部分，经费审计的结果直接影响到课题能否顺利通过验收。项目中的财务验收一般由审计事务所或管理部门的财务专家组成，经费承担单位财务人员参与课题的验收能够直接听取相关方面专家就经费使用管理方面的意见，也可以就可能存在的不足进行很好的沟通，通过直接交流，为以后更好地管理科研经费提供思路。财务验收报告是对科研经费使用情况最具权威的总结，总结报告包括经费管理中成功的做法和存在的不足，财务总结报告也是项目总结报告的重要组成部分。财务人员参与项目验收后的总结，能够与科研人员共同就项目申报、项目执行过程、项目执行结果进行财务数据的综合分析评定，通过分析，查找不足，剖析原因，同时提取成功的经验及做法，为以后的课题申报与项目执行提供支持，积累经验。

(三) 逐步健全财务制度

要按照上级有关项目资金管理办法，结合科技项目以及现场的实际情况，及时修改完善财务管理制度和各类项目资金管理办法，使项目资金的管理有据可依，有章可循，努力实现项目资金管理的规范化和程序化。

1. 加强财务资金管理及规范会计核算

按规定设置独立的银行账户，专项专户核算课题项目资金，做好课题项目的资金管理，做到专款专用，避免将专项资金与其他资金混存混用，从账户源头上避免挤占、挪用项目资金。同时，要建立健全课题项目会计核算体系，准确进行项目成本核算，准确、真实、全面地反映课题项目的实际成本支出。在实际的项目成本核算中，还应对照项目的预算内容，以实际支出为原则，相应增设二级、三级甚至更多的科目级次，以达到课题项目按照规定完成核算的要求。此外，要加强财务管理信息化建设，以便于科研人员查询资金使用情况，并及时、准确、规范、完整地编制项目会计报表，做好课题项目核算变更说明与财务信息披露，全面清楚地反映项目建设进度与资金流向等情况，及时发现课题项目执行中存在的问题，尽快加以纠正调整，以便于项目验收与资金管理。

2. 健全课题项目评价体系

课题负责人在编制项目预算时，要先与财务部门进行沟通，然后从专业技术的角度设定项目任务及目标，制订一个项目基本预算，再根据国家相关政策法规，从财务角度提出指导性的修改意见，并安排专人负责项目经费并跟踪服务，使科研人员从财务问题中解脱出来，更专注于搞好农业科研工作。农业科研课题项目支出因编制具体内容和实际情况存在很大的差别，在编制课题项目可行性分析、细化概算时，还应结合具体情况再进行科学、准确的分析，保证课题项目的各项实际支出都能体现在概算中，为概算执行奠定坚实的基础，防止预算与执行相互脱节。在课题立项、可行性研究和设计时，要让财务人员共同参与，充分发挥财务人员的事前监督管理作用。要根据当地财政经济状况、不同筹资渠道的特点，确认课题项目资金来源的可靠性，提出筹资策略和预算组合方案。此外，要对农技推广、重大专项等课题进行实地考察，搜集数据资料，找专业人员或咨询公司进行预算分析和风险评估，提出合理化建议，制订可行的方案。

3. 完善资产管理制度

建立固定资产登记制度和资产信息数据库，实行动态管理，以提高资产使用效率，并加强和规范课题项目资产，使财务管理与预算管理相结合；课题研究组要打破小部门所有制，建立仪器设备共享平台，合理配置资源，做到物尽其用；科研仪器设备统一管理，有偿使用，专人负责，统筹调配，做到清晰存量、管住增量、掌握流量，确保国有资产保值增值，并定期或不定期地进行资产清查；对课题项目划拨出的账有实无资产和上级单位调配与课题主持单位配发的账外资产进行登记、清查、评估，通过项目验收审计等及时按照财务要求对资产划转或补登，进行账务处理，核销资产；对报废毁损的资产由课题组及时上报，报批后进行账务处理，尤其要加大对资产的清查力度，课题项目结束或人员调离后，要及时清理或收回资产，防止资产流失。

4. 切实做好课题项目配套及自筹资金的筹集和核算

农业科研项目配套和自筹资金不到位而用实物抵项自筹资金的现象，在农业科研课题项目中较为普遍。要根据本单位的自有资金实力，合理安排项目配套资金，保证项目配套资金按时足额到位，按进度完成项目任务。此外，要多方面筹集资金，通过招商引资、企业合作、转让技术专利、职工入股以及积极争取政府贷款和经费补助等，来弥补课题项目资金的不足，并要规范资金管理，厉行节约，防止损失浪费，以提高资金使用效率。

5. 规范课题项目验收手续

科研课题完成后，应实行科研课题项目执行情况验收和课题经费审计"双查"制度，通过检查，查找问题，减少浪费，堵塞漏洞，完善制度。认真做好各项财产清查工作，应对与项目相关的财产物资、债权债务及时进行清查盘点，做到账账、账证、账实、账表相符，达到工完账清。同时，要及时组织课题项目完工后的财务决算，及时调整有关账务，办理资产移交手续，进行产权登记。加强经费管理，严格按照财务管理办法进行合理审核支出，减少课题经费随意、不合理、无偿占用，特别对农业科研人员下乡蹲点、调查试验、付给农民费用及实验所需资料等的报销票据，进行严格审核与灵活把握，做到"管而不死、活而不乱"，保证科研工作顺利开展。此外，考虑到农业科研项目周期性、复杂性的特点或者项目失败不能完成等因素，要预留部分资金，用于处理应急事件或进行科研调研总结。课题经费严格执行国库支付，控制经费挪用、转移、挤占等现象的发生，确保资金安全，提高使用效率，合理利用经费结余，在规定时间内清理结题。部分资金用于对课题组全体人员及相关人员的奖励，其余经费划入科研经费管理，支持其他项目的研究。总之，受气候条件和农作物季节性等的影响，对农业科研课题项目财务管理有不同的要求，财务管理在执行中可能偏差较大，因此，要在总结经验的基础上，创新财务管理方式，建立科学完善的经费管理模式，通过与各部门有效沟通和配合，提高科研资金使用效率，促进农业科研的发展。

(四) 其他方面

1. 健全财务人员的考核制度

把财务人员的考核与绩效工作紧密联系起来，将工作态度、工作技能、工作中有无差错、勤勉性和积极性、协调及服务意识等都纳入到考核当中。行政事业单位在认真遵守执行各项财经政策、法规的同时，应结合本单位实际情况，制订适合本单位实际情况的管理流程，建立健全各项财务管理制度，完善财务管理体制，使行政事业单位日常财务管理工作制度化、规范化。第一，综合性的管理制度，如加强经费管理制度、财务人员岗位职责等；第二，单项的管理制度，如办公费、修理费、电话费、邮资费等管理制度；第三，相关性的管理制度，如接待制度、车辆管理制度等。一些事业单位应建立成本核算制度，参照企业成本管理方式，制定适合自身的内部成本核算方法，确定成本计算对象，设计成本项目，加强内部成本核算，减少各种费用开支，提高资金的使用效益。

2. 加强财务人员的审计工作

要把内部审计工作切实开展起来，选择几个典型的科技项目，严格按照内部审计工作程序，认真进行内部审计。同时，针对审计中发现的问题，总结经验教训，提出切实加强工程项目资金管理的建议和意见，为行政决策提供科学依据。

参考文献

[1]　于津. 浅谈科研院所如何加强科研项目经费的财务处理 [J]. 中国管理信息化：会计版，2007，10 (2)：51-52.

[2]　兰世宽，张平. 农业科研课题经费预算管理机制探讨 [J]. 农业科研经济管理，2007 (1)：33-34.

[3]　邱巧根，朱靖，樊生超. 预算编制管理研究 [J]. 江苏农业科学，2009 (专刊)：18-21.

完善科研事业单位财务规章制度建设的思考

——辽宁省农业科学院案例分析

孙琪光　　罗艳莉

（辽宁省农业科学院财务处　辽宁沈阳　110161）

【摘　要】随着我国财政体制改革以及科技体制改革的不断深入，科研事业单位的财务管理从内容和理念上都发生了一定的变化，规章制度作为财务管理的基本内容，也应进行相应的调整与完善。本文以辽宁省农业科学院为例，分析其财务规章制度的建立和执行情况，提出推进财务规章制度建设的建议，以期为科研事业单位财务管理提供参考。

【关键词】科研事业单位；规章制度建设；规章制度执行

随着我国财政体制改革以及科技体制改革的不断深入，科研事业单位的财务管理从内容和理念上都发生了一定的变化，规章制度作为财务管理的基本性内容，也应进行相应的调整与完善，以适应科研事业单位不断发展的内外环境，更好地服务科研工作，促进科研事业单位持续健康的发展。

一、加强财务规章制度建设的重要性

（1）建立规范的规章制度是《中华人民共和国会计法》的基本要求。该法第六章第四十二条规定，未按照规定建立并实施单位内部会计监督制度或者拒绝依法实施的监督或者不如实提供有关会计资料及有关情况的，应依法对其进行相应的处罚。

（2）建立规范的规章制度是从监督的角度设定的一种有效机制。财务规章制度通过一定的会计假设，运用统一的核算方法，对单位的财务状况进行客观的反映，反映的一个重要目的是为了进行监督。

（3）建立规范的规章制度是形势发展的需要。首先，在深化科技体制改革的环境下，科研事业单位的运行模式趋于多样化，基于这种形势需要进一步建立健全财务规章制度。其次，信息化时代的到来，使得科研事业单位财务管理由过去的手工账转为电脑账，所以财务规章制度也应跟随技术手段的更新同步进行。

二、案例分析

（一）基本情况介绍

辽宁省农业科学院始建于 1956 年，是以种植业为主的省级综合性农业科研单位。下设 22 个研究所（中心）、12 个国家（国际）研究检测机构、5 个省级重点实验室、3 个省级工程技术中心。职工总数 2905 人，在职职工 1594 人，其中科技人员 881 人，高级研究人员 330 人。

财务处作为其隶属的管理部门负责全院的会计核算与监督工作，下设 4 个科室，分别为财务管理科、事业核算科、审计与监督科和企业核算科。全处现有财务人员 23 人，其中正高级职称 1 人，副高级职称 10 人，中级职称 8 人，初级职称 4 人，具有大学本科及以上学历 15 人。

（二）财务规章制度建设的具体情况

财务工作的一个重要特点就是具有较强的政策性，因此，在工作中要建立起规范的规章制度，使财务工作有章可循、有法可依，一方面能为财务工作的具体实施提供导向，另一方面为财务管理工作带来主动性。从 2007 年 1 月全院实行财务集中核算以来，先后在财政预算经费、信息化财务管理、国有资产管理等方面制定了一系列规章制度并加以完善。主要内容如表 1 所示。

表1

类　　别	主　要　内　容	
财政预算 经费管理	《辽宁省农科院财务预算制管理办法》	《加强借用公款管理的具体办法》
	《辽宁省农科院驻沈单位财务管理办法》	《完善会议费等报销手续的通知》
	《辽宁省农科院公务卡管理实施细则》	《辽宁省农科院科技人员定向培养经费管理规定》
信息化财务管理	《辽宁省农科院会计电算化管理制度》	《辽宁省农科院财务信息及工资信息查询管理暂行办法》
国有资产管理	《辽宁省农科院固定资产管理办法》	《基本建设财务管理规定》

（三）财务规章制度执行的具体情况

上述规章制度的建立和完善，为单位财务管理工作提供了政策依据，较好地满足了财务管理各方面的要求。在实际工作中，严格依照这些规章制度处理和解决各种业务，确保了财政资金的使用效率。

1. 财政预算经费规章制度的执行

财政预算经费主要包括公用经费、人员经费和财政专项经费。财政预算经费按照《辽宁省农业科学院财务预算制管理办法》的有关规定实行预算制管理，院财务处于每年初安排专门人员组织各部门编报本部门本年度的支出预算表，并就编报的预算进行审核，审核通过后以院发文件的形式下发给各部门，项目预算经费和金额一经批复确定，原则上不予调整。

为了业务结算的方便以及业务性质的需要，借款业务频繁，为规范借用公款行为，制定了《加强借用公款管理的具体办法》。在实际工作中，凡一次借用公款2万元以下（含2万元）的，由各单位负责人审批，超过2万元的，须经院财务处审核后，报主管院长审批。另外院财务处每季度末对借款进行清理，对逾期未归还的借款，及时向财务负责人报告并发出书面通知。对于各单位主持召开的各种会议，按照《完善会议费报销手续的通知》的要求，首先由会议召开方办理政府采购的相关手续，待手续齐全后方可到财务处报销。

2. 科研项目经费规章制度的执行

在科研项目经费到位后，按照科研项目经费管理流程的有关要求，财务处通知项目执行单位，要求将已批复的项目预算按财务处自制的报表格式报到会计核算科，会计核算科科长审核后根据批复的项目预算和科研项目经费管理办法的有关规定录入到财务软件预算控制模块中，稽核会计复核后方可启动该项目的报销程序。财务软件系统将自动控制项目收支情况，对于已超过预算金额的支出系统自动控制不予通过。

作为省内唯一的综合性的农业科研公益单位，辽宁省农科院承担着各方面重大的农业科研课题的研究与开发工作，科研项目来源渠道不同，管理办法也不同，针对涉农业务数量大、内容烦琐的特点，结合相关项目管理办法作了具体规定。实际执行过程中，全部要求先行到财务管理科办理政府采购手续，待手续齐全并经财务管理科负责政府财务工作人员签字盖章后，方可到会计核算科进行业务结算。

3. 运用信息化手段执行规章制度

2010年初，院财务处结合自身业务特点与需要，试行并最终选择神州浩天天财财务管理软件进行财务核算。该软件的最大特点就是方便单位的预算管理。为了更好地控制经费支出执行情况，财务人员充分挖掘该软件的功能，将额度预算控制细化到三级会计科目。在报销时，若额度超支，系统将自动提示不能支出。稽核会计根据系统打印的记账凭证和经会计主管审核签章后，方可办理付款业务。

另外，院财务处利用院网络中心信息技术和人才优势，自行设计了辽宁省农业科学院财务网，将已制定的所有财务管理规章制度、政策法规上传到网页上，同时该网页设有的下载专区提供了各种自制原始凭证的模板。该网页的设立，一方面对财务管理工作起到了宣传的作用，另一方面为今后更好地开展财务工作奠定了基础。

4. 内部牵制制度的执行

一是不相容业务的分离。以事业核算科为例。该科室会计岗位设置：科长 1 人，主管会计 1 人，稽核会计 5 人，出纳 2 人。出纳人员不得分管稽核、会计档案、记账凭证的填制工作；单位的支票、资金往来票据和印章分别由 3 人管理；稽核人员不能分管记账凭证的审核和财务软件的系统维护管理工作；固定资产实物账与财务账分别设专人管理，实物账由各单位报账员管理。二是审批权限的牵制。经办人是一般职工的项目经费和公用经费支出由课题负责人或室主任（科长）审核，所（处）长签字；经办人是所（处）长的，由 1 名副所（处）长审核，并由分管院长签字。对于单笔报销金额超过 2 万元的，均由财务处审核，报分管院长审批方可报销。三是课题人员与财务人员责任的牵制，课题负责人对预算资金使用的合理性与真实性负责，财务人员对预算资金按照相关规章制度进行审核，对超预算或非法票据有权拒绝报销。

5. 财务监督检查制度的执行

为进一步规范财务管理，确保各项规章制度的有效执行，财务管理科每年定期组织开展财务检查工作，主要针对全院各部门财务规章制度的执行情况进行检查，并将检查结果以书面文件的形式上报给主管领导，对检查中发现的问题提出整改意见并予以纠正。通过开展财务检查活动，有效地确保了各项规章制度的执行力度，使财务管理活动更加制度化、规范化。

（四）推进财务规章制度建设的建议

通过以上的分析可以看出，单位财务管理工作正走上制度化、规范化的道路，但还存在一些不足之处，为此，在以后的工作中，应该着重做好以下三方面工作，继续加强财务规章制度建设，规范财务行为。

1. 充分认识财务管理工作的重要性

财务管理不仅是单位财务部门的工作，更是单位经济管理活动的物质基础，因此，在单位领导的大力重视与支持下，广大财务人员更要充分发挥主观能动性，对外积极宣传财务工作，对内不断总结工作经验，探讨财务管理工作中存在的问题，并提出解决对策，为领导决策提供参考。抓好财务人员队伍建设，形成继续教育机制，提高财务人员的技术水平和职业判断能力。

2. 继续推进财务信息化建设

除了要做好财务软件的定期升级维护工作，还要进一步完善和维护财务网的建设，不断更新关于财务部门职能与财务工作程序、财务人员的分工和变化、财务规章制度与文件的相关内容，做好每月工作计划与年度总结、财务预算方案和财务决算报告以及不断总结财务检查中发现的问题和处理方法等。在科学理财的基础上，增加理财的透明度。

3. 建立规范的会计档案管理制度

根据《会计档案管理办法》的要求，各单位应当结合工作实际，建立和健全会计档案管理制度，做好会计档案的立卷、归档、保管、查阅和销毁等工作。同时，由于电算化会计档案分别存储于纸质和磁性介质上，对此必须进行分类管理，确保其安全性与保密性。因此，科研事业单位还应当依据《会计档案管理办法》和《会计电算化工作规范》的规定建立电算化会计档案管理制度。

综上所述，财务规章制度建设是财务管理的根本内容，是科研事业单位财务管理的精髓与灵魂，应努力做好财务规章制度建设工作，将财务管理提高到一个新的水平，更好地服务于科研事业单位科学研究工作。

农业科研单位基建财务存在的问题及其建议

段志华　　严红兰

（江苏省农业科学院会计中心　江苏南京　210014）

【摘　要】本文通过对农业科研单位基建财务中存在问题的分析，结合笔者自身多年来的工作经验，有针对性地提出了几点建议，以期通过加强农业科研单位财务内部控制，确保有限的基建投资发挥最大的社会效益。

【关键词】基建财务；内部控制；问题

近年来，农业科研单位的基本建设投资取得了显著成效，但由于管理体制的不健全和监督约束机制乏力，目前基本建设投资仍然存在浪费严重、结构不合理、投资效益不高、基本建设财务管理弱化、财务行为不规范等问题，现结合工作实际，就如何加强农业科研单位基本建设投资及财务管理工作谈谈自己的看法。

一、当前基本建设投资和财务管理中存在的主要问题

1. 基建财务核算不规范

作为农业科研单位，重科研轻核算，因此在基建财务核算中存在一些问题，主要表现在以下三个方面。

一是基建财务核算尚未完全纳入整个农业科研财务管理系统中，给财务直接监控基建投资带来了一定的困难。从大量的资料中可以看到，近年来，不少农业科研单位对基建会计处理比较混乱，有的农业科研单位甚至没有单独建立账簿，而是把支付给承包商的款项直接反映在单位预算管理中的事业支出科目中，或是通过往来账目反映。

二是会计核算不规范，人为加大建设成本。项目合同是与承包单位总公司签订的，项目施工却是总公司下属项目部代理，工程款也是支付给项目部，个别项

目部为少向总公司缴纳管理费，与建设单位协商采取一些不正当的方法支付相关费用，导致不能按合同规定的付款金额付款、或影响按工程进度付款的时间。

三是建设单位管理费没有严格按照工程总概算控制，超支的现象比较严重。如招待费常常不按管理费总额的 10% 控制支出；很多项目已投入使用却迟迟不能结算，因未办理竣工财务决算以及未办理资产交付使用手续，后期应计入日常维护费用的计入到建设成本，导致建设成本加大。

2. 缺乏对基建项目全过程实施的控制

一个单位基建项目的确定，都是以基建人员为主，编制项目预算书，出具项目可行性报告，招投标书，施工勘探设计，竣工验收等环节都是由基建人员完成的。财务人员只管按合同规定付款、记账，进行相关核算，对于违反项目决策程序、合同不合理变更等现象，财务监督实施不力。

3. 对项目不能及时进行竣工决算

工程竣工财务决算是确定基建工程造价的关键环节，但有大批的竣工项目已投入使用却迟迟没有相应的工程竣工财务决算或交付使用资产。《基本建设财务管理规定》（财建〔2002〕394 号）第三十七条规定，建设单位及其主管部门应加强对基本建设项目竣工财务决算的组织领导，组织专门人员及时编制竣工财务决算。设计、施工、监督等单位应积极配合建设单位做好竣工财务决算编制工作。

4. 财务人员的业务水平尚显不足

目前，农业科研单位基建财务人员许多都是"半路出家"，缺乏系统的基建财务知识，而基建财务与通常的企业财务以及事业单位财务有很大差异，因此当务之急不仅是需要财务人员具备一般财务业务能力，同时还需要掌握一些基本建设工程会计核算的知识和技能，成为复合型人才，为农业科研单位的发展提供更好的财务管理。

二、加强基建财务内部控制的建议与对策

1. 规范基建财务核算，建立有效的内部控制和监督制度

根据《基本建设财务管理规定》第六条的要求，首先，要做好基本建设财务管理的基础工作，按规定设置独立的财务管理机构或指定专人负责基本建设工作，并将基建财务纳入科研事业单位财务管理系统之中。其次，基建人员要按照合同要求监督项目实施。若施工企业将合同进行分解和转包，财务部门可以拒绝付款，支付工程款时对方提供的发票印章必须与合同印章相符，变更项目必须事先申请批准后才能实施。再次，基建财务人员应严格按照批准的概预算建设内容，做好账务设置和财务管理，建立健全内部财务管理制度；对基本建设活动中

的材料、设备采购、存货等各项财产物资及时做好原始记录，及时掌握工程进度，定期进行财产物资清查，按规定向相关部门报送基建财务报表。项目完工后，财务部门应及时核对、审查工程款的支付情况，核对工程项目决算审定书中的所有项目是否均按规定金额扣除，数量及金额是否正确。

同时，财务人员应加强基建财务风险控制的理念。为了有效控制基建财务风险，必须建立健全基建财务管理内部控制制度，如资产管理制度、工程合同管理制度、工程变更审批制度、材料采购审批和验收制度、重大财务事项报告制度等，以期从制度的层面强化财务风险控制，并将财务内部控制制度工作落实到实处。例如，按照相关制度规定，严控大额资金的审批和使用，并对其资金支付的真实性、合理性、合法性进行认真审查，建立实施责任追究制度；各主管部门应加强对基建资金的监管，对基建资金往来、资金管理体制情况应定期或不定期地进行检查，并将基建资金安全管理作为评价财务管理状况的主要指标之一，列入领导干部经济责任审计范围，以防范财务风险。

2. 强化财务人员对项目实施全过程的监督和控制

实行基建项目全过程的控制，是充分发挥基建财务管理的重要手段，应当从编制项目建议书、论证可行性研究报告、项目勘测设计与概预算、招投标与合同签订、监理、工程结算、竣工验收与竣工决算等各个环节对工程实施全方位的控制，并找准关键控制点，实施重点控制。

3. 及时对单位建设项目进行竣工财务决算

按规定，项目竣工后 3 个月内应完成竣工财务决算的编制工作。由财务、审计、基建、资产部门成立专门小组，联合设计、施工、监理等单位及时做好竣工财务编制工作。第一，准备立项批复文件，项目可研报告及批复文件，发改委批复投资计划，项目施工设计资料（包括施工图、勘查设计图等），相关施工、采购、设计合同文件，竣工验收报告及工程决算报告书等资料；第二，开展自查有无不应在基建项目中列支的各项费用，有无超概算超标准的各项支出，有无未经批准变更的项目；第三，归集整理项目各种档案资料；第四，财务人员应及时清理各项债权债务，合理分配待摊投资，正确计算新增固定资产价值；第五，聘请有资质的社会中介机构进行审计，以审计报告为依据编制竣工财务决算，并组织项目验收，交付使用，新增固定资产。

4. 加强财务人员业务技能的培训

加大对基建财务人员的培训力度，多渠道全方位地加强基建财务人员的专业知识培训，使基建财务人员不但能够熟练掌握基建项目的一般程序和基本流程，而且还熟悉基建财务制度和相关的政策法规以及工程概预算、工程招标、工程投资计划等方面的专业知识，向广深型和多能型发展，成为具有创新思维和开拓精神的高层次复合型财务管理人才。

参考文献

［1］ 齐艾玲. 加强高校基建财务内部控制和风险防范［J］. 会计之友，2011（10）：68.

［2］ 孙丙午. 科研单位基建财务管理存在的问题与对策［J］. 财政监督，2009（12）：36.

关于深化事业单位部门预算改革的相关做法

杨丽华

（辽宁省水土保持研究所　辽宁朝阳　122000）

【摘　要】事业单位财务管理是事关各事业单位各项工作健康、有序开展的重要环节。预算管理作为事业单位财务管理的一个重要方面，对于事业单位整体的财务管理有着极其重要的作用。本文以财务管理工作经验和与其他事业单位的沟通与交流为基础，分析了事业单位在部门预算管理上出现的问题，解释了问题出现的原因，并提出了针对部门预算的合理化措施，为深化事业单位部门预算改革提供了依据和建议。

【关键词】事业单位；预算管理改革；问题；原因；措施

事业单位财务管理是指事业单位按照国家有关部门的方针、政策、法规和财务制度的规定，有计划地筹集分配和运用资金对单位经济活动进行核算、监督与控制，以保证事业计划及任务的完成。事业单位财务管理是事关各事业单位各项工作健康、有序开展的重要环节。预算管理作为事业单位财务管理的一个重要方面，对于事业单位整体的财务管理有着极其重要的作用。通过多年的工作积累和同事之间的沟通和交流，我们针对在单位的预算管理中出现的各种问题，提出一些相应的解决措施，以求能为深化事业单位部门预算改革尽绵薄之力。

一、事业单位部门预算管理中的常见问题

（一）各级人员对于预算管理的认识和重视程度低

事业单位多从事教育、科技、文化、卫生等方面的工作，财务管理作为其工作的一个方面，相对于科技的创新、文化的宣传等工作，并不作为其核心的工作内容。进而导致事业单位的各级人员对于财务管理、预算管理的关心程度、重视程度

较低，财会部门往往被大家看作记录收支的"收款员"，没有权利也没有机会参加单位的重要决策和相关业务管理活动，从而导致财务的监督功能只能流于形式。

（二）预算管理相关制度不健全

虽然现在各级事业单位根据要求制订了各自的预算管理制度，但是资金管理不规范的情况还是时有发生，其主要表现在以下两个方面。

1. 专项资金的管理

专项资金的管理把关不严，供应范围过宽。财政部门或上级单位在核拨专项资金前，项目缺乏必要的论证，使资金和应办的项目脱节，从而在各局所的预算、决算中大部分的专项资金支出范围都存在着模糊性和不确定性，缺少"度"的限定。在一定程度上影响了资金使用的效益，挫伤了部分单位工作的积极性，同时也给挤占挪用专项资金提供了方便条件。

2. 往来款项的管理

据调查，现在个别单位违规为其他单位或个人提供贷款担保，由于借款人不能到期清偿而承担连带责任被银行硬性将款项扣回，单位求偿未果形成呆账、坏账，而直接责任人也受到相应的牵连，所以应当在年度终了后，及时清理往来款项，防止出现呆账、坏账。

（三）预算编制不够细致、不够精准

由于各级人员对于预算管理的认识不足，财务管理人员的素质相对不高，其技术手段相对简陋，往往习惯性地按基础数加增量编制模式进行简单的预算，没有真正深入实际对一个子项或一个经济活动斟酌和细算，方法用最简单的算术化，并且急于上报，结果出现大约数现象，直接预算编制不够精准。

（四）预算执行缺乏约束力和严肃性

由于财务管理监督职能的匮乏，有的单位预算资金使用中，出现了支出控制不严、超支浪费现象，如公车采购超标、高标准接待等问题，致使单位的会议费、招待费、车辆燃油修理费居高不下，严重影响了事业的发展。有的单位在项目支出资金管理使用中，基本支出和项目支出界定不清，用项目支出来弥补基本支出经费的不足，用于维持日常公用支出，没有做到专款专用。还有的单位在专项资金使用过程中，没有树立讲求经济效益的理财理念，重收入而轻管理，重预算审核而轻实际效果，对项目资金实际使用绩效缺乏有效的监督和考核。

二、事业单位部门预算管理存在问题的主要原因

1. 财务意识不强

事业单位由于其工作内容的重点不同，财务意识往往不强。一些事业单位尚

未为各项经费支出建立一套相对明确、合理的开支范围和标准，对经费开支实行实报实销，而没有严格按照预算管理来执行。

2. 制度建设薄弱

制度建设是开展财务管理、预算管理各项工作的基础。与财务管理人员素质不高相对应的是相关制度不完善。没有专门的人员负责预算管理事宜，对预算的制订把关不严。在预算的执行中，由于相关制度的缺乏，对于平衡整体经济效益没有达到预期的效果。

3. 监督机制不完善

在目前的管理体制下，本部门领导掌握着人事权，会计人员的岗位是领导赋予的，这就决定了会计人员无法有效实行对领导进行财务监督的职权，使会计监督有名无实；同级制约作用微不足道；上级监督点多线长，鞭长莫及，作用发挥得不充分、不全面、不到位。上级审计单位拘泥于账面审查，满足于专项检查，难以做到全面审查。

三、加强事业单位部门预算管理的措施

为解决事业单位部门预算管理中出现的问题，我们必须坚决执行"加强领导和统筹""加大宣传和监督""提高意识""明确职责"的工作方针。

（一）加强预算管理的理论化建设

加强预算管理的理论化建设，一方面，要努力增强领导干部的财务意识。事业单位领导要认真学习我国《国有资产管理办法》《会计法》等法律法规，逐步规范财务管理，要努力健全内部控制机制，提高领导者重视财务管理的意识水平，提高财务人员地位，重视财务专业人员。提倡采取"财务公开化、业务公开化"的方式，力争增加财务管理的透明度，增强对官本位的免疫力。领导层应该以身作则，才能更好地将现行的理念贯彻下去。另一方面，要提高认识，更新观念，加强会计队伍建设。提高事业单位领导者和财务管理工作者对财务管理的重视，改变"重金钱、轻管理"的思想，应更新理财观念，从"核算型"向"经营型"和"管理型"转变，借鉴企业财务管理办法和相关制度和机制，同时也应充分认识到，随着事业单位改革的不断深入，事业单位财务管理体制和办法也都将发生改变。不断提高财会人员和内部审计人员的政治思想和业务素质，定期组织财务管理人员深入学习我国《会计法》《经济法》《事业单位财务核算管理规定》和相关准则、职业道德等，全面提高财会人员的综合素质。

（二）完善预算管理的制度化建设

首先，要明确具体的规定。制度的制订要体现适应性和可操作性原则，即制

度的制订必须结合单位实际，不能生搬硬套，内部财务制度的条文在表述上应尽量通俗易懂，操作方便，并与日常会计核算的实务紧密联系。其次，完善与预算管理相关的财务制度，其中既要包括综合性的管理制度，如经费管理制度、财务人员岗位职责等；还要包括单项的管理制度，如办公费、电话费、邮资费等单项费用的管理制度。第三，要明确其他相关性的管理制度，如接待制度、车辆管理制度等。这样，可以从单位内部建立起有效的支出约束机制，做到有章可循，并且严格按制度办事，以堵塞漏洞，节约资金，防止经费支出中的跑、冒、滴、漏，最大限度地提高各项资金的使用效益。

（三）全面推进创新型预算编制方式

部门预算作为涵盖部门所有收支的综合财政计划，其实现形式有定员定额、零基预算、综合预算、绩效预算、包干奖励等多种方式，这些预算编制方式既可独立存在，也可互相补充，共同构成了部门预算的主要内容。

1. 打破"基数"限制，推进零基预算编制方法

传统预算的基数法是以上年执行数作为制订下一年度计划和预算的基础，基数累积时间过长，必定会出现计划与现实相脱节，甚至完全背离的结果，还会导致各预算单位"饥饱"不匀、"苦乐"不均的现象。而零基预算，打破了基数概念，完全按照下一年度实际工作需要统筹考虑安排预算，能够将有限的财政资金用足用活，充分发挥资金使用效率。零基预算也是部门预算改革的要求之一。

2. 全面实施综合预算，加大收支脱钩力度

结合事业单位定员定额的制定，将预算内、外资金一并考虑，统筹安排，编制综合预算，实现完全的综合预算管理。

3. 全员参与预算编制，加强预算管理合理化

按分级编制、逐级汇总的原则，将指标层层分解到各部门；由各部门编制本部门的预算，并根据项目进展情况随时修订和调整。各职能部门可作为基础编制单位先编制预算草表，预算管理部门与相关部门对各指标进行逐项落实，对个别突出问题反复研究，达成共识后返回各部门，修订后再上报。各职能部门不仅要控制本部门的费用，还要定时更新项目预算。对各部门发生费用的报销，经相关领导签字后，还必须由本部门的预算管理员签字并登记后方认可，无预算管理员的签字，财务不予报销。

（四）强化预算管理的执行力度

为严格执行预算管理的规定，提高经费的使用效率，具体的措施有以下几点。

第一，需随时掌握单位基本情况数据，如建立人员数据库、车辆数据库、收支情况数据库、办公设备数据库等。预算编制的科学性、全面性、准确性和真实

性是加强事业单位的财务管理的关键，是经济核算和各项工作正常运行的基础。

第二，在预算的执行上严格按照预算编制项目（科目）资金的使用去向运行，对收支出现的差额应及时进行认真分析，找出原因，合理地调整，严格审批核实手续。

第三，在预算的监督上财务工作人员要认真履行各自的岗位职责，及时纠正预算编制和执行预算过程中存在的问题，提高资金的使用效益。

参考文献

[1]　阿尔伯特·C. 海迪. 公共预算经典：现代预算之路 [M]. 苟燕楠，董静，译. 上海：上海财经大学出版社，2006.

[2]　李伟. 关于事业单位预算管理的讨论 [J]. 经营管理者，2010 (1).

[3]　牟华娟. 加强事业单位预算管理的思考 [J]. 交通财会，2011 (3).

[4]　肖柯，刘骥超. 加强事业单位预算管理的研究 [J]. 现代经济信息，2011 (1).

[5]　党淑芳. 事业单位财务管理当前亟待解决的几个问题 [J]. 兰州交通大学学报，2007 (2).

[6]　周婷. 事业单位财务管理之我见 [J]. 湖北广播电视大学学报，2009 (2).

[7]　刘卫东. 浅析事业单位财务管理的问题与对策 [J]. 山东商业职业技术学院学报，2009 (1).

[8]　刘雪玲. 《事业单位财务规则》修订探析 [J]. 南昌高等专科学校学报，2009 (3).

强化内部审计结果利用　促进改善科研单位内部管理

——对深化科研单位内部审计的思考

程小平

（北京市农林科学院计财处　北京　100097）

【摘　要】2012年是"十二五"规划开局的初始，也是完善北京市农林科学院内部审计工作发展的一年。总结"十一五"我院内部审计工作，对准确把握审计重点和审计结果转化，很好地解决影响审计的若干因素，加强审计结果利用的意义，有效地履行审计监督职能，规范审计工作程序、方法和手段，逐步推进审计管理，以审促管，整改内部审计中发现的各类财务违规问题。

【关键词】科研事业单位；审计；以审促管

随着改革的不断深化和经济社会的迅猛发展，审计工作的地位和作用越来越突出，社会各界对审计的期望和要求也越来越高。效益审计正是为适应经济社会发展的需要而产生和发展起来的，它是审计工作的发展方向，也是审计工作进入新的历史发展阶段的一个重要标志。因此，如何深入研究和实施效益审计，如何利用内部审计的结果促进和改善科研单位内部财务管理，是值得深化和思考的问题。

在北京市农林科学院各级领导的重视下，近些年开展内部审计工作的内容如下。① 2010年至2011年上半年，对全院13个二级事业单位，进行了所、处长三年经济责任的任期审计，审计的资金达2亿元；这在我院中三年一次，换届、离任和任期审计已经有三个循环阶段了。② 在2009年和2011年的下半年，分两次对我院青年基金2006年至2008年的28个课题，审计经费300万元，涉及12个所和中心；2007年至2009年21项课题，总经费285万元，共审计过的经费585万元。③ 财政专项—种质资源保存及评价年度运行经费，2008年总项目5个课题，涉及7个所，总经费7335340元；2009年总项目6个课题，总经费7428714元，共审计过的经费14764054元。两年的时间审计事业经费和专项经费

220611476元。④ 对全院各国有企业、股份制公司的经济效益状况，企业的转制、变卖、停业，以及负责人的离任进行审计，内部审计在事前进行审计，提供真实的企业财务状况。

12年间审计做了许多工作，为领导及时了解下属单位的工作，制定政策和进行财务管理，深入了解实际情况，促进全院财务管理工作，审计部门做了应做的工作。通过审计发现，在我院财务管理中，事业支出经费里的基本经费支出列支无预算的支出，存在挤占项目经费、改变项目经费用途的现象，发现存在财务处理不当、预算执行不严、资金闲置浪费等一些问题。经过内部审计，及时发现问题，提出对于各单位在加强财务管理、严格执行预算、防范经济管理方面的风险，发挥了一定的促进作用。但另一方面，审计效果还有待改进，例如，今年下半年审计对院青年基金和财政—种质资源保存及评价年度运行经费的审计，虽然项目经费使用单位与前次审计的情况相比有些改进，但是发现一些问题仍与往年相似，"屡审屡犯"的现象还时有发生，个别单位还存在一些问题，具体情况主要表现在以下三个方面。

一是预算管理中存在编制不认真、执行不严格、不执行相关政策制度，甚至虚列支出、专款不能专用等违规行为，额度经费用于额度外部的支出。

二是部分事业单位财务所属独立核算经济实体和非独立核算部门财务管理不规范。

三是通过虚列支出来转移部分财政资金，把应付款科目作为转移资金账目，经费转移到二级或三级单位，以弥补其他经费的不足或作为福利发放。

一、加强审计结果利用的意义

要保障我院事业经费和科研经费实现正常发展，必须守住两条"底线"：一是维护我院财政资金和专项资金的安全使用，保持稳定；二是不出经济腐败案件。实现后者的主要途径就要是加强财务监督，尤其是要加强内部审计监督，保证及时发现财务预算和相关经济活动中的管理漏洞，及时发现存在的各类违规违纪问题，提出整改意见和建议，促进有关单位进行有效整改；既要"亡羊补牢"，也要"防微杜渐"；这里关键就是要合理、有效地利用内部审计结果，才能够在协助财务的管理上有现实的意义。强化内部审计结果利用，促进改善科研单位内部管理还是很有必要的。

二、当前影响审计结果利用的若干因素

利用审计结果，发挥内部审计作用，主要受以下三方面因素的影响。

（1）领导对内部审计工作的重视程度。例如：机构设置、人员配备；日常工作的指导和检查；审计报告的审阅和督办等。

（2）相关部门的配合与协调。审计事项往往涉及多个部门（财务、业务归口部门、业务承办部门以及有关监督部门等），需要相互配合、形成合力。

（3）内部审计工作自身的水平和质量。

三、对加强内部审计结果利用的几点思考

要保证审计结果得到有效的利用，应当做好以下几个方面的工作。

（一）领导重视，建立健全内部审计结果利用的工作机制

各单位的主要领导应高度重视内部审计结果的利用，充分发挥内部审计对单位整体管理的促进作用，建立健全相关工作机制，保障各项内部审计结果得到及时、有效的利用。

1. 建立内部审计结果公开制度

各单位要根据有关规定，采取适当的方式公开内部审计结果。其中：对本单位管理的领导干部经济责任的审计结果应当向领导"班子"进行通报，并在被审计领导干部所在的部门或一定范围内予以公开；基建项目审计以及各类专项审计结果应当向单位主要负责人和主管领导报告，或以其他形式在单位内部予以公开。

2. 明确相关管理部门对内部审计结果利用的职责

各单位要根据内部职能部门的分工，明确各部门对内部审计结果利用的具体工作职责。其中：财务部门应当负责或监督纠正有关财务预算管理中存在的违规问题及其后续整改工作落实；其他与审计发现问题相关的直接责任部门（或单位）负责有关具体违规违纪问题的纠正和整改；纪检、监察部门负责对审计发现问题中涉及违反党纪政纪的行为进行责任追究；内部审计机构负责对审计发现问题的整改情况进行跟踪检查和后续审计。

（二）以审促管，整改内部审计发现的各类财务违规问题

各单位对内部审计发现的违反预算管理和财务会计制度及相关政策法规的问题，要根据相关政策制度、审计建议与意见，采取有效措施，认真进行整改。

1. 及时纠正违反财务财政管理制度及相关政策法规的行为

单位内部有关部门要依据"审计报告"和主管领导的批示要求，针对内部审计发现的各项具体财务违规行为——包括：不执行国家统一的财务支出标准和会计制度、擅自调整预算和挪用项目经费、违规收费；违反"收支两条线"政策，公款私存私放形成账外资金以及不按规定进行政府采购和招投标，造成国有资产

流失和重大损失浪费等问题——进行逐项清理和纠正。其中：属于挪用的资金，要按财政制度规定处理，对其中整改不力的应该扣减下年度预算经费；属于虚列支出套取的资金，要如数追回；属于公款私存私放形成的账外资金，要全部收缴纳入单位财务管理；属于违反政策规定的收费，要全额清退。

2. 有针对性地完善相关内部控制制度

单位各有关部门要认真分析审计发现问题产生的原因，研究有关审计建议，完善相关财务预算和经济活动管理制度，健全相关内部控制，并在实际工作中认真执行，堵塞漏洞，消除财务预算和相关经济业务管理中的薄弱环节，防止各类财务违规问题的再次发生。同时对财会人员进行及时教育，督促财会人员执法守法，提高财务管理的业务水平。

3. 严肃纪律，加大对有关严重违法违纪问题的责任追究力度

各单位要充分重视对内部审计揭露出来的各种财务经济严重违法违纪问题的查处，要依纪、依法进行责任追究，调查和处理涉及财务经济违法违纪的人员，坚决维护财经纪律和党纪政纪的严肃性。

(三) 及时开展对有关经济严重违法违纪问题的调查

单位纪检、监察及相关部门要根据党纪政纪的有关规定，认真组织开展对内部审计揭露的有关财务经济严重违法违纪问题（或重大经济案件线索）的调查，及时查明事实以及相关人员的具体责任，为进行责任追究提供有效证据。在调查中要坚持实事求是，防止"大事化小、小事化了"和"久拖不结"的倾向。

(四) 奖惩并举，把内部审计结果作为单位内部相关考核评价的重要依据

各单位要加强内部审计结果的综合利用，实行奖惩并举，把内部审计结果作为有关考核评价的重要依据之一，使内部审计结果与相关部门经济利益、职工年度考核和各类项目评优挂钩，以此强化内部审计的作用。

(五) 把内部审计结果纳入对单位综合绩效考评的指标体系

各级教育行政部门要把对所属单位的内部审计结果作为对其进行综合绩效考评的评价指标之一，对审计发现有重大财务违法违纪或存在严重损失浪费的单位，实行审计"一票否决"制；各部门和单位可在拥有的财务管理权限内，把内部审计结果作为增加或减少有关部门年度预算经费的重要依据，使内部审计结果与相关部门的经费增减直接挂钩，促进财务预算管理。

(六) 把内部审计结果作为干部人事考核的重要参考

单位干部人事部门应将内部审计结果同干部和职工考核工作结合起来，作为干部人事管理的重要参考。对于内部审计结果反应能认真履行经济责任和岗位经济管理职责、财务预算管理规范的领导干部和职工，应当采取适当的方式给予表彰和奖励。对于财务预算管理存在严重问题的部门负责人及相关责任人，其年度

工作考核不能参加"优秀"（或相应等级）的评定；对于财务经济管理严重失职的人员，应当调离相应的管理岗位；同时，把内部审计结果作为各类评优项目的重要评价内容。

在强化内部审计的同时，内部审计人员的工作应该到位。首先，建立制度。明确相关方面（包括单位领导和相关部门）的职责和相关工作要求，使之制度化，为使内部审计的审计结果得到合理、有效的利用，提供制度保障。其次，提高内部审计工作质量。一份高质量的审计报告和具有建设性、可行性的审计意见与建议，对于审计成果利用至关重要。最后，加强审计队伍建设。要爱岗敬业，有责任感和事业心，甘于寂寞，乐于奉献，有一个良好的精神状态；要勤于学习、善于思考，努力精通业务，不断提高业务的胜任能力。

参考文献

［1］　刘乃强 . 怎样搞好单位内部的审计管理［J］. 会计文苑，2005（6）.
［2］　胡钰 . 推进科技与经济结合的战略思考［N］. 科技日报，2011-06-25.

行政事业单位固定资产管理存在的问题及对策

董天勇

（辽宁省农业科学院　辽宁沈阳　110161）

【摘　要】由于固定资产在行政事业单位资产总额中一般都占有较大的比例，对确保资产安全、完整意义重大。传统的固定资产管理模式无论从质量上还是效率上，都难以适应经营管理新形式的需要。因此，寻找一种简便、高效的管理手段成为必然。财政部对固定资产的管理十分重视。近几年来，审计机关在审计中发现行政事业单位固定资产管理中普遍存在一些问题，应当引起有关部门的高度重视。

【关键词】行政事业单位；固定资产；特征；管理；对策

　　行政事业单位的固定资产是指行政单位占有或者使用的单位价值在规定标准以上，使用年限在一年以上，并在使用过程中基本保持原有物质形态的资产。单位价值虽然未达到规定标准，但使用时间在一年以上的大批同类物资，按固定资产进行管理、核算。

　　固定资产的基本特征：

① 资金来源以财政拨款为主；

② 无自我补偿机制；

③ 范围不断调整；

④ 种类不断增多、固定资产比重大；

⑤ 福利功能强。

　　行政事业单位固定资产的管理，就是利用价值形式，对固定资产的购置、使用、调拨、报废、出售等方面进行控制监督和考核，提高使用效率。加强行政事业单位固定资产管理，充分发挥固定资产的效能，保证行政任务的完成和事业计划的实现，保护国家财产的安全。

一、固定资产管理的特点

固定资产管理是一项复杂的组织工作，涉及基建部门、财务部门、后勤部门等，必须由这些部门联手参与管理。同时固定资产管理是一项技术性较强的工作，固定资产管理应配备有工作责任心、工作能力强、懂业务、会计算机操作、勤劳肯干的专职人员。固定资产管理一旦失控，所造成的损失将远远超过一般的商品存货等流动资产。

二、行政事业单位固定资产管理中存在的问题

《行政事业单位国有资产管理办法》颁布以来，我国行政事业单位固定资产管理工作逐步规范，管理效率明显提高，但在具体工作中仍存在一些突出问题。

1. 固定资产内部管理及外部监督制度不健全，资产管理责任不明确

一是内部管理制度不够健全。在平时的财务管理中，多数行政事业单位只注重对有严格的财务开支制度规定的单位公用经费的管理，对固定资产管理的制度和规定不够健全，只重视购置，不重视日常管理，缺少固定资产实物登记账或台账；资产领用及保管没有记录，手续不完备，造成固定资产管理责任不明确。

二是外部监督机制不健全，监督力度不够。根据固定资产管理制度要求，政府相关部门应该对造成固定资产违规现象的责任人进行处罚。由于管理未得到彻底落实，保管固定资产的负责人责任意识薄弱，对固定资产的管理工作就会不重视，产生更多的违规事件。

2. 资产管理不规范

现行资产管理制度明确规定管理和使用单位应如实对固定资产登记入账，做到账账相符。在实际管理中，不少行政事业单位资产管理不规范，主要表现在以下几个方面。

一是账卡管理制度不健全，有的甚至没有固定资产明细账和资产卡片，购置固定资产时只列支费用，不记固定资产账，还有的账面只反映固定资产总值，没有记载明细资产的实物数量及价值，账面资产总值失去了对实物的控制。

二是固定资产登记不规范。账目建立不全面，对上级调拨、捐赠的资产存在多登、漏登现象。

三是固定资产不入账，造成"有物无账"。许多单位投资建办公楼、车库、购置车辆等，不入固定资产账。有的单位基建工程投入使用后，迟迟不做工程决算，财会人员不按有关规定对新建的固定资产估价入固定资产账。

四是账外资产现象普遍。一些单位对购置的符合固定资产标准但价值较小的桌

椅板凳、图书、陈列品等或上级拨付的资产，不入固定资产账，形成账外资产。

3. 政府采购法对固定资产购置的制约力度不够

行政事业单位在使用财政性资金采购政府采购法集中采购目录以内的或者采购限额标准以上的固定资产的实际操作中，仍存在一些漏洞。

一是在谈判小组的选择、标书的撰写等环节中可能存在人为的倾向性。

二是政府采购人员及相关人员与供应商有利害关系的应当自行回避，但在政府采购法中的规定力度不够。

三是部分单位私下交易，暗箱操作，搞"人情采购"。有的刻意"化整为零"，分解采购规模，规避政府采购。

四是资产购置存在漏洞。尤其是行政事业单位在使用财政性资金，采购目录以内的或者采购限额标准以上的固定资产时仍存在一些漏洞。盲目采购、攀比采购、重复购置等现象在个别地方比较突出。这些问题的存在造成了固定资产违规购置、采购成本增加，在社会上造成了不良影响。

4. 固定资产长期被隐瞒、借用、侵占

由于种种原因，有些单位主动或被动地向对方提供实物，如行业性管理单位、行政隶属关系、权力机关单位，有的上下连动，表现为赠送、侵占、借用对方的固定资产，诸如轿车、空调、电脑等，这些资产以各种名义长期被单位和个人借用、侵占，有的是对个人的变相行贿、受贿，逃避了监督。

5. 不按规定提取修购基金

为保证行政事业单位固定资产更新和维护有一个相对稳定的资金来源，有关制度规定：应按事业收入和经营收入的一定比例来提取修购基金。而大多数行政事业单位为了省事，根本不提取修购基金，购置固定资产，不论何种资金来源，都是借记"事业支出"科目，支付费用时也直接列支"事业支出"科目。造成固定资产增加盲目无序，资产减少没有手续，资产猛增猛减，极不平衡。

三、行政事业单位固定资产管理存在问题的原因

固定资产管理工作中存在的问题，既有体制机制的原因，也有管理过程中的缺陷，是综合因素影响的结果。

1. 管理机制仍不完善

资产形成和配置过程中的管理和约束机制不健全，导致人为因素过多，没有形成透明、规范、高效的政府采购制度。资产使用缺乏规范的管理制度和管理手段，造成管理滞后、浪费严重。资产处置缺乏规范的处置程序和监管措施，致使随意处置、随意核销的情况屡禁不止，资产流失、资产浪费的问题较为普遍。现行的会计制度漏洞较多，亟待完善，如会计制度中规定，行政事业单位的固定资

产均不计提折旧，这使得资产负债表反映不出固定资产的磨损程度，随着时间的推移，固定资产的账面价值与实际价值背离的程度越来越大，形成资产总量的虚增。监管制度不完善，约束力度不足，尚未形成高效的管理体系和完善的责任追究制度，既难以及时地发现问题，也难以有效地查处违规违纪。

2. 人员因素

多数行政事业单位国有资产管理都是由财会机构兼管，由于专业的限制，管得很不到位，财务人员不太了解固定资产的属性，这限制了固定资产管理制度的完善和管理效果的提高。另外有部分财务人员业务素质不高，对部分物品是否应记入固定资产难以区分。如部分单位大规模购入图书，进行图书室建设，对所购图书没有归入固定资产核算。

3. 管理过程亟待规范

相关部门的监管工作仍有待加强，监管内容应更加全面，监管程序应更加规范，监管过程应更加透明。社会化监督工作亟待开展，单一的垂直化部门监管存在较多弊病，社会化监督是一种有益的补充和完善。全社会的认识有待提高。必须克服重钱轻物、重购轻管的倾向，提高行政事业单位领导的认识程度，规范和强化各项内部管理制度。

四、加强固定资产管理的对策

1. 严格遵守法律法规，牢固树立依法管理国有资产的意识

各级行政事业单位应当严格遵守并规范执行国家有关的法律法规，固定资产的购置应坚决执行政府采购制度，节约使用国家资金，固定资产报废、调拨、变卖，坚持按规定程序申报、审批。提高管理人员的法治意识，明确落实资产的管理责任，增强并牢固树立依法管理国有资产的意识。

2. 提高加强固定资产管理工作的自觉性，加大领导重视力度

对固定资产管理单位主要领导为全面责任人、分管领导责任人、使用部门负责人为直接责任人的三级管理责任制。明确有关责任人的职责范围，定期考核责任履行情况。并对行政事业单位国有资产管理作为组织部门考核领导干部政绩的一项重要内容，促使各单位"一把手"充分认识到管好用好国有资产的重要性，建立健全并严格执行固定资产购建、保管、使用、维护和盘存等制度。把国有资产管理作为一项重要内容，列入本单位工作目标。

3. 消除固定资产管理工作的深层次障碍建立行政事业单位固定资产折旧制度

由于现行总预算会计核算着重反映的是体现预算执行情况和结果的资金流入和流出。而对于财政支出所形成的资产和投资权益得不到反映，从而导致固定资

产管理方面存在薄弱环节。为此，可分别对行政单位和事业单位采取不同的处理方法，行政单位可采取虚拟折旧的方法反映固定资产的新旧程度，定期上报明细表；事业单位可采用按原值和预计使用年限计提折旧的方法，既能真实反映事业单位的固定资产净值，也有利于事业单位进行成本核算。

4. 建立系统、透明、规范的管理体系

加强固定资产的盘点，各单位固定资产的盘点一般采用定期盘点的形式，一年一次，这远远不够。提倡单位领导人上任时必须进行固定资产的盘点，让主要领导人对单位的固定资产有一个大概的了解，同时在调离时，也必须进行固定资产的盘点，这样可以将单位领导在任职期限内的固定资产变动情况及时掌握，为领导干部考核提供参考数据。

5. 从监管和执法入手，将问题消灭于萌芽状态

应大力加强执法检查和监督力度，国有资产管理部门和经济监督部门要把行政事业单位固定资产的真实完整和保值增值作为监督的重点，及时发现问题、分析问题、解决问题。促进行政事业单位强化内部管理，建立健全固定资产管理的内控制度，固定资产的采购和出入库应由不同的人来担任。不能出现一人兼任数职的情况。要组织专门人员对固定资产进行定期或不定期的清查。对盘盈、盘亏、报废、损毁固定资产要查明原因，视不同情况分别进行处理。要依据清查中出现的问题，不断修改和完善固定资产管理的各项内控制度。

6. 加强内部审计监督，完善行政事业单位内部控制结构

内部审计行政事业单位内部控制中具有重要作用，要发挥内部审计的作用，首先要提高内部审计的地位，保证其独立于其他职能部门，以确保独立性和权威性，建立完善的内部控制制度，正确处理单位与国家利益之间的关系，单位领导人要积极带头遵守财经纪律和财务制度，自觉服从监督，同时帮助审计人员克服困难，排除监督的干扰和压力，从而达到保护单位财产的完整，保证财务信息真实的目的。

7. 加强会计人员业务培训，提高业务素质，规范账务处理

会计人员要加强业务培训和学习，不断提高业务素质；坚持会计人员持证上岗，杜绝无证上岗现象；严格执行有关财经法规，规范和完善账务处理，做好固定资产管理的基础工作，保证账账相符、账实相符。

要加强会计人员的业务培训，提高其专业技能，注重在职会计人员的后续教育，帮助会计人员更新会计知识，熟悉会计处理程序和核算办法，精通会计法规和会计制度，准确判断会计事项。新会计制度的重要特点之一，就是强调会计职业判断，恰当进行会计处理；同时加强计算机及其他相关学科知识的培训，使财会工作由单纯核算型向企业的管理型转变，使会计人员素质适应建立现代企业制度和与国际接轨的需要。所以提高会计人员和审计人员的从业素质是提高我国会

计信息质量的一个重要条件。

8. 加强信息化建设

会计信息系统在信息技术的推动下必将从封闭走向开放、从桌面走向网络。办公自动化系统的构建和应用能及时、迅速地获取单位管理运行及实时变动的情况，使各部门之间协调配合，进行办公业务操作处理，做到有效地处理和利用信息。固定资产管理软件模块通常仅在财务部门进行核算，为核算型软件，但随着社会发展与科技进步导致会计信息系统向财务业务集成阶段发展。在财务工作中固定资产管理软件的主要功能为核算资产数据，包括财产登记、登记财产卡片、财产单据、生成资产凭证、资产账簿等。而财产采购、财产处置、安全控制及财产登记中的验收登记，领用登记等数据在财务软件中很难连贯地反映出来，而在整个固定资产管理中会涉及单位所有人员。所以，必须使办公自动化系统与财务固定资产管理软件相结合，才能使各类数据资源实现共享，从而大幅度地提高财务部门的数据管理能力和运用效率。

9. 定期开展清产核资工作

清产核资，顾名思义，就是要核实国有资产的存量和增量，对资产进行清查，对资金进行核实，做到"家底"清楚，账、卡、物相符，各单位资产管理部门、财务部门应定期对固定资产进行清查盘点，把盘点结果填写固定资产盘点表，对账实不符的，由资产使用部门与管理部门逐笔查明原因，共同编制盘盈、盘亏处理意见。总之，定期开展清产核资，可以明晰各类资产特别是经营性资产产权，有利于推动行政事业单位国有资产的优化配置，促进闲置资产的有效利用。

依法加强国有资产监督管理，是贯彻落实科学发展观，促进国民经济又好又快发展，实现国有资产保值增值的重要保证，对行政事业单位固定资产进行科学管理，有助于政府提高为民理财的能力和国有资产管理体制的完善，有助于财政资金的合理使用和服务型、节约型政府的建设。因此，要进一步提高思想认识，加强组织领导，大力气抓好资产管理，不断改革创新，加强监督检查，切实提高行政事业单位国有资产管理水平。

浅析财务集中核算

赵友莉

（辽宁省农业科学院财务处　辽宁沈阳　110161）

【摘　要】财务集中核算是指财务部门在单位资金所有权、使用权和财务自主权不变的前提下，撤销单位账户，取消单位财务机构和财务人员，实施报账员制度。集中核算又称为一级核算，融财务核算、监督、管理、服务为一体，设立财务统一管理核算账户，实行财务资金分户核算，以统一核算为手段、集中资金为基础、加强财政资金收支管理为目标的一种新型财务管理模式，对提高财政理财能力、规范财务行为、加强财务监督都有十分重要的意义。

【关键词】财务；集中核算；监督职能；管理职能

一、集中核算的基本做法

（1）实行财务集中核算后，财务业务决策者（单位领导）与执行者（财务人员）分离，财务人员的人事权、考核权等从单位分离出来，会计业务由各单位的内部处理变为财务部门集中处理，增强了财务核算与财务监督的独立性，使《中华人民共和国会计法》得到了更好的贯彻执行。

（2）实行财务集中核算后，由过去的财务分散于各单位核算，转变为财务集中核算，一项会计业务的处理，要经过单位的经手人、证明人、主管领导、财务审批人、报账员、财务部门的审核会计、记账会计和财务主管等多个环节，对数额较大的还要经过财务主管领导审批。整个业务处理过程是在"一站式办公，柜组式作业"的运作方式下进行，知情范围扩大，会计业务处理过程公开。

（3）实行财务集中核算后，财务审批职能由单位行使；财务监督职能由财务核算部门行使，审批责任人和实际操作人分离，财务审批与财务监督分离，形成双重制约机制，既符合财务制度的财务审批又符合会计规范制度的会计监督。

（4）实行财务集中核算后，财务档案由财务核算中心处理并保存、编目、立卷、归档。财务资料的存放管理与单位分离，进一步健全了监督制约机制。

（5）实行财务集中核算后，进一步拓展财务软件管理功能，来适应目前固定资产管理的需要。各单位在资产增加时，首先要办理政府采购的相关事宜，之后进行资产的采购。取得购入资产的原始发票后，在各单位的固定资产财务软件管理系统中对资产的基础信息等资料做以详细登记，财务部门可通过内部局域网直接获取此信息，自动生成固定资产明细账，进行固定资产的账务处理，据此财务部门能全面掌握了解各单位资产的变动情况，便于资产的管理，为日后的资产清查、盘点提供了第一手资料。

二、集中核算的优势及作用

（1）实行财务集中核算后，财务人员和财务主体彻底分离，有利于内部监控制度的严格执行，能有效地遏制会计信息失真、财务秩序混乱等问题，财务人员严格按照财务规范化的要求进行账务处理，对财务资料的真实性、合法性进行大胆监督，大大提高了财务信息质量。在处理报销和结算业务时，各单位的报账员须持有效票据到核算中心报销结算，原始凭证须经过严格的审核方可账务处理并据此支付。在审核过程中，不受原单位领导的人为干预，避免了恶意财务处理现象的发生，从制度上和运作程序上规范了会计行为。

（2）实行财务集中核算后，财务核算账户统一管理，财务资金分户核算，有效解决了财务部门资金调度紧张的问题，增强了宏观调控能力，使资金调度更加切合实际，防止资金固有、自封在某一部门，有效提高资金使用效益，从根本上改变资金管理分散，各支出单位多头开户、重复开户的混乱局面。

（3）实行财务集中核算后，有利于加强财务监督，从源头上防范各单位资金使用过程中可能发生的违规行为，虽然各单位财务收支等经济事项责权不变，但失去了直接控制和使用资金的权利，所有收支通过财务部门一个账户结算，财务部门有权对各单位的收支事项和凭证进行合理性、合法性审查，对不合规的原始凭证，可以要求有关单位纠正或补办手续，杜绝不合理的支出，从而有效地阻止单位资金在使用过程中违规违法行为的发生。

（4）实行财务集中核算后，保证政府采购工作的完善及执行，为政府采购的纵深发展提供了空间，凡规定纳入政府采购的物品，使用单位不履行相关手续的，财务部门将予以拒付；凡部门预算中没有纳入的采购项目，单位自行办理的，也不予报销，使政府采购真正实现了采购权、物品使用权的管理分离。

（5）实行财务集中核算后，为编制部门预决算提供可靠、翔实的基础资料，并能促使单位严格按照编制的预算执行。财务部门在集中、统一、高效的核算体制下，通过对各单位全部经济活动中每笔财务事项合规性的核报，对单位开支标准、部门预算等多种财经政策执行情况实施监督，对单位财务全方位和全过程的管理，保证每笔资金按预算、按项目使用，便于资金统筹安排，有助于部门预算的编制和执行。

（6）实行财务集中核算后，统一了预决算口径，保证了预决算填报质量。在没有实行财务集中核算之前，每年到预算、决算编报时会出现五花八门的情况，财务集中核算后统一安排部署、规范财务操作，特别是所有的数据、财务信息资料都实现了全过程监督，做到了事前预防、事中控制和事后问效，保证了预决算资料的完整、真实，保证了预决算质量，节省了人力和物力，加快了预决算的速度。

（7）实行财务集中核算后，加强了财务基础工作，提高了财务信息质量，规范了财务工作秩序，保证了《中华人民共和国会计法》的贯彻执行。集中核算前各单位的财务人员业务水平参差不齐，造成会计业务工作不规范，财务法律、准则不能得到贯彻执行。实行财务集中核算后，调配一些业务素质较高的专职财务人员，并运用财务电算化系统，严格按照国家统一财务制度核算，从而大大提高了财务工作质量和工作效率，保证了财务资料的真实性、完整性和统一性。

三、集中核算需要处理好的问题

（1）集中核算后，报账员是联系财务部门与各单位的枢纽，责任会计负责把各单位的经济事项具体而系统地反映出来，每位责任会计负责多个部门的账务核算工作，与各单位的沟通、会计业务的处理、财务信息反馈等都是由报账员来传递，这就要求报账员对本单位经济业务情况、项目的支出标准以及相关财务知识等有所了解。目前财务部门工作人员较少，工作量较大，如果报账员不熟悉财务知识，不了解相关法律法规和规章制度，对财务工作的严肃性缺乏认识，对本单位经济业务把关能力不足，单位的财务管理水平会大大降低。如一个部门报账员频繁更换，对相关的业务范围、报账流程等不熟悉，责任会计就要反复告知、指导、解释，避免给资金使用者带来不便或造成误解，这样就加大了责任会计的工作量，影响了稽核制单效率，也会给资金管理带来许多不利因素。只有加强对报账员的业务技能和理论水平的培训，使其掌握所需的知识，才能真正起到枢纽作用，才有利于财务工作的开展。

（2）集中核算后，资金使用单位配合不力，财务部门对各单位资金的使用把关较为困难，灵活性与原则性的尺度较难把握，只有通过报账员了解相关事项，经过分析进行相应的账务处理。财务部门不能系统、全面反映各单位的资金全貌，不能了解财务活动的真实情况。财务部门作为"局外人"，对一些单位的经济活动不甚明了，而这些单位的报账员忽视财务管理，只留于报账形式，未能切实履行应负职责，对某些特殊资金运行不讲清说明，致使账务处理困难，留下账务漏洞，影响了财务工作的质量。为了保证会计业务的真实、合理，财务部门应更好地履行监督职能，加强与各核算单位的联系，掌握各单位正常业务活动情况，参与核算单位的预算编制，听取单位的意见和建议，不定期组织各单位的资金使用者、报账员、财务人员进行沟通和学习，促进资金使用部门与资金管理部门对资金的使用和管理达成共识，最大限度地避免在核算业务处理判断上的误区。

（3）集中核算后，财务主体及责任的定位不明确，认识不统一。不少单位负责人认为本单位未设财务机构及会计人员，不再履行会计职责，对财务管理工作不再重视。财务集中核算实质是在为单位记账，只对原始票据的真实性负责，至于相应支出的合法性、合理性则无法保证，单位作为资产的所有者，其财务主体地位没有改变。实行财务集中核算后，财务责任和法律责任的界定不清晰，由于部分单位领导存在着本位思想主义，对实施财务集中核算认识不到位，有的认为财务部门是专职办理财务核算业务，单位拥有资金使用权、财务自主权，资金可以随意支出；有的则认为财务部门争权，削弱了自己部门的权力；还有的认为只是资金支付程序的简单变更，自己落个"甩手掌柜"不用做账的清闲。这些认识制约了财务集中核算的健康发展，尤其有些单位账务无法处理时，采取行政领导干预等手段，影响了财务核算的独立正常运作。

（4）集中核算后，缺乏规范的预算管理基础，目前纳入集中核算管理的单位在实行部门预算规范化方面尚有差距，在支出方面随意性仍然存在，预算对支出的控制和约束非常薄弱，因此，预算执行不力的矛盾仍然相当突出。专项资金是专门用于指定项目的资金，各单位经费不同程度缺乏，有些单位、部门以各种名义挤占挪用专项资金，造成专项资金不能专款专用。当务之急是必须采取切实可行的监督办法，扩大核算监督范围，将所有专项资金纳入集中核算，严格按预算审核执行。

（5）集中核算后，财务核算与财产物资管理相脱节，财务集中核算只将记账、算账、报账等工作进行了集中，而实物、资产、合同等资料分散在各单位，造成财务管理职能难以深入，虽然强化了财务核算职能和监督职能，但弱化了财务管理职能。财务部门根据票据账务处理，而资产仍由各单位保管、使用，财务部门未参与资产管理很容易造成账实不符，资产流失，因此应建立健全资产管理制度，定期与核算单位对账，做到账账相符，账实相符，确保国有资产管理的安全和完整。

（6）集中核算后，财务档案查阅不便。过去的财务资料在各单位保管，如今会计凭证等资料在财务部门统一保管，一些跨年度财务资料在档案室保存，各单位经常会遇到一些需要查阅原始凭证的情况，查阅时需要开具证明，单位查阅人员不了解账务处理情况，需财务会计同往查阅。在项目验收或审计部门查账时，财务会计负责财务方面的有关事项配合，具体经济业务来龙去脉又需单位的具体办事人员说明，致使资金使用、资金核算、财务决策等方面不够衔接，责任界定不够清晰明朗。

（7）集中核算后，其大厅式的工作模式造成了财务核算与财务管理的分离。财务核算远离原始凭证记载事项的发生环境和地点，难以对单位经济活动进行直接、及时、全方位的监督。发票及经济内容真实与否难以查实，财务信息质量难以真正意义提高，单位内部监督机制被弱化，过去各单位有本部门的会计、出纳在处理经济业务时相互制约，现在各单位相对过去的独立核算而言财务知情范围缩小。财务部门进行账务处理时，对事件也作了相关的询问，对票据也履行了审核和监督职能，但财务人员置身经济事件之外，处理具体经济事项时不好掌控，不利于财务监督管理。目前相关法律法规尚不健全，相应条款只是原则性的，操作性不强，有待尽早出台一些切实可行的相关政策。

四、对集中核算的几点建议

1. 统一思想，提高认识

财务集中核算改革面广，必然触及各方面利益，也会遇到一定的阻力。要宣传财务集中核算的重要意义，更要加大财政形势、财经法规政策和《中华人民共和国会计法》的宣传，转变各单位"甩手掌柜"的错误思想，使其真正认识到：单位行政领导仍是单位财务行为的责任主体，要对单位的财务行为负法律责任。更要努力提高财务人员的服务水平，将监管寓于服务中，加强沟通联系，理顺与各单位之间的关系。只有统一思想，提高认识，各单位才能理解、配合和支持财务集中核算工作，使集中核算工作更深入、更全面的开展。

2. 强化监督，实现从单纯核算服务型向监督管理型转变

财务会计要对各核算单位负责，认真做好日常财务核算，及时提供真实完整的财务信息，严格按照财经纪律办事，掌握单位正常的经济活动情况，参与单位的经济决策和预算编制，听取单位建议和意见，避免核算业务判断上的误区。更新监督理念，重视社会监督作用，鼓励财务人员提供优质高效的服务，在服务上狠下工夫，做到监督与服务的统一，使财务人员从忙碌的报账和记账事务中解脱出来，更好地履行财务审核和监督职能。

3. 明确核算单位所负有的国有资产管理职责

财务集中核算后，各单位往往因为财务核算工作的移交而忽略了自身所负有的资产管理职责。所以明确单位的资产管理职责尤为重要，在日常工作中要加大国有资产法规制度的宣传，引起各级领导的重视和支持。对资产要实行动态管理，资产增加时属于政府采购范围的，必须及时办理政府采购相关的手续，在报

账时，除了具备真实、合法的原始票据外，还要附有政府采购审批手续、合同以及验收报告等资料；并运用固定资产财务软件管理系统，对资产的基础信息等资料进行详细登记，属于资产调拨的，必须要有资产调拨转移手续，对于资产的报废、毁损等情况，要督促各单位及时办理资产的报废处理手续，及时将批复结果报送财务部门进行账务处理，做好资产核算和资产增减变动工作的衔接。

4. 规范制度建设，推进部门预算改革

要不断改进和完善财务集中核算运行机制，建立一套科学的预算管理体系。财务部门接受支付申请的依据是单位的预算指标，没有预算指标或超预算指标的支付申请，财务部门有权予以拒绝，从而起到强化预算管理的作用。要规范专项资金的管理，首先应加强专项资金的跟踪问效，建立层层负责的责任追究制。这就要求部门预算的编制要细化，要细化到每个部门及每个项目，要按支出类别和性质编制项目预算指标，根据细编的预算指标办理资金支付。

5. 提高财务人员素质

财务集中核算后，对核算单位的监督由过去的事后监督变成了事前、事中、事后全过程的监督，这就要求财务人员必须具有较高业务素质，不仅要加强对财政法规的学习，更要熟练地掌握和运用，善于从日常工作和生活中了解掌握核算单位的财务收支情况，及时敏锐地发现核算单位财务收支存在的问题，帮助核算单位提出合理化建议。转变会计职能，从核算型向管理型转变，目前财务核算的日常工作是资金支付和会计核算，如果将财务核算部门仅仅作为一个记账机构是远远不够的，必须加强资金使用的事前控制，在资金使用前应确定是否应该支付、如何支付，而不能在支付后才来明确，彻底扭转将财务部门视作单纯的核算机构的观念。

尽管目前实行财务集中核算还存在一些问题，但在加强财政资金收支管理、改变财务核算方式、预算执行情况控制等方面都已显示出财务集中核算制的优越性，是一项成功的财务管理方式。目前财务部门的主要任务就是明确工作重点和地位，转变工作职能，正确处理单位财务管理与财务核算的关系，不断推进财务集中核算制的改革和完善。

参考文献

[1] 郝远新. 事业单位运行财务集中核算存在的问题与完善 [J]. 审计与理财, 2010 (9).

[2] 翟胜宝. 乡镇会计集中核算探讨 [J]. 合作经济与科技, 2006 (1).

[3] 靳学伟. 对完善行政事业单位财务集中核算问题的思考 [J]. 辽宁经济, 2007 (11).

[4] 陈淑华. 完善行政事业单位财务集中核算制的建议 [J]. 财会通讯综合版, 2007 (1).

[5] 魏学亮. 会计集中核算模式下如何加强资产管理 [J]. 会计之友, 2006 (1).

农业科研单位固定资产管理存在的问题和对策

周爱群

（辽宁省农业科学院财务处　辽宁沈阳　110161）

【摘　要】本文对现行的农业科研单位固定资产管理中存在的问题进行了分析，并提出了相应的解决对策及建议。

【关键词】固定资产管理；问题；对策

农业科研单位的固定资产是保证科研、推广、后勤等一系列工作顺利开展的物质基础，也是衡量农业科学研究规模和研究水平的重要指标之一。管好用好固定资产，对于充分发挥固定资产的效能，确保科研任务的完成和国家财产的安全完整、保值增值具有重要作用。然而，目前农业科研单位的固定资产管理现状却不容乐观，相对于部门预算、政府采购、国库集中收付为核心内容的财政改革，固定资产管理相对滞后，管理还十分薄弱，存在许多问题，因此，加强农业科研单位固定资产管理，保证固定资产的安全与完整，合理、有效地使用固定资产，分析存在的问题，探讨解决问题的办法势在必行。下面就固定资产管理存在的问题及建立新型的农业科研单位固定资产管理模式谈谈一些粗浅的看法。

一、农业科研单位固定资产管理的现状

1. 涉及的范围较宽

农业科研单位的固定资产是指使用年限在一年以上，单位价值在 500 元以上，专用设备 800 元以上，并在使用过程中基本保持原来物质形态的资产。单位价值虽然未达到规定标准，但耐用时间在一年以上的大批同类资产，也作为固定资产进行管理，因此涉及的范围较宽。

2. 固定资产总额逐年大幅度增加

目前农业科研单位的固定资产总额每年都呈增加的趋势，这也为管理提出了更高的要求。

3. 固定资产分布不均，人均占有额的差别较大

农业科研单位各部门之间固定资产的分布不均，人均占有额的差别较大。有的部门固定资产超编超标现象严重，而有的部门则固定资产严重不足。

4. 以收付实现制为基础进行固定资产核算

（1）对固定资产不计提折旧，没有反映经济资源价值的真实变化情况。

（2）不能反映对外转出的固定资产原始价值与评估确认价值或合同协议确认价值之间的差额。

（3）基建工程发生的建设成本支出，不作为单位固定资产支出进行核算，只有在项目完工并交付使用后才增加固定资产。

二、农业科研单位固定资产管理中存在的问题

1. 固定资产管理制度不健全

（1）忽视固定资产的日常管理，缺乏规范、健全的购置、验收、保管、使用等管理制度和固定资产定期清查制度。

（2）大型仪器设备没有完善的使用、维护保养登记制度。

2. 固定资产管理意识淡薄

对固定资产管理工作的重要性缺乏正确的认识，"重钱轻物""重使用轻管理"，往往注重资产的购置，轻资产的使用、余缺调剂和资源的优化配置。虽然主管部门制订了完整的、系统的固定资产管理制度，但是不少单位不能很好地贯彻落实，造成家底不清，固定资产制度执行不力，责任不明确，以致固定资产流失严重，难以保证固定资产的安全和完整。

3. 固定资产管理不规范

（1）固定资产处置不规范。固定资产处置随意性大，不办理审批手续擅自处理固定资产。没有按照国家的有关规定办理固定资产调拨（转让）和报废审批手续，不进行资产评估，人为造成单位固定资产流失。

（2）大型仪器设备的使用、管理不规范。没有建立大型仪器设备档案以及使用、维护、保养登记制度。

（3）没有很好地对固定资产从购置、使用到处置各个环节的管理活动进行约束，造成盲目购置资产，擅自利用资产对外投资、出租、出借或提供担保，随意处置固定资产的行为时有发生。

4. 固定资产配置不合理，固定资产使用效率低

（1）资产配置标准体系不完善，缺乏统一的配置标准，在编制部门预算和配置资产时，缺乏科学的参考依据，无法做到科学、合理，影响了资源的配置效率。

（2）资产管理与配置管理脱节，管配置的人员不掌握资产的存量情况，管资产的人员不了解资产的配置情况，信息不对称，不能科学实现预算管理与固定资产管理的有机结合，固定资产存在盲目购置、重复购置的现象，造成资产闲置，利用率低。

（3）对长期不能使用的固定资产、报废的固定资产，没有进行及时清理，处于闲置状态，管理部门对超标和闲置资产以及更新下来的有利用价值的仪器设备没有进行余缺调剂和资源优化配置，导致大量闲置资产得不到充分有效的利用，损失浪费严重。

（4）固定资产在使用过程中缺乏规范化管理，导致固定资产利用率不高。

5. 固定资产管理和预算管理缺乏有机结合

（1）固定资产购置经费的安排与现有固定资产存量状况脱钩。由于主管部门、事业单位内部各单位之间资产信息不对称，致使预算安排不科学，资产重复购置、超实际需求购置，财政预算资金没有得到充分、有效的利用。

（2）对固定资产配置相关的预算执行情况缺乏有效的跟踪监督。部分单位不按预算规定的用途和标准配置资产，巧立名目，挪作他用。

（3）固定资产收益的管理不到位。一些单位隐匿固定资产处置收入、对外投资收益、出租收入，形成单位的"小金库"。

（4）固定资产日常维护、消耗费用的安排与单位占有固定资产实物量相脱节，预算不够科学。

6. 固定资产核算不能真实反映固定资产的客观价值

（1）固定资产的计价不准确。

① 固定资产入账价值不完整，设备购置往往不包括运输、装卸、安装等费用。

② 改建、扩建建筑物所发生的增值费用，也不计入相应的固定资产价值中。

③ 竣工决算之前发生的固定资产借款利息及有关费用不计入固定资产原值。

（2）固定资产不计提折旧。这种核算方式随着时间的推移，固定资产原值与现时净值之间相差越来越大，不能反映固定资产的客观价值。

三、建立新型的农业科研单位固定资产管理模式

农业科研单位固定资产管理新模式就是建立适应科学发展和公共财政要求的，有健全的固定资产管理制度保障，先进的固定资产管理信息系统支持，实现固定资产的有效管理，建立有效、公正的固定资产监督体系，具体内容如下。

1. 健全、完善的固定资产管理体制

新的农业科研单位固定资产管理模式必须要有健全、完善的固定资产管理体

制作为保障，分级管理。财政部门对农业科研单位固定资产进行宏观管理；主管部门负责对所属单位固定资产实施监督管理；农业科研单位对本单位占有使用的固定资产实施具体管理。

2. 先进的农业科研单位固定资产管理信息系统

先进的固定资产管理模式，应以科学、合理的固定资产管理信息系统为依托，实现固定资产的信息化管理，对固定资产实现动态管理，满足日常固定资产管理的要求，极大地提高工作效率，为编制预算、主管部门和财政部门审核预算，建立事业单位固定资产的共享机制提供强大的信息支持。

3. 坚持资产管理与预算管理的有机结合，实现单位固定资产的有效管理

农业科研单位固定资产管理目标是保证固定资产的安全、完整、合理配置和有效使用，提高固定资产和财政资金的使用效率，降低事业运行成本，具体是要做到固定资产产权清晰、配置科学、使用合理、处置规范、监督公正。

四、实现农业科研单位国有资产管理目标模式的途径

结合当前农业科研单位固定资产管理中存在的问题，以及新形势下对农业科研单位固定资产管理体制的新型模式要求，实现固定资产管理与预算管理、财务管理相结合，实物管理与价值管理相结合的事业单位固定资产管理的目标模式，要从以下几个方面着手。

1. 逐步建立健全固定资产管理体制

按照建立固定资产管理目标模式的要求，根据固定资产管理工作的实际需要，逐步建立和完善固定资产管理体制。

（1）根据国家及财政部门的有关资产管理规定，制订出符合本部门的资产配置、验收、使用、处置、评估、收入管理等一系列配套制度，细化各个环节的管理，逐步完善农业科研单位固定资产管理的制度体系，促使固定资产管理的制度化、规范化、科学化。

（2）加强大型仪器设备的使用管理，建立健全实验室管理制度及仪器设备操作规程，实行岗位责任制，配备专业技术人员进行管理和操作，认真做好大型仪器设备的日常使用记录、维护保养及技术档案工作，最大限度地提高大型仪器设备的使用效率。

（3）建立固定资产责任追究制度。固定资产管理部门要加强监督检查，加大处罚力度，责任落实到人，单位"一把手"负总责。

（4）建立固定资产调剂制度。对闲置、超标固定资产在管理范围内进行调剂，优化资源配置，充分发挥固定资产的使用效益。

2. 科学制订固定资产配置标准及绩效评价机制

（1）加强固定资产管理，更好地促进固定资产与预算的结合。农业科研单位根据财政部门和主管部门的相关资产配置标准及定额，结合本单位实际，制订相应的配置标准及其相应的标准费用定额、财政预算定额，提高预算分配的公平性和资产配置的合理性。

（2）建立有效评价机制，开展固定资产配置的合理性和安全完整性的绩效评价，把固定资产的利用效率作为评价、考核部门工作绩效和项目支出绩效的标准之一，把固定资产的完好率和固定资产责任人的业绩挂钩，通过绩效评价，强化固定资产管理，有效地整合事业资源，提高固定资产使用效率，降低事业运行成本。

3. 定期开展事业单位资产清查，完善固定资产管理信息系统，实施动态管理

（1）定期进行固定资产清查，及时掌握固定资产的结构、数量、质量和管理现状，防止固定资产流失。

（2）加强固定资产信息变动的日常管理，真实反映固定资产的使用状况，真正实现固定资产的动态管理，为固定资产管理和预算管理的有机结合提供信息支持，为实现固定资产共享和优化配置创造条件。

4. 建立固定资产集中管理模式和大型仪器设备共享平台，实现资源共享

（1）农业科研单位对所属各部门的固定资产实行集中管理，根据固定资产存量和使用状况统一配置，便于管理部门对固定资产进行宏观调控，发挥固定资产的作用。

（2）建立大型仪器设备资源共享平台，实现资源共享，避免资源浪费。

5. 改进和完善固定资产的核算方法

（1）采用按原值和预计使用年限计提折旧的方法，既能反映事业单位固定资产净值，也有利于进行成本核算。

（2）固定资产计价要完整，固定资产购置期间发生的运费、安装费等计入固定资产原值，使用过程中因改建、扩建以及大型的修缮而发生支出也应计入固定资产价值。

6. 加强固定资产管理队伍建设，提高整体管理水平

（1）加强固定资产管理工作的宣传和教育，进一步提高单位领导和职工的固定资产管理意识，建立健全固定资产管理制度，加强监督检查和指导工作，规范固定资产管理。

（2）加强会计人员业务培训，提高业务素质，规范账务处理，不断提高管理水平，保证固定资产的安全、完整，促进单位固定资产结构、布局的优化。

参考文献

［1］ 张慧琼．从财务管理视角思考行政事业单位固定资产管理改革［J］．行政事业单位资产与财务，2011（1）．

［2］ 农业部财务司．农业部行政事业单位国有资产管理问答［M］．北京：中国农业出版社，2011．

谈农业科研院所代扣代缴个人所得税的筹划

刘亚男

（辽宁省经济作物研究所　辽宁辽阳　111000）

【摘　要】 农业科研院所在税法和政策的允许范围内，对本单位代扣代缴的个人所得税进行纳税筹划，从而降低纳税人税负，合理增加职工的收入。

【关键词】 个人所得税；代扣代缴；筹划

一、个人所得税筹划的必要性

农业科研院所个人所得税筹划，是指单位领导和财务人员在税法和政策允许的范围内，支付给职工的工资、薪金等各项报酬及各种劳务费事先进行合理筹划，以期降低税负，使职工取得更多的收益。

科学地进行个人所得税筹划是为职工谋取福利、为职工创造个人收益、打造和谐的农业科研所的一大措施。

二、个人所得税筹划应遵循的原则

1. 合法原则

合法是进行个人所得税筹划的基础，只有不违背税法的筹划行为，才能称为税务筹划。

2. 事先筹划原则

所谓事先筹划，是指在纳税义务发生之前，对工资、劳务费等个人所得进行事先安排，以达到降低个人所得税的目的。如果事情已经发生，就不存在税务筹划了。

3. 动态原则

个人所得税法律制一直处于不断完善的状态，会不定期地进行修订，这就要求财务人员要不断关注新税法，透彻地学习新税法，及时调整个人所得税筹划方案，以达到新税法的要求。

三、个人所得税筹划的具体项目

（一）用好"四险一金"税收优惠政策筹划

根据个人所得税税法优惠政策规定，企业和个人按照国家或地方政府规定的比例提取并向指定金融机构实际缴付的住房公积金、医疗保险、基本养老保险、失业保险，不计入个人当期的工资、奖金收入，免征个人所得税。财务人员要每年及时调整住房公积金等项目，补发工资时，要考虑到及时调整这些项目，以实现降低税负。

（二）劳务报酬所得税筹划

1. 分次法筹划

税法规定劳务报酬所得每次收入不超过4000元的，减除费用800元；4000元以上的，减除20%的费用，其余额为应纳税所得额。由于劳务报酬是按次计算应纳税额，也就是说纳税人每取得一次劳务报酬收入，就可以扣除一次费用。因此，纳税人员与财务人员应事先进行沟通，通过多次取得收入，多次享受扣除费用，从而达到节税的目的。

例如：某农业科研所支付给外聘专家讲课费、咨询费等，如果可以选择每次报酬不超过800元，这样就可以不用缴纳个人所得税了。

例如：某科研所聘请专家进行咨询服务，共计支付3000元，如果一次性支付，则该代扣代缴个人所得税为$(3000-800)\times20\%=440$元，如果按3个月进行分次支付，那么应代扣代缴个人所得税为$(1000-800)\times20\%\times3=120$元。分3次支付比一次支付少缴个人所得税为$440-120=320$元。

2. 通过劳务报酬与工资薪金进行转化筹划

当支付的劳务报酬较低时，工资薪金所得适用的税率要比劳务报酬所得税率低，这时，可以将劳务报酬所得转化为工资薪金所得，计算个人所得税，以降低税负。例如：某科研所雇用临时工人，这些临时工人比较固定，且一直在该单位工作，如果每月支付一位临时工人的工资为1000元，按劳务报酬所得应代扣代缴个人所得税为$(1000-800)\times20\%=40$元，由于这名临时工人存在长期或连续的雇佣与被雇佣关系，他可以与科研所签订一年以上的劳动合同，则该名工人取得的收入就可以按工资薪金所得缴纳个人所得税，个人所得税缴纳额为0。

应纳税所得额较高时，在可能的情况下将工资薪金所得转化为劳务报酬所得，也可以达到减税的目的。

（三）降低计税收入筹划

将收入转化为费用进行合理降低计税收入是直接节税的有效途径之一，在不违反税法的情况下，可以考虑将农业科研院所职工的一部分收入转化为费用。如差旅费有些单位实行包干制，这就需要交纳个人所得税，如果按实际出差天数报销差旅费，就免缴个人所得税了。也可以给职工报销一些办公用品、手机话费、交通费、培训费、学历学费、职称资格考评费、书报费、劳动保护费等，还可以为职工提供文体活动费。这样既提高了职工的福利待遇，也相当于提高了职工的收入水平，还达到了减税的目的。

（四）稿酬所得税筹划

我国税法规定："稿酬所得，是指个人因其作品以图书、报刊形式出版、发表而取得的所得"；"稿酬所得，以每次出版、发表取得的收入为一次，税率为百分之二十，并按应纳税额减征百分之三十，每次收入不超过四千元的，减除费用八百元；四千元以上的，减除百分之二十的费用，其余额为应纳税所得额"。

1. 将专著改作系列丛书增加减除费用筹划

我国《个人所得税法》规定，个人以图书、报刊方式出版、发表同一作品（文字作品、书画作品、摄影作品以及其他作品），不论出版单位是预付还是分笔支付稿酬，或者加印该作品再付稿酬，均应合并稿酬所得按一次计征个人所得税。由于不同的作品是分开计税，这样纳税人就可以将一本书分成几个部分，以系列丛书的形式出版，则该作品将被认定为几个单独的作品，单独计算税额，以达到节税目的。

2. 利用文章署名的多少影响抵扣费用筹划

从税收筹划的角度出发，单人署名和多人署名存在很大差别。如果一项稿酬所得预计金额较大，就可以考虑利用多人署名进行个人所得税筹划，即改一本书由署一个人名字为署多个人的名字，专家在撰写某项专著的过程中，会有一些人为其提供必要帮助，甚至有的还参与某些内容的编写等，这样就可以署上多人名字达到节税的目的。

例如：某科研所某位专家完成一部著作，预计稿酬3000元，如果以一个署名，则需缴纳个人所得税为

$(3000 - 800) \times 20\% \times (1 - 30\%) = 308$ 元。

如果以3人署名，各得稿费1000元，则需缴纳个人所得税为

$(1000 - 800) \times 20\% \times (1 - 30\%) \times 3 = 84$ 元，节税224元。

农业科研院所应重视个人所得税筹划，充分认识到个人所得税筹划对单位及职工的积极作用，在实际工作中，充分用个人所得税筹划，降低税负，达到科研院所与职工双赢的目的。

参考文献

［1］ 孙中国. 高校教职工个人所得税筹划探析［J］. 财会通讯，2011（2）.

［2］ 肖坚. 谈企业代扣代缴个人所得税的筹划［J］. 交通财会，2009（8）.

［3］ 丰建兰. 浅析学校个人所得税筹划原则［J］. 财会通讯，2010（12）.

浅析农业科研事业单位固定资产管理
存在的问题及解决方法

金海生

（辽宁省经济作物研究所 辽宁辽阳 111000）

【摘 要】农业科研事业单位的固定资产管理普遍存在着诸多问题，如固定资产使用效率不高、资产管理混乱、国有资产流失现象严重等。而固定资产是农业科研事业单位进行工作和业务活动的物质基础，是保证其工作任务和业务计划完成所必需的物质条件，所以，为了保证科研、服务等各项工作的顺利进行，加强农业科研事业单位固定资产管理势在必行。

【关键词】农业科研事业单位；固定资产；管理；问题；解决方法；意识薄弱；管理制度

农业科研事业单位是以执行农业科研项目为主旨，以基础性实用技术为主攻方向，开展科学技术研究和成果推广服务的科学研究机构。固定资产是农业科研事业单位进行工作和业务活动的物质基础，是保证其工作任务和业务计划完成所必需的物质条件。固定资产在事业单位中占的比重很大，可是一直以来，在事业单位普遍存在固定资产投资后没有效益回报，并且不看实际需要而盲目购买，购买后不注重保养，经常损坏，导致资源浪费。同时固定资产管理混乱，只有使用人而无管理者，流失现象也非常严重。为了充分有效地利用固定资产，使之发挥自身更大的价值，必须完善和加强固定资产管理。

一、农业科研事业单位固定资产管理存在的问题

1. 固定资产管理意识薄弱，管理制度不完善，缺乏有效的管理机制

目前，单位领导对固定资产管理意识较为薄弱，没有建立起一套科学、规

范、有效的固定资产管理制度，造成管理混乱，即使建立了制度，也只是"挂在墙上，摆摆样子"，并没有真正地按照管理制度去认真执行，致使固定资产得不到有效的管理和使用。资产使用人随意互换，各部门之间按自己的需要，便将自己所管理和使用的资产直接转给其他部门，而不到资产管理部门去登记变更资产管理人，最后无疑会加大资产清查及管理的难度。另外，单位职工到退休年龄后办理退休或者调出本单位后，没有办理相关资产交接手续，有的职工甚至将资产带走，造成国有资产流失。

2. 固定资产缺乏统一管理，账实不符

农业科研事业单位中没有专门的固定资产管理组织，缺乏统一管理，财务部门只负责资产账务管理，而资产的购买及购买后的存放等都是单位内部其他部门所执行的。在购买资产时所开具的发票，如果不按实际购买的资产准确填写，则有可能造成本应登入固定资产账的票据而没有进行固定资产入账，出现有物无账。固定资产损坏、废弃、借出后，当事人或资产使用人没有及时到财务登记，形成了有账无物。在接受上级部门无偿调入的固定资产，由于各种原因不入账，而形成账外资产，也导致了有物无账，这部分资产更加缺乏管理及约束，有可能造成国有资产的损失。

3. 固定资产验收不负责任

固定资产履约验收不规范，到货后，一般都是购买者凭购货发票到财务部门直接报销，而财务部门检查发票及相关手续合格后，便代表此次采购验收合格，而并没有专门的验收机构去组织实物验收，在使用过程中，由于验收不力，导致资产损毁，直接造成经济损失。

4. 固定资产闲置浪费问题严重，资产使用率低下

资产在各部门内部分散，并且封闭运行，各课题组之间缺乏相互沟通，独自行事，仪器设备得不到共享，使用效率不高。另外，课题的任务方案中，关于经费预算，每年都安排了一定数量的仪器设备采购资金，但由于资金有限，并且为了完成任务，只能按照规定的执行，购买价钱不高、实际使用价值不大的仪器设备。就这样，每年积累了很多低水平、低技术含量的设备，并且长时间闲置不用，加上管理人员疏忽，使得这些资产慢慢腐蚀、老化，造成资产浪费及损失。由于固定资产购置，考虑便利，实惠为主，许多小型仪器设备因科研需要而购置，在科研项目完成后，却作为课题组的资产长期处于闲置状态；而有的大型精密仪器设备的购置，也夹杂了个人主观的因素，购买前缺乏充分、严格的可行性认证，购买后由于技术能力不过关或软件不配套等原因经常发生不能使用或其功能未能充分使用的情况，从而造成资产的闲置与资金的浪费。

5. 缺乏监督，随意处置

由于单位领导对固定资产的报废制度认识不深，对相应的法律法规缺乏学

习，在单位资产损坏后，没有办理报废审批手续，就将资产处置，导致财务年终时无法冲账，并且给将来办理报废审批增加了困难。

6. 违纪违规现象严重

很多可移动并且方便携带的资产，如笔记本电脑、数码相机、数码摄像机等，被个人带回家中使用，很大部分甚至为私人独自占有。个别职工用单位的东西做人情，把资产转借给单位外部人员，更有严重的不顾违反国家法律，将单位的资产私自拿出去变卖，以换取利益，造成国有资产的流失。

二、解决办法

充分发挥农业科研事业单位固定资产的作用，搞好固定资产的管理，保证农业科研事业单位各项工作任务的完成，加强农业科研事业单位固定资产管理势在必行。

1. 提高思想认识，建立健全固定资产管理制度

提高思想认识，是加强农业科研事业单位固定资产管理的前提条件。首先要提高单位负责人加强固定资产管理的意识，使其高度重视固定资产管理工作，将固定资产管理的责任落实到有关部门和个人。其次要提高全体职工对固定资产管理的意识，形成从领导到职工都重视固定资产管理的良好氛围。并根据"统一政策、统一领导、分级管理、责任到人、物尽其用"的固定资产管理和使用原则，结合本单位的具体特点，建立健全固定资产的计划审批、采购验收、日常登记、保管使用、损失赔偿、资产清查、资产处置等管理制度，在管理中才能做到有章可循、有据可依，才能保证固定资产管理的规范、安全和有效。

2. 提高资产管理人员素质

资产管理人员在加强业务学习的同时，更要注重知识技术的学习，不断提升使用现代信息业务的能力，资产管理工作在这方面的要求也是不容忽视的。资产管理人员除了加强财务会计理论、实务基础知识和固定资产管理知识的培训以外，还应学习和掌握国家和地方出台的新的政策法规，强化理论与实际业务的紧密结合，配套建设单位内部的信息传递和管理系统，保证资产管理工作的科学、有效、便捷。

3. 建立健全固定资产盘点清查制度

各单位应该经常对固定资产进行定期或不定期的清查，每年至少开展一次大规模的固定资产清查。针对单位价值较低，易损易耗或流动频繁的固定资产，不定期抽查，进行现场查看，组织技术鉴定，对需要维护、保养的仪器设备，应及时要求使用管理部门组织人员进行维护，以免影响仪器的使用寿命。

4. 提高资产使用效率

本着"合理、节约、有效"的原则适时进行调剂。对价值较高、专业性较强的仪器设备，在保证本单位使用的基础上，可以为外单位提供有偿使用和服务；对闲置不用的固定资产，可实行统一管理，对外有偿使用，避免资产闲置浪费，从而发挥资产的最大使用价值，并且也给单位带来经济效益，缓解资金上的压力。

5. 建立固定资产管理奖惩制度

对固定资产管理人员，每年要定期检查评比。对认真负责、管理有功的人员要进行表扬和奖励，对管理失职造成损失的，则应予以批评和处罚。应建立固定资产管理成效与个人业绩考核相结合的绩效考核制度，使单位的年终考核与资产管理的效益相结合，从而将固定资产管理工作落到实处。

总之，改革开放以来，特别是"十一五"之后，国家对农业科研事业单位投入了大量的资产，但对固定资产的管理相对滞后，暴露的问题越来越尖锐，普遍存在家底不清、配置不均、资源浪费等问题。根据农业科研事业单位自身的特点，按照市场经济和建设公共财政框架的要求，落实科学发展观，进行固定资产管理机制改革。农业科研事业单位固定资产管理是一项政策性较强的工作，涉及国家的法律法规和有关规章制度，只有加强农业科研事业单位固定资产管理才能保证科研、服务等各项工作的顺利进行。

参考文献

[1] 杨敏. 科研事业单位固定资产管理存在的问题及对策 [J]. 河南林业科技, 2007 (4)：24-26.

[2] 高慧芝，李文杰，刘强. 行政事业单位固定资产的管理 [J]. 农机化研究, 2000 (4)：133-134.

[3] 马岚. 如何强化科研事业单位固定资产管理 [J]. 西部财会, 2009 (6)：43-45.

浅析事业单位财务控制体系存在的问题与解决措施

王宏光

（辽宁省果树科学研究所　辽宁熊岳　115009）

【摘　要】系统规范的财务监督能促进事业单位财务资金的合理使用，其效能高低将决定事业单位财务管理质量的高低。本文有针对性地对基层事业单位财务监督管理工作进行剖析，挖掘基层事业单位财务监督工作中存在的问题，分析其成因并提出对策，以为改革和完善财务监督管理工作提供切入点，增强监督和约束，提升基层事业单位财务管理工作质量，促进基层事业单位健康有序发展。

【关键词】事业单位；财务控制；意识；制度；财务公开

一、事业单位财务监督现状及存在的问题

（一）对基层事业单位预算的监督

1. 预算编制及执行监督

某些基层事业单位未根据事业发展计划和财力逐项计算编制预算，也未按轻重缓急测算每一级科目支出要求，预算编制表现出不合理性；而有的基层事业单位预算编制脱离实际，虚报冒报，并没有根据上年预算执行情况及本年度事业发展计划和财务收支状况，实事求是地提出本单位本年度各项收支的预算建议数，接受"两上两下"的审批，而是以同级财政部门界定的具体财政补助上限加上基层事业单位的其他收入和支出为标准编制预算，经费安排上缺乏可靠依据，预算编制数据脱离单位发展实际，造成执行与预算脱节。主要是基层事业单位内部监督机制没有发挥应有的监督约束作用。相关财务监督部门的监督约束力也相对较弱，造成基层事业单位财务管理的混乱。

另外，监督部门对基层事业单位收入预算的积极与否、支出预算有无宽打窄用、收支平衡与否，均缺乏监督检查。相关财务检查部门在作财务检查时没有对未按预算进度执行的基层事业单位给予足够重视，对挪用专款的情况也没有及时

发现并进行强有力的制止。

2. 决算监督

某些基层事业单位对原始凭证审核不认真。原始凭证规定的内容填写不全。发票内容笼统，相关项目和指标填写不完整，审批程序不合理，白条入账也时有发生；记账凭证摘要填写过于简单敷衍，不能准确说明经济业务的具体情况；会计科目名称不规范，处理业务不及时。有些单位将当期发生的不同经济业务的多张原始凭证填写在一张记账凭证上，造成会计科目与原始凭证内容缺乏一一对应。有的事业单位在开设银行专户时，将相关收支业务的会计凭证单独记账、单独保管，未列入单位财务会计总账内管理，形成账外账和"小金库"；在年终结账时，有的单位制作会计凭证不是将收入和支出结转"结余"科目，而是将收入和支出相对转，不符合事业单位会计制度规定，使"结余"科目不能正确、完整地反映核算单位的结余状况；填制会计凭证内容不完整，如附件张数不填写，或编制人、出纳、稽核等相关人员不签字盖章。

某些事业单位固定资产不入账，形成账外资产。现金日记账和银行存款日记账混用或一本账多年度使用，缺乏分类管理意识，账簿登记发生错误时更正方法不规范，挖补、涂抹、刮擦。字迹不清，模棱两可，数字书写错误。

目前有些单位根据不同需要和目的来填制财务报表，从而出现了同一单位同一时期向不同的部门报送的财务报表其数据各不一样。事业单位财务报告由财务报表和财务情况说明书构成，多数事业单位只有财务报表而没有财务情况说明书，且财务报表数字不准确、不真实，内容不完整，财务人员往往用估计数、推算数填报，隐瞒收支情况，导致账账不符、账实不符。财务人员未对本单位财务状况进行财务分析，使得单位不能客观地总结财务管理经验，不能发现平时工作中存在的突出问题，不能有效改进财务管理工作方法，无法提高经济和社会效益，也不利于财政主管部门全面了解基层财务工作情况。不能为政策制定者提供体制改革的依据和原始素材。

（二）对事业单位收支的监督

财务监督工作不到位致使某些事业单位存在账外账，私设"小金库"和"小钱柜"。有些事业单位用业务招待费大搞请客送礼。铺张浪费，随意挥霍国家资产，损公肥私、假公济私。事业单位的接待最直接最主要的表现形式为宴请，除正常的工作交往和合作外，有关部门不断提升宴请档次，巧立一些不必宴请的账目，造成事业单位接待费用越来越多。另外，有的部门借公款接待之便，虚报账目，赚取回扣。有的事业单位为了扩大支出基数，采取年底突击花钱或将单位的收支结余虚列支出。在某些事业单位中存在经营性支出在事业支出中列支、经营性支出界限不清的现象。财务监督部门对这些乱支滥用现象的检查尚比较乏力，使得事业单位财政开支日益增加。

(三) 事业单位资金使用情况的监督

财务监督的乏力致使某些事业单位使用发票、个人银行存款、白条借据等抵顶库存现金；有的单位不遵守开户银行核定的现金库存限额，无限度地增加现金库存量，甚至超出数倍；有的单位为了方便或拖欠银行贷款等而直接坐支现金；有的单位千方百计套取现金，使用现金呈随意化状态，资金使用管理缺乏计划性。财政无综合预算，部门无细化预算，支出没有标准可循，缺乏约束机制，导致部分事业单位一方面资金紧缺，另一方面资金使用效率低下。财政资金既紧张又浪费。

某些事业单位现金的收付、结算、登记工作由一人负责。有的单位出纳人员兼任稽查、会计档案保管和收入、支出、债权债务账目的登记工作。

(四) 事业单位资产管理与使用监督

某些事业单位截留、隐匿、转移单位收入，私存乱放，不列入本单位财务部门大账内，搞"私房钱"。这些行为未得到相关部门的监督检查，使得此类行为时有发生，充分暴露出财务监督工作的不到位。

二、基层事业单位财务监督存在问题的原因分析

(一) 相关人员责任感不强，重视力度不够

基层事业单位财务管理属比较复杂严谨的系统工作，财务监督作为其中重要的组成部分，其成效如何将直接决定财务管理工作质量的好坏。在某些单位，财务人员对财务工作的若干环节存在敷衍的心态，对单位的好坏不是太关心，缺乏主人翁意识，资金核算观念和效益观念很淡薄。客观上，财务人员在重大经济活动中尚无法参与决策发挥参谋作用，单位领导也疏于管理，缺乏理财意识，对一些问题没有及时发现和处理，致使这些财务人员逍遥于制度的管辖之外。某些领导帮助隐瞒或者视而不见串通一气，相关监督检查部门无从查起。

(二) 审批部门工作不仔细，监督缺位

审批部门接到事业单位的预算时对其合理性和效益性缺乏深入审查，对上交的财务报表没有准确复核。对预算的执行情况、收支状况、资产管理情况等项目缺乏全方位的检查和监督，对未交财务情况说明书的某些基层事业单位也没有做出补交的通知，没有制定明确的财务报表上交实施细则，对不按规定履行上报程序的行为缺乏处置，以致管理涣散。各审计监督部门各自为政，没有形成联动机制，彼此缺乏沟通和合作，存在互相推诿的现象。在检查监督时各审计部门所遵循的依据也或多或少存在差异，口径不同，监督效果就存在差异。甚至某些时候，各自采用的依据相互间存在抵触。相关银行对单位开户也缺乏强有力的检查

和监督。

除此之外，针对事业单位的财务检查在时间上往往是定期进行，频率也很低，往往一年检查一次，或者几年检查一次，时间也比较固定，给被检查单位留下充足的作假应付的时间，缺乏突击性检查所形成的约束力。

(三) 财务监督制度还不完善，存在制度上的漏洞和缺陷

目前，我国的财务管理制度在宏观上已经日趋完善，针对微观层面上的财务管理制度却处于比较欠缺的状态，对基层事业单位的财务管理工作没有指定比较系统全面的实施细则，使得在实际运作中，许多非规范性行为缺乏治理的法律或制度依据而不得不搁浅，促使一些投机者钻政策或制度的空子。

(四) 缺乏民主理财意识，事业单位财务缺乏透明度

事业单位具有行政化色彩，不同程度地存在浪费现象，缺乏理财意识，基层事业单位显得更加突出，对本单位的财务管理基本上一人说了算，缺乏民主讨论、科学理财的观念。由于基层事业单位本身在财务管理上存在漏洞和违规行为，担心受到监督部门和公众的监督而不敢实行财务公开制度，更谈不上定期的财务公开，单位的财务管理属暗箱操作，得不到应有的监督和约束，无从增强透明度，缺乏舆论的压力。

三、对事业单位财务监督的建议

(一) 意识氛围的形成

各种行为都由人的动机引起，要规范事业单位的财务活动，最根本的措施还必须从人的意识着手。单位主要领导和主管财务的分管领导应向职工逐渐灌输一种对于规范组织财务行为的责任意识，让他们更好地承担责任。从动机上统一职工的思想，营造全民监督的良好氛围。同时，利用各种会议向单位职工宣传有关财务工作的制度和法规，让职工认识到规范行为的重要性。基层事业单位财务管理相关人员要增强资金核算观念和效益观念，提高资金使用效益。基层事业单位的领导应该以更加理性严肃的态度对待财务管理，严格按照事业单位财务管理办法行事，对违反财务管理规章制度的事件进行严肃处理。

(二) 财务人员的监督

财务人员要不断加强自身政治修养和业务学习，不断提高自身的政治修养和综合业务素质，拥有良好的职业道德观，时刻约束自身行为，真实全面地管理单位财务。同时监督单位职工的行为，对虚报乱报开支的行为进行检举和揭发，切实担负起财务监督这一责任。基层事业单位有必要引用现代人力资源管理理念，重视会计人员的培训和绩效考核。引进竞争机制，切实提高单位财务管理水平。

（三）制度建设

基层事业单位要建立全面的预算管理制度，实行分类管理、专款专用、统一决算的管理模式；综合性的支出管理制度与专项支出管理制度相结合，加强对办公经费、接待费用的管理和监督。通过全面的预算管理制度对单位内部的财务收支进行事前、事中、事后全方位的内部监督控制，从源头上治理财务问题。要建立健全单位内部财务监督制度，并且要将财务法律法规和财务监督制度向全体工作人员公布，使他们充分认识规章制度并自觉遵守，积极维护规章制度的严肃性。建立财务监督领导责任制，建立单位财务由分管领导负总责，各部门（科室）紧密配合的监督制度。进一步健全基层事业单位内部的民主理财制度，实行财务公开，职代会和内审人员要对本单位的账表、凭证进行定期审查，并将审查结果向群众公布，接受群众监督。

（四）党组织监督制约

基层事业单位要加强单位党组织对财务的监督，重大财务支出行为要经单位行政领导集体和党组织讨论确定，并对资金使用效率进行全程跟踪和调查，对资金使用效益不好的财务活动经手人进行责任追究。

（五）外部监督

各级纪检、监察、财政、审计、税务等职能部门对基层事业单位的财务监督应该加强，定期或不定期地对基层事业单位的财务活动进行抽查。严格检查监督基层事业单位的预算执行情况，检查其是否做到专款专用，是否存在账外账。让基层事业单位在强有力的约束下控制支出数量和支出进度，做到量力而行。加大收入监缴力度，确保预算外收入及时、足额上缴财政专户。对执收部门截留、坐支预算外资金要依据有关规定提出改进措施。对违反财经法规的案件进行严厉查处。

参考文献

[1] 汤谷良. 当前财务管理中几个热点问题的悖论 [J]. 财务会计，2003（8）.
[2] 胡学莲. 部属高校基本建设投资管理的内部控制 [J]. 财务会计，2005（7）.

浅议科研事业单位出纳工作存在的问题及对策

孙洪义

（辽宁省水稻研究所　辽宁沈阳　110101）

【摘　要】 随着事业单位财会制度改革的不断深入，出纳员的地位和作用变得更加重要。做好出纳工作，对搞好会计核算、加强财务管理、确保资金的安全和完整，具有极其重要的现实意义。本文对科研事业单位出纳工作存在的问题进行了探讨，并提出了相关对策。

【关键词】 科研事业单位；出纳工作；问题；对策；职业道德

随着事业单位财会制度改革的不断深入，科研事业单位财务管理正面临着许多新的课题，其中，出纳工作作为科研事业单位财务管理工作中重要的一个环节，担负着现金收付、银行结算、货币资金核算和现金及有价证券的保管等许多重要的工作任务。在新形势下，出纳工作也出现许多急需解决的问题。下面就科研事业单位出纳工作存在的问题以及解决对策谈谈几点粗浅的意见。

一、出纳工作中存在的问题

1. 出纳从业人员专业素质参差不齐，缺乏相关专业培训

现在许多单位的出纳人员都非财经专业毕业，乃是从其他部门或单位调入的，同时调入后又缺乏相应的专业技术培训和指导，在工作中也是摸着石头过河，见招拆招。这就容易导致工作中出现这样那样的问题，甚至给单位和个人造成一些无法挽回的经济损失。

2. 某些单位财务规章制度不健全，没有相关的内部控制

有些单位由于人员编制的限制，没有做到不相容职务的岗位分离，出纳人员同时兼任记账保管等工作，致使出纳和会计的职责权限区分不清，不能体现出内部相互牵制的原则。此外，还有一些单位的出纳人员负责保管办理资金业务的所有印章，无论是资金的收付与转移，还是支票的签发一律由出纳人员来办理。出

纳人员的职责权限不明确，是当前出纳工作中存在的重要问题之一，长此以往，科研事业单位的资金安全必然会受到影响。

3. 有些出纳人员工作中未能严格履行岗位职责，不能坚持结算原则，遵守结算纪律

有些单位不按财经法规的规定行事，又缺乏相应的监管措施，单位领导、会计人员随意经手现金，且长期不与出纳结算，出纳员对现金收支情况不明，签字不全或缺少审批。因此，常常出现乱批、乱支等现象，这是导致出纳工作出现差错的重要原因。

4. 有些出纳人员的服务意识不强，职业道德素质偏低

出纳工作是一项繁忙而又细致的工作，要真正做好这一工作需要细致谨慎的工作作风，更需要有实心实意为人民服务的工作态度。但有一小部分出纳人员在工作中缺乏应有的职业道德，不去努力学习相关专业知识，以更好地为本单位的科研工作服务；由于业务技能不精，没有爱岗敬业精神，在工作中容易出现这样或那样的无意识差错；甚至有一些出纳人员个人主义、拜金主义、享乐主义膨胀，丧失了最起码的法制观念，职业道德沦丧，为追求私利，不惜以身试法，走上了犯罪道路。

二、应对措施

1. 加强培训，提高出纳人员职业素养和业务水平

为了适应当前科研事业单位财务管理所面临的新环境和新要求，加强对出纳人员的继续教育，提高出纳人员的综合素质势在必行。加强对科研事业单位出纳人员的培训，严格执行考试和考核制度，不断提高其业务素质，应采用集中培训与个人自主学习相结合的方式，使出纳人员认识到科研财务工作所面临的新环境和财务改革的发展趋势，培养能动学习和主动思考的态度，积极参与科研事业单位的财务建设。

2. 建立健全财务管理制度，强化内部控制

科研事业单位应依照国家有关法律法规和财务规章制度，结合本单位的实际情况科学制订各项财务规章制度。加强经费管理制度和财务人员的岗位职责。建立健全内部会计制度，建立有效的监督机制和约束机制，加强内部控制。

3. 加强法律宣传和约束，完善法律法规体系，促进出纳职业道德建设

《中华人民共和国会计法》（以下简称《会计法》）是我国规范和约束会计行为的最高法律，必须加大《会计法》的执法宣传力度。同时应不断完善以《会计法》为中心的法规体系，制订有关实施细则及配套制度；对出纳业务要尽量在有关法规中予以明确，以减少出纳执行过程中难以把握的问题，增强其操作性；

增加对出纳舞弊行为的惩治条款，促使出纳及单位领导人增强法制观念，懂法而不盲从，从而促进出纳人员的职业道德建设。

4. 加强出纳人员职业道德教育，提高出纳人员素质

爱岗敬业是出纳人员应遵循的最基本的职业道德。遵守会计职业道德，改造自己的人生观和世界观，彻底抛弃享乐主义等不道德、不健康的思想，自觉抵制外来诱惑，树立正确的价值观和金钱观。在会计职业道德教育的同时，进行政治思想、法制、业务素质、心理素质等各方面的教育，使其增强使命感和责任感，从而用职业道德意识规范职业道德行为，坚决执行相关法律法规，敢于同损害国家和集体利益的行为作斗争。

总而言之，出纳工作是科研事业单位财务管理的重要一环，也是科研事业单位可持续发展的重要保障。财务部门和审计部门应该切实加强对出纳工作的重视和监督，与时俱进地应对出纳工作中出现的新问题和新情况，提高出纳人员自身的业务技能素质和职业道德素养，以适应我国科研事业单位财务制度改革和发展的需要，推动科研事业的健康顺利发展。对出纳人员而言，要在实际工作中克服自身的不足之处，正确树立服务意识和责任意识，不断总结经验教训，努力提高自身的业务素质和思想政治素质，卓有成效地做好科研事业单位的出纳工作。

参考文献

[1] 任秀珍. 浅谈事业单位如何做好出纳工作 [J]. 中国乡镇企业会计，2010（10）.

[2] 孙文，马绍禄，徐小斌. 加强会计人员职业道德建设 [J]. 当代经济，2008（11）.

[3] 舒金燕. 浅谈如何做一个好出纳员 [J]. 中国科技纵横，2011（20）.

[4] 李敏. 浅谈出纳工作的岗位认知 [J]. 小作家选刊：教学交流，2011（6）.

[5] 杨惠萍. 从内控角度谈如何搞好出纳工作 [J]. 财经纵横，2006（10）.

政府采购存在的问题及建议

张英丽

（辽宁省农业科学院财务处　辽宁沈阳　110161）

【摘　要】在市场经济体制下，政府采购正逐渐成为管理公共支出、调节经济运行、维护国家和社会公共利益的基本制度和重要手段。但是，随着我国政府采购规模的不断扩大，逐渐暴露出了一些不足和问题。本文对现行政府采购中存在的问题，提出了针对性的建议。

【关键词】政府采购；问题；建议

随着社会主义市场经济体制和公共财政管理制度的逐步完善，政府采购正逐渐成为管理公共支出、调节经济运行、维护国家和社会公共利益的基本制度和重要手段。但是，由于我国政府采购机制确立的时间不长，在实际执行过程中，还存在着一些不完善、不规范的地方。

一、政府采购中存在的问题及表现

1. 政府采购法律体系不完善

政府采购制度实施以来，相继出台了包括《中华人民共和国政府采购法》在内的一系列法律法规和规章制度，加强了政府对财政资金使用过程的影响，有效地制约和规范了政府购买行为。但由于与政府采购法相配套的实施细则并不完善，各地在政府采购实际操作中还存在着较大的不规范和随意性，管理体制还不顺畅，操作上也是各行其是。这样既影响政府采购的质量和效率，又不利于企业的公平竞争，也容易滋生腐败行为，有违实施政府采购的初衷，最终影响政府采购的质量和信誉。

2. 政府采购的意识淡薄

缺乏政府采购相关的程序意识和法律意识。多年来，一些单位和部门已形成了分散采购的习惯，对政府采购工作的重要性、程序和方法不理解，对现阶段政府采购政策和采购程序不适应，没有形成与政府采购制度相适应的财政支出理念。对政府采购程序的认识不全面，有的单位实施"先斩后奏"的做法，没有进行政府采购的申请，便已经达成了采购的事实；有些单位经常以采购项目的时间紧迫或者项目的特殊性为借口，没有申报采购便已经达成了采购的事实；少数部门认为实行政府采购是回收部门手中的采购项目审批权，对推行政府采购制度有抵触情绪，甚至有意规避政府采购，加大了政府采购工作的推行难度。

3. 政府采购人员素质亟待提高

政府采购是一项系统性、专业性都很强的工作，涉及经济、贸易、自然科学等诸多领域的专业知识，要求管理、执行和评标人员不仅要熟悉政府采购相关法规政策、工作程序，还应掌握招投标、合同管理等多方面的知识和技能。但就目前我国的实际情况来看，政府采购工作人员大都来源于原来的财政部门，与专业要求仍有较大差距。随着我国政府采购工作的不断推进，需要一支强大的专业知识过硬的政府采购队伍，人才的缺乏将会制约我国政府采购制度的建立和发展。

4. 政府采购预算编制缺乏可操作性

政府采购预算是开展政府采购工作的基础和重要环节，也是政府采购工作的最关键部分。但在实际工作中，采购单位对政府采购预算重视程度不够，部分单位领导和预算编制人员，没有认识到政府采购预算的重要性，导致政府采购预算编制的不实不细，造成政府采购预算与部门预算脱节。有的单位只编制政府采购预算，而预算外资金和其他自筹资金采购却没有采购预算，政府采购预算范围偏窄、规模偏小。有的单位政府采购预算管理和资产管理、财政支出计划脱节，缺乏可操作性。这些都在一定程度上造成政府采购在实际操作中存在随意性和盲目性。

5. 政府采购程序繁杂

目前，我国的政府采购程序十分烦琐复杂，导致整个政府采购的效率低下。一个完整的政府采购过程包括项目的预算和计划的制订，采购项目的实施方案，信息公告，供应商资格审查，专家的选择，评审委员会的确定，评标规则的制订、开标、评标、定标，发布中标通知书，签订合同，履行合同，履约验收以及资金支付等一整套过程，操作环节多，周期长。另一方面，采购资金的申请、拨付环节不够顺畅，资金申请环节多，也影响了采购项目的执行周期和执行质量。

6. 政府采购缺乏有效监督

虽然我国相应的政府采购规章制度规定单位物资采购工作要接受财务、纪检、监察、审计部门的监督，而在实际操作过程中，这些相关部门缺乏经常的、稳定的沟通机制，协调配合不够密切，影响了监督合力的形成。而且，政府采购监管部门参与具体项目操作的多，从宏观上进行政策指导和监督管理的少。监督制约机制不健全，监管措施明显滞后。新闻舆论和社会各界的监督由于缺乏应有的力度，也难以发挥外部监督的作用。

二、进一步完善政府采购的建议措施

1. 进一步完善政府采购规章制度，加快政府采购法制建设的步伐

政府采购上规模，制度规范是保障。政府采购法及一系列政策法规的出台，顺应了我国市场经济发展的要求，对规范政府采购行为、提高财政资金的使用效率，促进政府的廉政建设起到了促进作用，这是建立和完善我国政府采购制度迈出的关键一步，但仍需继续努力。借鉴国外有益的做法，进一步完善我国现有的政府采购法律法规和规章制度，建立一个多层次、系统性的适合我国国情的政府采购法律体系。

2. 强化政府采购法律意识，树立政府采购的理念

采购单位要强化政府采购的程序意识和法律意识，彻底转变原有的分散采购的管理习惯，形成与政府采购制度相适应的财政支出理念，适应现阶段政府采购政策和采购程序。在政府采购预算的基础上，严格按照政府采购的程序，全面执行政府采购预算。同时，采购管理部门也要加大政府采购法律法规的宣传力度，大力宣传推行政府采购可以收到节约财政支出、防止腐败、促进财政改革等益处，促进政府采购理念的形成。

3. 加强政府采购人员队伍建设，切实提高政府采购管理水平

加强政府采购队伍建设，提高政府采购从业人员的采购执行能力。我国政府采购工作任重而道远，需要一支高素质的专业化队伍。首先，要加强政府采购人员的政治思想教育工作，强化采购人员的廉洁自律意识，不断提高政治素养，同时加大对现有政府采购从业人员的专业培训力度，逐步实现政府采购人员的专业化，将政府采购队伍建设纳入制度化轨道。其次，不断吸收、拓展涉及货物、服务、工程、法律等领域的专业技术专家评委，建立完善的评委专家信息库，提高评标质量。尽快造就一支廉洁高效、业务精通的高素质队伍，以适应政府采购工作的发展需要。

4. 全面推行政府采购预算，优化政府采购预算

全面推行政府采购预算，在编制部门预算的同时，按照集中采购目录和采购限额标准等规定，进一步细化预算项目，严格要求各单位无论是预算拨款，还是预算外资金和其他自筹资金采购，都要由相关单位编制当年采购计划，具体到预算科目、采购资金数量、采购资金购成、品目名称、采购数量、规格型号、采购方式和采购时间等内容，作为部门预算的组成部分，一并报同级财政部门进行审核、汇总。政府采购预算要同时兼顾资源共享的原则，避免重复购置、盲目浪费的行为发生。制订的采购计划要切实可行，增强采购的计划性，减少随意性。各

单位编制的政府采购预算一经确定，要严格按照财政部门批复的部门预算开展政府采购活动，不得随意更改，如有特殊情况确需调整的，必须按法定程序重新上报审批，以全面反映各单位年度采购活动，增强政府采购预算的完整性和指导性。同时要优化政府采购预算，完善和规范政府采购预算调整制度，减少执行中的追加和调整事项，为政府采购工作的规范开展创造条件。

5. 实现政府采购信息网络化，提高政府采购工作效率

实现政府采购信息网络化，充分利用现代电子技术，节省政府采购时间，提高政府采购成功率，加强政府采购工作改革，大力发展政府采购信息网络化建设，简化政府采购部门与政府相关部门和供应商之间的交流与沟通。充分利用网络平台作用，及时地发布政府采购法律法规、规章制度、采购信息等动态信息，增强采购透明度。实行网上信息采集、招标操作、数据管理、实时监控和后续管理等多种操作，从而降低采购成本，提高采购效率。同时加强政府采购网络的各项数据监控管理，完善政府采购程序，提高政府采购效率。

6. 强化政府采购监督约束机制，购建有效的政府采购监督网

完善内外部监督机制，对集中采购机构，要建立严格的内部控制管理制度，在组织机构和操作流程上实行管、采分离；在具体操作过程中，做到采购、付款、验收等环节相分离，严肃人员工作纪律，建立岗位考核体系。同时，加大对分散采购的监管，加大执法检查力度，确保分散采购行为的规范。坚决按照政府采购法规定的透明度原则，在信息公开、采购流程、采购结果公告、采购纠纷仲裁等实行全面彻底公开，严格遵守政府采购法律法规和规章制度，促进全社会对政府采购的监督，形成严密而有效的内部和外部监督网。

参考文献

[1] 李晓峰，石华. 我国政府采购存在的问题及建议 [EB/OL]. http：//www. chinaacc. com/new/287％2F291％2F328％2F2006％2F10％2Fsh6217203301310160021095 0-0. htm.

[2] 叶长雷. 行政事业单位政府采购存在的问题及对策研究 [J]. 经济与管理评价，2007 (6).

[3] 赖福金. 省级农业科研单位政府采购预算问题与对策分析 [J]. 福建农业科技，2012 (1).

[4] 王隽洁. 加强和改进政府采购工作的思考 [EB/OL]. 政府采购信息网，2012 (2).

[5] 徐昂艳. 政府采购存在的问题及建议 [J]. 财经界，2012 (2).

预算单位公务卡结算中存在的问题及建议

王少杰

（辽宁省农业科学院财务处 辽宁沈阳 110161）

【摘 要】所谓公务卡，是指预算单位工作人员持有的，主要用于日常公务支出和财务报销业务的信用卡。公务卡具有一般银行卡所具有的授信消费等共同属性，同时又具有财政财务管理的独特属性。本文阐述了公务卡使用的意义，对公务卡结算在具体工作中存在的问题进行了认真分析，并提出进一步完善预算单位公务卡结算的建议。

【关键词】预算单位；公务卡；问题；建议

近期财政部发布了《关于实施中央预算单位公务卡强制结算目录的通知》，要求自 2012 年 1 月 1 日起，中央各部门及所属行政事业单位工作人员在支付公务接待费、公车运行维护费、差旅费、会议费等 16 项费用时，必须使用公务卡。到 2012 年底前，所有基层预算单位要全部实行公务卡支付制度。此次出台中央预算单位公务卡强制结算目录，是在公务卡改革已有成果基础上，进一步要求中央预算单位对目录所规定的公务支出项目，按规定使用公务卡结算，原则上不再使用现金。实施强制公务卡结算意味着公务消费真正进入"公务卡时代"，公务支出的公共性和服务性特征将更加明显。

一、预算单位实施公务卡结算，具有多方面的重要意义

（一）有利于进一步提高公务支出透明度

公务卡改革是以国库单一账户为基础，以银行卡为载体的现代财政支付管理制度，其实质是国库集中支付改革的延伸和完善，进一步规范了集中支付业务中的授权支付业务管理。授权支付业务范围是指单位小额零星的公务支出，其支出方式以现金支付和转账为主。这部分支出由预算单位自主管理，由于信息不共

享，财政部门对这部分预算资金的监督只限于大项管理，其明细使用的合规性、真实性不能实施有效监督。实行公务卡改革后，预算单位的财政资金使用信息，实时与财政部门共享，实现了财政对预算单位全部预算资金支出的动态监控，强化了财政财务管理，促进了公务消费的透明化。

（二）是推进源头防治腐败工作的一项重要内容

完善的公务卡制度，是以银行卡及电子转账支付系统为媒介，辅以现代财政国库管理信息系统，它建立在国库单一账户体系基础之上。通过公务卡可以监控资金的流量以及资金的种类，实际上是通过银行业务的引进，加入了一个技术上的细节监管。我国公务卡实行的是"银行授信额度，个人持卡支付，单位报销还款，财政实时监控"的操作方式，由于资金流向、项目、数额等更清晰可控，能够从源头上、根本上堵住财政支出的漏洞，把公务支出置于阳光之下。

（三）有利于提高工作效率和财务管理水平

使用公务卡结算，可以有效监控支付的真实性和规范性，杜绝利用虚假发票报销等漏洞，对于提升预算单位财务管理水平具有重要的促进作用。

1. 有效地降低现金管理风险，减少现金流量

使用公务卡结算，预算单位不用再从银行提取大量现金，减少了财务人员每天早晚都要去银行存取款的烦琐；减轻了财务人员保管、核对现金的工作量，避免了被盗等不安全因素。

2. 简化财务部门的业务流程

公务卡本身具有一定的授信额度，因此预算单位的财务部门原则上不再给职工提供借款。根据公务卡的操作程序，先刷卡消费，取得发票和刷卡回单后回财务部门报销，单位财务审核无误后将属于公务消费的金额通过银行划拨到该职工的公务卡上。这种报账方式减少了借款环节，从而简化了财务部门的业务流程。

3. 促使工作人员及时报账，减少坏账、呆账的发生

公务卡制度中明确规定，持卡人必须在发卡行规定的免息还款期内到所在单位的财务部门进行报销。因个人没有及时报销而产生的利息等相关费用，由持卡人本人承担。职工为了避免利息的产生，及再次进行公务消费时有足够的额度，会及时到本单位的财务部门报销，从而从制度上减少了坏账、呆账产生的诱因。

4. 提高资金使用效益

推广公务卡结算方式，预算单位可以充分使用银行提供的有限免息期限信用额度，改变了以往公务支出实时从国库账户转出的做法，部分财政资金将延时从国库账户流出，增加了在国库账户的滞留时间。一方面，增加了国库存款的计息，提高了资金的使用效率和收益；另一方面，宽裕了财政资金，增强了财政资金调度的灵活性。

5. 解决国库集中支付清算时间的制约问题

由于各预算单位工作时间与国库集中支付系统开启时间不一致，造成各单位用款时间受限制，进而导致各单位现金支付比例高。国库资金结算时间的"瓶颈"制约，多年来一直困扰着国库集中支付业务的发展，公务卡结算方式能从根本上解决集中支付预算单位在用款时间上的限制，通过公务卡的信用额度随时安排公务支出，给预算单位用款带来了极大的便利。

（四）有利于促进银行卡产业发展

公务卡的推行，满足了公务开支的市场需求，完善了银行卡的品种和功能，拓展了银行卡支付空间，有利于发挥信用卡扩大消费信贷、培育信用观念、拉动国内消费需求的作用；有利于改善银行卡受理环境，调动特约商户受理银行卡的积极性和主动性，促进我国银行卡产业发展再上新的台阶。

二、预算单位实施公务卡结算面临的问题

1. 刷卡环境建设滞后，用卡环境制约公务卡的推广应用

当前通过政府采购方式确定的一些材料、办公用品和服务供应商并不具备刷卡设备，不支持公务卡消费，难以满足使用公务卡办理公务支出的需要。在公务卡的使用中，小额、零星支出，刷卡不方便，许多小型商户没有安装 POS（销售点终端）机的现状，直接限制了公务卡的使用和推广。并且国外刷卡也不太方便，目前只能在 26 个国家和地区使用银联标准卡。

2. 思想抵触，观念守旧，导致用卡频率较低

一方面因为公务卡的透明度高，使部分想损公肥私的持卡人怕得不到便宜，在内心抵触；另一方面因为能用卡结算的商家有限，出差办事的持卡人为图方便，不愿意携带公务卡出差，思想上存在抵触情绪。受传统的支付结算方式和观念的影响，以及我国信用卡在宣传使用、安全性等方面未达到国际先进的水平，因此，部分人对银行卡的安全性交易有一定的担心，人们对使用银行卡的积极性不高，导致公务卡的使用率不高，"有卡不用"现象较为普遍。

3. 财会人员计算机水平参差不齐

公务卡消费从信息调取、生成支付凭证到还款清算实行电子一体化，要求财会人员非常熟悉计算机操作及国库集中支付及公务卡软件。同时国库集中支付系统也需要升级，这样对财会人员的计算机水平又提出了更高的要求。

4. 使用现金边缘地带难以把握

预算单位实行公务卡结算方式后，一般情况下单位不再使用现金结算。考虑到受用卡环境等因素的限制，预算单位很难完全不使用现金，需限定实行公务卡结算后现金结算的适用范围，但使用现金的边缘地带难以把握。与此同时，还应

建立预算单位大额现金提取财政审批制度。

　　5. 公务卡结算与财政管理制度配套不完善

　　公务卡结算依托国库集中支付系统以授权支付方式进行。因此预算单位在年初授权支付额度较少时或年末授权支付额度所剩无几时，就会出现公务活动刷卡消费后，财务部门因授权额度不够无法进行公务卡结算支付，而预算单位银行基本账户又不能进行公务卡结算的情况，财务人员只能从银行基本账户提取现金后支付给公务卡持卡人，让其自行去银行还款。这样操作，违背了公务卡结算改革的初衷。另外，由于目前预算单位的基建项目支出、部分专项经费支出的资金往来均不通过国库集中支付系统，这些经费支出中涉及公务消费的部分也无法通过公务卡结算，公务卡结算改革留下了"真空地带"。

　　6. 实时监控不足

　　公务卡推广之后，各预算单位人手一张公务卡，在财务紧张的情况下，单位不经财政的认可，利用这些卡的授信额度"集中力量办大事"，这就为预算单位提供了国库集中支付系统之外的资金。事后财政即便审核不同意，为了预算单位的正常运转，最终还是得兜底。目前，公务卡消费明细信息和现金的提取情况只能在支付清算时才能反馈到支付系统中，相关配套制度的缺失，影响公务卡的正常运行，还不能做到实时反映、事前控制。

三、进一步完善预算单位公务卡结算的建议

　　针对目前预算单位实施公务卡结算面临的问题，需各方面密切配合，采取积极有效的措施，不断地完善社会各方面的制度和因素。

（一）加快配套设施建设，优化公务用卡环境

　　1. 加快配套设施建设，为公务卡的使用创造顺畅、便捷的条件

　　加快公务卡受理环境的步伐，推动各银行机构加大对用卡环境的投入，促进社会信用体系的建立健全和金融环境的改善，加大 POS 机具、ATM 的布放力度，从而消除制约公务卡消费的因素，实现刷卡无障碍的目标。

　　2. 健全公务卡风险防范机制，防范公务卡应用风险

　　银行要建立健全公务卡风险防范机制，减少公务用卡风险的发生。探索并建立风险管理评价体系，完善风险监控和预警机制；在公务卡密码的生成、存储、个人密码的加解密等方面加强管理，确保持卡人个人信息、公务卡消费信息的安全、保密，确保持卡人、还款单位和银行的资金安全；加强持卡人的安全用卡教育，提高公务持卡人的自我保护意识。

　　3. 完善公务卡功能

　　银行要建立完善的公务卡支持信息系统，不断更新系统功能，加强系统处理

问题的能力和效率，保证公务卡交易信息传送及时性和准确性，满足预算单位的数据查询、会计审核、资金清算等工作的需求，同时注意及时将数据导入到财政国库资金动态系统中，便于财政资金动态监控。

（二）加强宣传，转变观念，提高公务卡使用率

通过各种媒体有步骤、有组织地宣传公务卡结算制度。结合公共财政管理体制建设和国库集中支付制度改革，大力宣传公务卡结算对于强化财政监督、提高财务管理水平、堵塞漏洞、促进廉政所具有的重要意义和作用，增强广大公务人员参与改革的责任感，提高自觉性，在全社会形成推行公务卡结算的良好氛围。

银行应采取多种形式普及用卡知识，介绍公务卡的安全、便利、实惠等优点，改变人们的观念，尤其应吸引中小零散商户主动接受刷卡消费模式。银行还必须进一步拓展公务卡产品的功能，为持卡人提供各种增值和特色服务，开展多种形式的用卡优惠活动，以更贴心、更个性化的服务满足持卡人多元化的需求，以更有效、更安全的服务赢得持卡人的信赖，提高持卡人用卡积极性。

（三）进一步加大对公务卡知识的培训力度，提高用卡意识

加强对预算单位负责人和财务人员进行公务卡知识的培训力度。提高财务人员业务能力和计算机操作水平，从思想上加强他们对公务卡结算业务认识，使财务人员能够准确理解公务卡管理的各种要求，熟练掌握公务卡使用及报销流程，在本部门本单位形成良好的主动用卡、自觉用卡氛围，确保公务卡制度顺利实施。

持卡人应提高用卡意识，积极使用公务卡。各银行机构、单位财务部门应对持卡人消费积极引导，要对使用现金交易的弊端和使用银行卡交易的优势进行合情合理的宣传，促使人们深入地了解使用银行卡的便利，从观念上逐步接受信用卡。持卡人应通过学习，了解透支消费的基本知识，熟悉单位公务卡结算制度，提高用卡意识，在公务支出中积极使用公务卡结算。

（四）建立定期检查和日常管理相结合的监督机制

将公务卡使用和管理纳入年度财务审计范围。加强调研，积极推广试点较为成功的地区与部门的先进经验，结合实际情况因地制宜，建立规范的公务卡实施细则，重点明确不能使用公务卡结算情况下的财务审批程序和报销手续，严格控制不使用公务卡结算的支出事项。根据财政部门、业务主管部门等部门发布的公务卡管理办法，结合本单位的情况制定公务卡结算财务管理办法。

（五）完善管理制度，进一步规范公务卡管理的运行机制

1. 健全内部财务制度，加强预算单位的财务管理

预算单位应结合本单位实际情况，建立和完善公务卡制度体系，明确报销操作程序，规范用卡行为；应加强现金管理，严格控制现金提取审批制度和现金使

用范围和额度；确保公务卡结算内容的统一和规范；在公务支出的审批报销流程、公务卡结算的账务处理、个人消费的还款责任、已报销资金退回等方面进行严格规定。重点明确不能使用公务卡结算情况下的财务审批程序和报销手续。各部门各单位应从严控制不使用公务卡结算的支出事项，必要时报销申请人应提供不能使用公务卡结算的证明材料。

2. 建立健全与公务卡改革相关的配套制度，形成科学规范的管理运行机制

财政和银行部门要结合公务卡运行情况，完善现行的国库集中支付制度和公务卡管理制度，实现两者相互衔接、相互促进，保证公务卡安全、高效运行；进一步研究制定适当的鼓励用卡和强制用卡措施，促进公务卡的进一步推广。

3. 完善公共财政体制，加强公务卡结算监管

财政、监察、银行、审计等部门要加强对预算单位公务卡结算制度改革实施情况的跟踪监督，组织监督检查，督促预算单位严格实施公务卡结算制度。用制度控制代理银行的业务服务行为，将财政资金在国库单一账户体系内运行，使业务办理在制度的框架内操作。公务卡结算要实现对公务支出流程与数据的有效管理，对财政资金支付使用全过程的有效监控，必须改变目前为减少改革阻力而屏蔽公务消费信息查询系统的过渡性做法；通过公务消费刷卡机小票上的交易流水号码和消费日期等信息，查询与核对商家的相关交易信息，实现与国库集中支付系统的对接，将公务卡消费最终收款人信息完整地反映到国库集中支持系统中，使公务卡结算系统能完整地反映财政资金用途和去向，只有这样，才能真正发挥公务卡在防治贪污腐败、提高财政资金使用透明度等方面的优势。

（六）建立考核制度

制订完善的公务卡考核制度，明确公务卡考核的内容和目标，对公务卡推行效果好的预算单位加以奖励，对公务卡制度执行不力，现金提取量大的预算单位，予以通报进行批评并要求整改。对于那些利用公务卡进行高消费行为，以及浪费国家钱财的做法一经查实，就要通报批评并严格依法惩治。

四、结束语

公务卡制度的推行是中国财政预算制度的一项重大突破。通过推行公务卡制度，建立财政部门和金融部门的联动机制，扩大了国库集中支付信息系统的信息范围，实现了对财政资金的动态监控，对于保证预算资金安全、提高预算执行效果、预防和控制腐败发挥了积极作用。但是公务卡制度并不是防范公务消费中的浪费和腐败、堵住财务管理漏洞的"万能卡"。要防范公务消费浪费和腐败，还有赖于其他相关的制度配套建设。建立科学合理、公开透明、公平刚性的财政预算制度。

参考文献

[1] 伍硕频. 公务卡在预算管理中的实践与完善 [J]. 金融经济, 2010 (6).

[2] 唐云锋, 郭志祥. 我国公务卡消费中存在的问题及解决对策 [J]. 经济论坛, 2010 (3).

国库集中支付系统应用及存在的问题与对策

任延辉

（吉林省农业科学院　吉林长春　130124）

【摘　要】近几年来，为了建立适应社会主义市场经济发展的公共财政框架结构，我国进行了预算管理改革，相继推行了部门预算制度、政府采购制度和国库集中收付制度，从而使得预算会计环境发生了重要变化，现行的预算会计体系将面临诸多问题和挑战，这也就要求预算会计必须进行与之相关的改革。

【关键词】国库；用款计划；内部支付令；下属单位存款

一、国库集中支付系统在实际工作中的应用方法

实行国库集中支付制度，财政部门不再将资金拨到行政事业单位，只需给行政事业单位下达年度预算指标和审批预算单位的月度用款计划，财政部门由原来只是财政资金的分配部门转变为财政资金的使用部门，而行政事业单位成为财政资金使用的延伸部门，其所有的财政资金也都是通过国库单一账户核算。同时所有的财政支出均通过这一账户进行拨付，进一步增强了财政资金的使用透明度，提高了财政资金的使用效率。

吉林省农科院于 2010 年 7 月并入国库集中支付系统，由于下属各所、中心、分支机构不具有法人资格，因此所有的财政收入都由院部本级核算。针对这种情况，我们建立了自己的内部零余额报账系统。

1. 报账程序

（1）设立零余额总户（具有汇款及提现的功能）。同时增设下属单位存款户，归集各下属单位财政收入存款情况。

（2）零余额总户通过财政专网申报指标并接收额度到账通知后，通过内部零余额拨款单，下拨指标到各相关下属单位（除工资款下拨基本户外，其他经费需留于零余额总户中）。

（3）下属单位接收到内部零余额拨款单（只拨付指标不拨钱）后，按列支

类、款、项设"零余额账户用款额度""财政补助收入"科目。

（4）下属单位报账列支时，要打印"内部零余额转账提现通知单"（即内部支付令，一式两份，加盖印章），转给零余额总户。

（5）零余额总户接收"内部零余额转账提现通知单"后，据此办理汇款及提现等事宜，并加盖印章，一份退回提交单位，作为入账凭证。

2. 具体账务处理

（1）零余额总户账务处理。

① 总户接到银行"财政授权到账通知单"：

借：零余额账户用款额度——××指标　××元
　　贷：财政补助收入——基本指标　××元
　　　　　　　　　　——专项指标　××元

② 总户接到"内部零余额拨款"单对下拨款时：

借：拨出经费——××单位——××指标　××元
　　贷：下属单位存款——××单位　××元

③ 总户接下属单位开具"内部支付令"付款、提现时：

借：下属单位存款——××单位　××元
　　贷：零余额账户用款额度——××指标　××元

（2）接收"内部零余额拨款单"所、中心、分支机构账务处理。

① 下属所、中心、分支机构接"内部零余额拨款单"时：

借：零余额账户用款额度——××指标　××元
　　贷：财政补助收入——专项指标（做项目核算）　××元

② 下属单位列支报账时：（同时开具内部支付令盖章后交付零余额总户）

借：事业支出——专项支出（项目核算）××元
　　贷：零余额账户用款额度——××指标　××元

二、国库集中支付系统存在的问题

经过两年的运行，在工作中我们也发现了一些问题和不足，存在的主要问题如下。

1. 改革前后变化较大

由于国库集中支付系统属于新试行的制度，改革前和改革后预算单位账务处理都有很大的变化。实行国库集中支付后，会计核算、支付方式将发生很大的变化。财会人员业务还有待提高。

2. 不能直接向二级单位转付资金，必须直接支付给供应商

按照国库集中支付制度的有关规定："预算单位的零余额账户资金不得向本

单位其他账户、所属下级单位账户划拨资金"。一些事业单位向其异地设置的二级单位资金划拨就出现问题。拿吉林省农科院来说，该院多地办公，异地开设账户，相当一部分的资金要拨付到异地的账户进行会计核算。然而国库集中支付制度要求直接支付到供应商和劳务提供者，该单位部分所、分支机构地处经济欠发达的地区，有一些公用经费的使用无法转入供应商和劳务提供者的账户中，如果一概而论，不允许动用资金，则势必会影响到科研工作。

3. 使用和支配资金受到制约，工作量成倍增加

改革后，未上报用款计划的预算资金不能使用，仍留在财政部门，也就不可能实现资金的合理调配。另外，财政国库集中支付系统与目前各单位的账务处理系统并存，支付信息与核算信息的分离，所有收支业务必须通过两套系统共同结算，工作量大大增加。以吉林省农科院支付医疗保险为例：单位月支付额度在59万元左右，但是财政零余额系统指标资金只有42万，差额17万元就要从其他渠道支付。这就产生了同一笔业务，要分两笔来支付的情况。诸如此类，大大加重了事业单位财务部门的业务量。

4. 公务卡的使用还有其局限性

公务卡是指预算单位工作人员持有的，主要用于日常公务支出和财务报销业务的信用卡。因公务卡具有"雁过留声、消费留痕"的特点，被国际公认为解决现金支付问题最有效的工具和手段。但是科研单位的实验基地往往地处农村地区，有些地方还无法实现刷卡消费，在有刷卡消费的地点购置又涉及运输费用，增加了科研业务的成本。

三、国库集中支付系统解决问题的对策

1. 财政部门应该加强宣传的力度，加大培训的力度，从实际工作层面，培训行政事业单位的财务人员

由于改革前和改革后预算单位账务处理都有很大的变化，各单位财务人员要及时掌握国库集中支付后出现的新制度、新业务、新方法，强化财会人员的操作技能。国库支付涉及预算编制、用款申请、计划下达、项目管理等多个环节，这就要求财务人员不仅要做财务核算员，还要做掌握全局的预算员。此外，应加强单位财务人员专业知识的培训；建立起单位财务人员业绩考评机制。对业绩突出的人员给予表彰，使其积极性、创造性得到充分的发挥，业务素质得到较大的提高。

2. 为加快国库集中支付的改革步伐，必须做好相关的配套工作

一方面，逐步细化预算编制工作，完善政府采购预算，增强预算的约束力，为国库集中支付制度的推行提供可靠的保障；另一方面，建立适合于本单位的支

付中心业务结算系统、信息反馈系统，为国库集中支付提供必要的运行条件。建立自己发达的网络信息平台，逐步完善和提高国库支付系统的技术保障。加大力度营建县级以下刷卡消费系统，使公务卡消费真正实现全覆盖。

3. 购建自己的业务供应商网络支付系统

购建自己的业务供应商支付网络系统，规避财政资金拨付到二级单位。严格按照国库集中支付的要求，直接支付给供应商或劳务提供者账户。例如：吉林省农科院与新兴劳动服务公司合作，所有的临时用工人员的支出，支付到新兴劳服公司，所有的业务用工由新兴劳动服务公司提供。

4. 合理配置财务人员、引进高素质人才

由于业务量的增加，为了保证财务工作的有序进行，在人员配置上合理安排，做到能者上、庸者下，提高财务人员的积极性，使其多动脑，多学习，提高工作效率；积极创新工作方法，在信息和电算化高速发展的今天，利用有利资源加速提高自身的工作能力。积极引进高素质人才，充实人才队伍建设。

四、结束语

我们坚信，随着国库集中支付改革的深入，所有的财政资金全部纳入国库单一账户体系管理后，财政资金使用将更加规范；预算执行、收支信息更加透明、完整、准确和及时，为财政运行管理和宏观经济调控决策提供可靠的信息参数；增强财政资金的控制和统一调度，为实施财政政策和管理提供了资金运行保证，极大地提高财政资金的运行效率和使用效益。

参考文献

[1] 陈富强. 事业单位国库集中支付问题及对策建议 [J]. 时代金融, 2008 (11).
[2] 唐苏萍, 英学军. 基层国库集中支付改革中的运行问题探讨 [J]. 武汉金融, 2008 (9).
[3] 陈蓉. 国库集中支付对事业单位财务管理影响及其调整 [J]. 财会通讯, 2008 (11).
[4] 武聪玲. 财政集中支付下的事业单位财务管理浅议 [J]. 金融经济, 2010 (20).
[5] 梁灿荣. 事业单位国库集中支付问题及对策建议 [J]. 现代商业, 2009 (30).
[6] 陈立阳. 国库集中支付下的事业单位财务预算管理刍议 [J]. 中国集体经济, 2010 (3).
[7] 道客. 国库集中支付改革进程中存在的问题及建议 [EB/OL]. 道客巴巴论文网.
[8] 李亚卫. 浅谈行政事业单位预算管理中的误区 [J]. 财会通讯, 2010 (29).

创新事业单位财务管理的思考

向　昱　谢春斌

（广西壮族自治区农业科学院　广西南宁　530000）

【摘　要】经济全球化的发展要求事业单位必须进行财务管理创新。经济全球化是世界经济发展的趋势，我国加入世界贸易组织以后，在一些垄断行业内引入了竞争机制，逐步打破了部分事业单位的垄断性，降低了事业单位的行业垄断地位，事业单位面临的市场竞争日益激烈。随着经济全球化的发展，国外先进的管理理念对国内造成了较大的冲击，人们对事业单位的服务质量和效率提出了更高的要求。因此，事业单位有必要进行财务管理创新，不断提高财务管理水平，以求稳定地生存与发展。

【关键词】事业单位；财务创新；财务制度

随着我国经济体制改革的不断深入，我国事业单位的内外环境发生了较大的变化，过去那种粗犷的事业单位财务管理工作越来越不适应现在新形势所提出的要求，因此，创新事业单位财务管理工作，提高各项资金的使用效益，规范事业单位的财务核算就显得尤为重要。

一、事业单位财务管理概述

事业单位的财务管理，主要是指事业单位按照国家规定的方针、法规、政策以及财务制度，进行有计划地分配、筹集和运用资金，并对单位经济活动进行财务监督、核算与控制，以此来保障事业单位顺利完成所承担的各项科研及公益事业的一套程序。它既是事业单位经济管理的重点，也是事业单位对所承担项目财务管理的一项重要内容。其主要包含了收支管理、单位预算管理、负债管理、资产管理、财务分析和财务报告等。

二、事业单位财务管理创新的必要性

1. 经济全球化的发展要求事业单位必须进行财务管理创新

经济全球化是世界经济发展的趋势，我国加入世界贸易组织以后，在一些垄断行业内引入了竞争机制，并逐步打破了部分事业单位的垄断性，同时对事业单位的基础研究与应用研究方面提出了更高的要求；面对市场竞争日益激烈、经济的全球化、国际化、技术尖端化，社会对事业单位的服务质量和效率、科研水平提出了更高的要求。因此，事业单位有必要进行财务管理创新，不断提高财务管理水平，以求稳定地生存与发展。

2. 事业单位的不断改革要求其必须进行财务管理创新

随着改革的不断推进，事业单位的生存与发展状况发生了较大的变化。一部分已经由原来的事业单位改制为自主面向市场的企业性经营组织，所从事的业务也已经不再由国家进行统一的计划管理，越来越多的事业单位都面临着实行市场化的运作机制，参与到市场竞争当中去。为适应新的变化，事业单位财务管理的模式和方法必须进行创新[1]。

3. 在事业单位各级、各部门、各项目构建网络财务技术平台越来越重要

通过财务与计算机的协同与在线管理，达到资源共享、快速传递信息，及时解决问题是当前财务管理的新需要。网络财务的发展与应用要求必须对事业单位进行财务管理创新。我国会计相关法律法规也在不断完善的过程中，力求与国际惯例接轨，每一次完善都会发生一些变化，这也要求事业单位财务管理工作进行创新。

因此，事业单位财务管理有必要进行创新，以解决当前财务管理中存在的问题，进一步提高财务管理水平。

三、事业单位财务管理中存在的主要问题

1. 财务监督不到位

目前事业单位财务管理改革的力度还不够，大多数时候处于被动理财的局面，特别是随着体制改革的深入，事业单位的经济活动资金项目繁多，会计核算既不统一，又较分散，在管理上容易造成混乱和困难，出现了私设"小金库"、私自转移资金等现象，导致财力分散，容易造成资金的不合理使用、滋生腐败等现象[2]。

2. 防范财务风险的意识薄弱

目前大多数事业单位没有树立面向市场、面向社会、面向基层的理念，缺乏

市场竞争意识，财务管理不能适应市场经济条件的要求。在市场经济条件下，事业单位的运行与发展面临许多风险，然而大多数事业单位缺乏风险防范意识，防范财务风险的能力和水平较低，容易因财务风险引发较大的经济损失。

3. 财务管理行为有待规范和完善

（1）有的事业单位长期以来没有对固定资产进行清理和盘点，没有按照会计凭证进行登记，或者是固定资产不入账，形成账外资产，致使总账和明细账不相符、账面资产与实际资产不相符，如有的单位未将已竣工并投入使用的固定资产或是新购置设备等及时记入固定资产账。

（2）票据主要是来自财政部门、税务部门的发票，也有单位自购或自印的发票，事业单位使用票据是用于规费的收取，也有用于往来方面的收款收据，在票据管理中存在普遍性的混乱现象。主要表现在票据认购，票据领用，票据核销上存在监督的漏洞[3]。

4. 财务人员的业务素质有待进一步提高

多数事业单位财务人员仍停留在传统的"报账型"会计，一直习惯于记账、报账，对内、对外提供的基本信息仅限于历史数据，对单位的财务活动没有进行深入的事前预测、事中监督和事后分析，使财务管理不能很好地发挥对单位的指导作用，无法为领导和各级管理层、各项目负责人提供有价值的参考数据。

四、创新事业单位财务管理的措施

1. 强化审签责任，规范单位财务收支行为

审核是财务管理工作的关键环节，严把审核和签批关是确保资金安全有效的重要手段，也是依法理财的重要内容。

（1）牢固树立"花钱要节约，签字要负责"的理财观念，从严财务审核，慎用签批权，严格理财行为。

（2）明确来源于不同渠道的资金的使用范围。严格遵循资金"谁使用，谁负责"的原则，动态跟踪资金的使用情况，加强对各资金使用的监管，提高使用效率。

（3）严格财务负责人的审核责任。对各项经费开支和各项专项资金分配安排，坚持服从预算管理，从合法性、合理性、合规性等方面，全方位、多层面进行详细审核、签批，确保支出符合财务制度的规定，符合各项专项资金管理办法规定。

（4）严格分管领导的审签责任。单位分管财务的领导严格按照年初财政批复的年度部门预算和项目安排的预算进行审签，不能随意或擅自改变资金支出用途和调整项目，如确需改变则先报经主管部门审核、批准；严格按用途安排项目、

使用资金；同时，不签批无预算、无计划的支出款项，不签批有收支计划但无资金来源的支出款项。

（5）严格重大支出款项的审签责任。单位重大支出款项，特别是单位基建项目、大宗采购、大额项目资金分配安排等重大支出款项，应由领导班子集体研究决定，形成决议后由单位负责人签批。

2. 树立风险意识，规避财务风险

事业单位应该结合本单位的实际情况有效地预计和把握可能出现的风险，建立健全财务风险预警机制。同时，还应该加强财务人员的风险管控能力，有效增强财务人员的风险意识。事业单位的财务人员应该主动参与到本单位的各项业务和管理工作中来，关注市场需求，合理调整资金配置，提高资金的使用效率。

（1）应该在财务管理工作中树立"以人为本"的理念，提高财务人员的整体素质，充分调动人的创造性、主动性和积极性，围绕人来展开财务管理，增加人力资源投资，这是创新行政事业单位财务管理的根本保证。

（2）树立依法理财，科学理财的观念，增强法律意识。严格执行本行业、本单位的会计制度和财务规则，用制度来规范会计核算和财务管理工作，特别是领导干部一定要切实依法进行财务管理。

（3）完善财务人员岗位职责制度、各项经费管理制度等综合性的管理制度，同时加强监督"三公"经费使用，加强公用车辆使用、人员接待等相关性的管理制度，加强邮资费、电话费、办公费等单项的管理制度，通过建立健全各项制度，规避各项财务风险的发生，防患于未然[4]。

3. 强化财务管理制度约束

财务制度是规范单位财务行为的重要准则，也是维护财经秩序的重要保障。从目前来看，很多事业单位财务制度尚不够健全，各单位要着力完善财务制度，加快形成健全的财务制度体系。

（1）进一步完善资金支付制度。大宗商品和服务采购、基建项目、单位内部转账等支出，必须按照法定程序支付办理。对农民的补贴，尽量通过"一卡通"及时足额兑现到农民手中。对工资支出、购买支出和其他特定用途的支出项目，实行直接支付，通过财政直接拨付到用款项目单位或收款人。凡需要使用现金结算的公务接待等公用经费支出，原则上使用公务卡结算。

（2）进一步完善内部审计制度。各单位每年要开展对本单位经费开支和专项资金使用情况的内部审计，重点审计会议费支出、接待费支出、奖金发放、专项资金分配、经费报销标准和大额商品采购、大额现金提取使用以及原始凭证合法性和真实性等情况。要自觉接受审计和财政、监察部门开展的年度审计和专项检查。

（3）进一步完善财务信息公开制度。坚持把重大支出、民生支出、单位

"三公费用"支出等作为公开的重点，逐步扩大公开的范围和内容，自觉接受社会各界的监督，增加单位财务收支信息的公开性和透明度。

（4）进一步完善责任追究制度。明确财务管理岗位职责，划分第一责任人和具体责任人，强化对工作不力、审签不严等责任的追究，特别是对造成重大经济损失，形成重大财务问题的，要严格按照《财政违法行为处罚处分条例》等有关法律法规予以处罚。

4. 突出预算管理及绩效管理，确保财政资金高效使用

预算管理和绩效管理是新时期、新阶段对单位财务管理工作的新要求，是财政支出预算化、科学化、精细化的具体表现。各单位要把预算管理、绩效管理摆到更加突出的位置，作为财务管理的重点来抓。

（1）切实做好事业单位部门的综合预算，精打细算，规划各项收入支出。各项支出要做到有预算、有计划，确保把有限的资金用到"刀刃"上，用好每一分钱，充分发挥各项资金的使用效益；对专项资金安排的项目要充分论证，注重科学合理，具有前瞻性，不能盲目投资、搞形象工程、政绩工程、"拍脑袋"工程，确保资金使用绩效；会议和公务接待本着从简、节约的原则，严格住宿餐饮开支标准，从严控制规模和规格，厉行节约，严禁铺张浪费。

（2）实现整合效应。要多渠道有效整合各种资源和资金，分清轻重缓急，集中有限财力解决面临的难点问题和热点问题。

（3）开展绩效评价。单位内部要做好绩效自评并接受各有关管理单位绩效考评工作，并及时整改自评和考评中存在的问题。同时，组织开展对科室和下属单位的绩效评价工作，采取"绩效考评、追踪问效"的方法，绩效考评结果要作为单位年度先进评选的重要依据。

5. 严肃财经纪律，规范财经秩序

财经纪律是单位财务管理工作必须遵守的行为准则，是党和国家方针政策在财务管理工作中的具体体现。当前，个别单位仍然存在财经法纪意识淡薄、滥发钱物、私设"小金库"等违反财经纪律的情况，严重影响了事业单位的财经秩序。因此，各单位要多措并举，进一步严肃财经纪律，促进财经秩序的根本好转。

（1）维护财经纪律的严肃性。要自觉遵守财经纪律各项规定，共同维护财经纪律的严肃性和约束性，推动依法行政、依法理财。

（2）规范收入征缴行为。各单位要按非税收入收支两条线管理的规定，及时把收入缴入国库或财政专户，做到应收尽收、应缴尽缴，防止跑、冒、滴、漏，不能随意减免，更不能隐瞒、截留、坐支应缴的财政收入。

（3）严格经费支出管理。严禁擅自扩大各项开支范围，提高开支标准；严禁巧立名目、虚报冒领财政资金，造成财政资金的流失；严禁动用公款请客送礼、

铺张浪费，挥霍财政资金；严格控制津贴补贴、奖金的发放，不准自行新设津贴补贴项目，不许滥发奖金、加班费等。

（4）深化"小金库"专项治理工作。各单位要继续开展"小金库"的专项治理工作，巩固治理成果，切实防止私设"小金库"。

（5）加强专项资金监督检查。定期开展对专项资金的检查，确保专款专用，严禁挪用、挤占专项资金。

（6）加强政府采购管理。要严格按《政府采购法》的规定实施政府采购和招投标，未经财政部门批准不得自行组织采购，更不允许化整为零规避公开招标和政府采购监管等。

6. 加强学习、培训，建设高素质的财务队伍

财务人员队伍状况决定着单位财务管理工作的水平，影响到单位财务管理职能的发挥。各单位要把财务队伍建设作为财务管理工作的重要基础工作来抓，制订针对性强、行之有效的学习、培训计划，采取多种多样的学习、培训形式，推动单位财务人员深入学习、培训；造就一支素质高、能力强的财务队伍。构建财务学习、培训长效机制，坚持开展各项培训，常抓不懈，使学习、培训经常化、制度化、常态化。

在新形势下，随着事业单位改革的进一步深化，许多决策更加依赖于财务分析提供的信息，财务管理作为中心地位将更加突出。在促进事业单位的财务管理向预算化、规范化、科学化、法制化管理轨道迈进的过程中，必须加大改革力度，积极探索财务管理的新模式，建立一种全新的财务管理体制，对促进事业单位发展有积极的现实意义。

参考文献

［1］ 赵西省. 加强事业单位财务管理的对策及建议［J］. 创新论坛技术与创新管理，2007（3）：37-39.

［2］ 王丽. 浅谈事业单位财务管理［J］. 科技资讯，2009（1）：123.

［3］ 赵秋敏. 强化行政事业单位财务管理［J］. 会计之友，2009（1）：32.

［4］. 马晓琳. 事业单位财务管理向企业化财务管理转轨的思考［J］. 会计之友，2009（3）：39-40.

浅谈小企业合理避税的方法和作用

徐亚馨

（辽宁省蚕业科学研究所　辽宁丹东　118000）

【摘　要】企业竞争的最终目标就是实现企业价值最大化这一财务目标，要实现企业价值最大化就要降低企业成本，税收成本是企业成本重要组成部分。走合理避税道路，实现企业利润最大化。

【关键词】合理避税；方法；作用

在市场经济条件下，企业之间的竞争十分激烈。企业竞争的最终目标就是实现企业利润最大化，要实现企业利润最大化，就要想办法降低成本费用。各种税收支出是企业成本的重要组成部分，它的存在直接或间接制约着企业财务管理目标的实现。有些企业为了降低企业成本，铤而走险，无视国法，采取各种形式进行偷税、逃税。偷税、逃税也有机会降低企业成本，但是这样做既增加了经营风险，又有损企业形象，不利于企业的长远发展。那么不通过偷税、逃税能否降低企业税收成本呢？答案是肯定的，这就需要合理避税。

一、合理避税的内涵

合理避税是指纳税人在税法许可的范围内，通过对自身生产经营活动进行适当的事先安排和运筹，充分利用税法所提供的包括减税、免税在内的一切优惠政策，降低税收成本，实现企业利润最大化。有些人一提起避税就联想到偷税，更有甚者打着避税的幌子行偷税之实，但是避税与偷税有着本质的区别。对于纳税人来说，要有效利用合理避税增加企业收益，首先要了解避税与偷税的区别。

尽管避税与偷税的目的都是为了规避或减少税款支出，都会导致一定时期国家税款的减少或丧失，但二者有着本质上的差别。偷税行为直接违反税法，国家根据纳税人的偷税行为要对其进行制裁；避税是一种合法行为，虽然避税有时在做法上有钻漏洞、打擦边球的嫌疑，但是它不违反税法，它是顺应税法立法意图的，是税法予以引导和鼓励的，避税是有效地规避纳税义务。偷税行为直接违反了税法的规定，损害了国家利益，妨碍了企业间的公平竞争，因而要受到法律的制裁。避税按其影响不同，可分为正当避税和不正当避税两种情况，正当避税从主观到客观完全合法，是国家利用税收杠杆促进资源合理配置、提高宏观经济效益的有效手段，纳税人在追求企业价值最大化的同时也符合国家和社会的公共利益；不正当避税在形式上虽然没有违法，但是本意违背了税法的立法意图，违背国家的税收政策导向，国家必将通过完善税收立法和加强税收征管予以治理，不正当避税将促进国家改进和完善税法及税收政策。

偷税在我国的《税收征管法》中有明确的法律定义：纳税人伪造、变造、隐匿、擅自销毁账簿、记账凭证，或者在账簿中多列支出少列或不列收入，或者经税务机关通知申报而拒不申报、进行虚假申报，不缴或少缴应纳税款的行为为偷税。但避税行为由于不直接违反税法，所以"避税"一词在法律上完全没有意义，没有哪个国家对避税行为作出明确的法律解释，从实践情况来看，纳税人采取的减轻税收负担的措施只要不属于偷税行为，就可以把它列入合理避税的范畴，并且是一种合法行为。

二、合理避税的基本策略

避税的直接目的就是要在税法许可的范围内，减轻纳税人的税收负担。为达到此目的，就要围绕企业不同的经营活动展开，也可以围绕企业应纳税的税种展开。从税种来看，流转税是按流转额的大小来计征，税款可以转嫁给消费者，对企业来说，除了可获得延期纳税的好处外，减少纳税的意义不大。所得税是按企业所得额大小课征，所得额是企业运营活动的终点，因此，企业运营活动的过程是怎样合理避税的重点。

对于新建企业来说，单位组织形式的选择、投资地区、投资行业、投资方式的选择，都可以享受到税收差别待遇，也就是税收优惠政策。投资者要考虑相应的税收政策，再结合自身状况进行全面权衡、综合决策。

对于有一定经营历史的老企业来说，新建企业的很多优惠政策享受不到，这就需要经营者把避税的重点放在企业的运营活动中。企业通过各种不同方式筹集到足够资金投入生产经营过程后，财务活动即进入资金运营阶段。反映营运活动成果的主要经济指标是利润，利润也是计征企业所得税的主要依据，利润＝收入－费用。在会计核算中，收入的确认与费用的分摊往往有多种不同的方法可供选择，这就为企业在税法许可的范围内调控利润、减轻税负提供了可能。

1. 销售收入结算方式的选择

企业在销售货物时，有多种结算方式可供选择，而不同的结算方式其收入确认的时间也是不同的。税法规定：直接收款销售方式以收到销货款或取得索取销货款的凭据并将提货单交给买方的当天作为销售收入确认时间；赊销和分期收款销售方式以合同约定的收款日期作为销售收入确认时间；预收货款销售方式以货物发出的日期或是发票开具的日期作为收入确认时间。这样，企业可以通过合理地选择结算方式，控制销售收入的确认时间，从而达到减税或滞延纳税时间的目的。如果某小企业生产销售季节性特点很强，每年的 6 月份是销售旺季，6 月份销售额在 500 万元左右，占全年总额的 60% 以上，增值税按 17% 计算，应交销项税 80 多万元。7 月份是本企业购进次年生产原材料的时间，所以该企业将 6 月份的销售全部作为预收货款入账，7 月份确认收入，销项税与原材料进项税抵扣。由于货币的时间价值，延迟纳税会给企业带来意想不到的节税效果。

2. 存货的计价方法的选择

按 2007 年 1 月 1 日起实施的新税法的规定，发出存货的计价只可采用先进先出法、加权平均法、个别计价法，而不同的存货计价方法对企业的成本、利润、应纳税所得额的影响是不同的。一般来说，在物价呈上涨趋势时，企业应采用加权平均法，使后期进价较高的存货成本在当期增加销售成本，减少当期利润和应纳税额，在物价呈持续下跌趋势时，企业发出存货应采用先进先出法，增加销售成本，减轻所得税负。如果企业处于所得税免税期，企业的利润越大，获得的免税额就越多，此时企业应采用适当的存货计价方法，降低销售成本，增加当期利润；反之，如果企业处于高税负期，则应增加销售成本，减少当期利润，以规避企业所得税。

3. 固定资产折旧方法

固定资产折旧方法主要有两类：直线折旧法和加速折旧法。不同的折旧法直接影响当期的折旧费用的大小、利润的高低，进而影响应纳税所得额的大小。为此，企业应善于选择合适的折旧方法，为自己争取相应的税收利益。一般来说，在比例税率下，若各年所得税率保持不变或呈下降趋势时，企业应采用加速折旧法，这样可以把前期利润推延至后期，延缓纳税时间；在比例税率下，如果企业从获利年度起享有一定的减免税期，则应尽量把利润集中在前期，此时应采用直线法。

企业采用何种折旧方法只能在税法许可的范围内选择。我国有关的税收法规规定：企业固定资产折旧方法一般为直线法，对于促进科技进步、环境保护以及受强烈腐蚀的机器设备，确需缩短折旧年限采取加速折旧方法的，由纳税人提出申请，经当地税务机关审核批准方可执行。

三、合理避税应注意的问题

1. 避税只能在税法许可的范围内进行

税法是调整国家与纳税人之间在征纳税方面权利与义务关系的法律规范，是纳税人只能遵守而不能逾越的法定界限。想要在税法规定的范围内合理避税，需要精辟理解税法，只有吃透税法的立法精神，合理避税才能在企业经营活动中成为事前控制，才能把握好合理避税与偷、逃税的界线。合理避税要随着国家税法的改变而及时调整策略，不求甚解、避税力度过大都会给自身带来不必要的损失。对于纳税人而言，合理避税是应享有的一项权利，依法纳税是应尽的一项义务。如果纳税人只想享受权利而逃避义务，很可能走向偷、逃税的旁门左道，自酿苦酒自己喝。

2. 合理避税要注意风险防范

避税是企业理财活动中的一个重要决策问题，既然是决策，就会有风险。合理避税应充分考虑企业所处外部环境条件的变迁、未来经济环境的发展趋势、国家政策的变动、税法与税率的可能变动趋势，目前，我国税制建设还不很完善，税收政策变化较快，纳税人必须通晓税法，在利用某项政策规定筹划时，应对政策变化可能产生的影响进行预测并防范避税的风险，因为政策发生变化后往往有溯及力，原来是合理避税，政策变化后可能被认定是偷税。因此，要能够准确评价税法变动的发展趋势。

3. 准确理解与把握税法

全面了解与投资、经营、筹资活动相关的税收法规、其他法规以及处理惯例，深入研究掌握税法规定并充分领会立法精神，使纳税筹划活动遵循立法精神，才能达到纳税筹划的目的。既然纳税筹划方案主要来自不同营运方式的税收规定的比较，故对与其相关的法规进行全面理解与把握，就成为纳税筹划的基础环节。有了这种基础，才能进行比较与优化选择，制订出对纳税人最有利的投资、经营、筹资等方面的纳税筹划方案。如果对有关政策、法规不了解，就无法预测多种纳税方案，纳税筹划活动就无法进行。

4. 关注税法变动

成功的纳税筹划应充分考虑企业所处外部环境条件的变迁、未来经济环境的发展趋势、国家政策的变动、税法与税率的可能变动趋势、国家规定的非税收的奖励等非税收因素对企业经营活动的影响，综合衡量纳税筹划方案，处理好局部利益与整体利益、短期利益与长远利益的关系，为企业增加效益。目前，我国税制建设还不很完善，税收政策变化较快，纳税人必须通晓税法，在利用某项政策规定筹划时，应对政策变化可能产生的影响进行预测和防范筹划的风险，因为政策发生变化后往往有溯及力，原来是纳税筹划，政策变化后可能被认定是偷税。因此，要能够准确评价税法变动的发展趋势。

自始至终，我们都在强调规避税收的合理性、合法性。当前，小企业的经营状况并不轻松，如何实现自身强大的创新能力和经济活力，合理避税或许可算一条可行之道。

参考文献

[1] 蔡昌. 税务筹划、技巧与运作 [M]. 深圳：海天出版社，2003.

加强财务管理 提高企业经济效益

李立民　马淳正

（辽宁省风沙地改良利用研究所　辽宁阜新　123000）

【摘　要】随着我国市场经济的发展，企业管理以财务管理为核心，已成为众多企业管理者的共识。财务管理贯穿于企业管理的各个领域、各个环节，影响着企业的发展与壮大。因此，必须采取积极有效的措施，加强企业的财务管理，提高经济效益，保证企业的健康发展。本文提出了加强财务管理的资金管理、成本管理、财务风险控制、财务分析和建立健全财务管理制度等的具体措施。

【关键词】财务管理；经济效益；资金管理；成本管理；风险控制

现代企业制度的发展，使财务管理的功能日益得到强化。在激烈的市场竞争条件下，企业要生存和发展，财务管理作用的发挥尤为重要。企业要提高经济效益，就必须加强财务管理。

一、财务管理的含义和目标

财务管理是指企业为实现良好的经济效益，在组织企业的财务活动、处理财务关系的过程中所进行的科学预测、决策、计划、控制、协调、核算、分析和考核等一系列企业经济活动过程中管理工作的全称，是企业经营管理的重要组成部分，它贯穿于企业管理的全过程。财务管理的目标又称理财目标，是企业财务管理在一个特定环境和条件下，通过组织财务活动、确定财务关系所应达到的预期结果。财务管理目标取决于企业生存目的或企业目标。

1. 企业经营管理目标及其对财务管理的要求

企业作为自主经营、自负盈亏及独立的商品生产者和经营者，其经营管理目标是尽可能取得最大的利润，并使企业稳步发展。而财务管理作为企业管理的一个重要组成部分，其意义就在于实现企业的经营目标，这就要求企业必须加强财务管理，从而提高经济效益。

首先，企业必须保证生存才能获得利益。因此，力求保持以收抵支和偿还到期债务的能力，减少破产的风险，使企业能够长期、稳定地发展下去，是对财务管理的第一个要求。

其次，企业要发展集中表现为要增加收入，而增加收入就是要投入更多、更好的有效资源。在激烈的市场竞争中，各种资源的取得都需要付出资金，因此，筹集企业发展所需要的资金是对财务管理的第二个要求。

最后，在市场竞争中，资金的每项来源都有其成本。企业的财务管理人员必须将正常经营产生的和从外部获得的资金有效地加以利用。因此，通过合理、有效地使用资金使企业获利，是对财务管理的第三个要求。

2. 财务管理目标

财务管理目标是企业评价财务活动的基本标准，明确企业财务管理目标是做好财务管理工作的前提。财务管理目标取决于企业的总目标，最高目标应着眼于企业的获利能力，基本目标应着眼于企业的生存和发展能力。

二、财务管理与经济效益

财务管理是企业经营管理的重要组成部分。企业的经营管理目标是谋求最佳经济效益，所谓经济效益，就是经济活动中投入与产出之间的数量关系，即生产过程中劳动占用量和劳动消耗量同劳动成果之间的比较。经济效益主要是通过资金、成本、收入等财务指标表现出来的，通过合理安排财务收支，以及对企业各经济环节资源消耗、占用和经营成果进行记录、计算、对比和控制，不断优化资源配置，促进企业提高经济效益。因此，企业财务管理工作中的立足点，是提高经济效益。在生产经营活动的各个环节，应合理投放资金，改进核算方法，加强管理制度和内部控制，开展检查监督，有效地提高企业经济效益。财务管理工作既要加强专业管理，统一组织，控制、检查财务指标的制订和实现，又要必须熟悉生产工艺和生产过程，组织生产、技术、经营各个部门提出降低成本，增加盈利，节约资金的目标，分析潜力，研究措施，检查成果，使财务管理与企业各项管理相结合，不断提高企业盈利水平和资金利用效益。

企业的经济效益是在提高生产的合理性，技术的先进性，经营的优良性的基础上产生的。但是，如果不加强企业的财务管理，也不能保证经济效益的有效实现。而且，借助于财务指标的要求，如降低成本，合理投放资金，增加盈利等，在一定条件下，还可以推动各项经济效益的提高，促进生产、技术和经营工作不断改进。

企业财务管理涉及企业生产经营的各个环节。不管是人、财、物还是产、供、销，每个部门、每个环节都会通过使用资金与负债财务管理的部门发生联系。每个部门、每个环节也都要在使用资金、提高经济效益上接受财务管理部门的指导，受到财务管理制度的约束。

三、加强财务管理的措施

企业的内部财务管理主要是以资金管理和成本管理为中心，通过价值形态的管理达到实物形态的管理。

1. 企业财务管理应以资金管理为中心

在企业的各项管理活动中，财务管理是企业管理的重要内容之一，而资金管理又是财务管理的中心。企业要在市场竞争中站稳脚跟，只有抓住资金管理这个中心，采取有效的管理和控制措施，才有可能从根本上提高企业的经济效益。

（1）强化资金预算管理：企业实施预算管理是提高企业整体管理水平的重要手段，预算管理的核心在于对企业未来的行为事先进行安排和计划，对企业内部各部门单位的各种资源进行分配、考核、控制。以使企业按照既定目标行事，从而有效实现企业发展战略。预算管理应在对市场进行科学预测的基础上，以目标利润为前提，编制全面的销售预算、采购预算、费用预算、成本预算、现金收支预算和利润预算，使企业生产经营能沿着预算管理轨道科学合理地进行。年度预算编制后，根据实际情况，分解为月度预算，进行月度经济活动分析，找出问题和生产经营的薄弱环节，也便于采取相应的对策。月度预算采取近细远粗的滚动预算形式，这样就可以实时把握企业全年利润目标的动脉，发现不足，及时改进，提高企业的经营管理水平。

（2）加强资金的监督力度：企业定期不定期地对资金使用情况进行检查，既通过日常的报表了解全面情况，又通过专项检查发现资金预算执行过程中的深层次问题，特别是应收账款、预付账款等往来项目应逐笔实行跟踪管理，如以现金流量表为基础，采用同期数据对比，分析各个阶段各项资金的走势，判断其出现异常的原因，提出控制和解决的办法。

（3）优化流动资金内部结构：企业应根据自身所拥有的资金数量，结合生产经营状况，充分考虑市场的变化，运用现代管理技术，预测企业的销售状况，合理安排生产，并组织采购，即确定各种资金形态的合理比例和最优结构，并据此来安排资金。将各种资金始终保持较好的比例和结构，以减少资金在各个环节的浪费，加速资金的周转，促进资金的有效利用。

2. 强化财务管理应以成本管理为重点

企业要提高经济效益，必须加强成本管理，把产品成本控制在一个合理的水平上，既保证产品质量，又大力降低消耗；如果产品成本控制不好，损失浪费到处可见，那么，企业提高经济效益就是一句空话。

（1）人人参与成本管理。要大力培训员工，宣传和培养成本意识，将目标成本具体细化到每个工作岗位和每个职工，形成以企业负责人为中心的全员控制体系，人人身上有指标，消耗有定额，考核有手段，层层有责任，从而调动职工千方百计降低成本的积极性。以最低的成本和费用，以最低的消耗取得最大的经济效益。只有这样，才能从各个方面杜绝浪费，堵塞漏洞。

（2）加强材料、人工、费用成本控制。

① 材料成本控制：在企业的产品中，材料成本占有很大比重，应该作为成本控制的重点。材料成本应从材料价格和材料用量两个方面进行控制。

② 人工成本控制：主要从职工定员、工时定额等方面进行控制。

③ 费用成本控制：由于费用支出的项目多、范围广，控制比较困难，一般要通过编制费用预算来进行控制。在所有费用项目中，凡能制订费用定额的，可以按照费用定额进行控制；不能制订费用定额的，可以按照部门确定费用限额，通过费用手册等进行控制。

④ 强化费用审批程序。企业应规定各种费用的审批单位和审批权限，从而保证管理层有权亦有责。属于正常范围内的费用开支由有关的归口业务部门审批，属于重大项目或计划外项目的费用开支，则应由企业主要领导人审批或企业领导集体审批。不管由谁审批，都要严格执行国家规定的财务制度。

3. 建立健全财务风险控制机制，提高企业竞争力

企业应建立对财务风险进行事前、事中控制，事后管理的防范与控制机制，定期撰写分析报告，进行风险警示和评价，要运用定量、定性分析法，观察、计算、分析、监督财务风险状况，及时调整财务活动，控制出现的偏差，有效地阻止或抑制不利事态发展，将风险降到可控范围之内。对已经发生的风险要建立风险档案，并从中汲取经验教训，以避免同类风险的再次发生。

4. 开展企业财务分析活动

开展财务分析活动，是为了评价企业过去的经营业绩，衡量现在的财务状况，预测企业未来的发展趋势。在企业内部，财务的分析和考核是企业管理中的重要环节。财务分析的原则是：从财务的角度来看经营，从经营的观点看财务。在分析内容中，主要产品的毛利率及其分布、新产品的试制情况、存货周转情况、经营活动收支情况、应收款项账龄分析、预付账款、其他应收款等指标都在分析之列。通过这些具体数字，了解企业实际的经营状况，进而将企业存在的困难和问题——化解，为企业的快速发展保驾护航。在财务讲评时，应注意抓典型、抓两头，将财务活动的实际成果与财务计划目标相对照，寻找差异，采取措施纠正财务计划执行中的偏差，确保财务计划目标的实现，为企业营运提供决策依据。

5. 加强财务管理制度建设，提高财务管理人员整体素质

财务管理应以促进企业提高经济效益为目的。通过建立健全财务管理制度，加强企业财务人员对内部控制制度的认识，提高对内控制的意识。财务管理涉及企业生产经营的各个环节，贯穿于每一项经济活动中，应有一套完整、严密、可操作的规章制度。通过这些内控制度的建设，才能防止和避免生产经营中的偏差及制止营私舞弊行为；提高财会人员的业务水准，规范会计工作秩序。把好用人关，是实施企业内部控制的重要条件；建立和加强监督机构，充分发挥其作用，对企业财务管理基础工作的检查考核要从细微处起，应建立健全分析核算制度，以达到人、财、物的合理配置和有效使用，促进企业经济效益的提高。

总之，随着市场经济的高速发展和改革的不断深入，企业财务管理越来越成为提高经济效益、获取最大利润的重要手段，因此，必须采取积极有效的措施，加强企业的财务管理，保证企业的健康发展。

参与文献

[1]　财政部注册会计师考试委员会. 财务成本管理 [M]. 北京：经济科学出版社，2004.

探索篇

农业科研项目经费管理之我见

刘艳辉

（河北省农林科学院滨海农业研究所 河北唐海 063200）

【摘 要】项目经费是农业科研单位的主要科研经费，用好管好这些经费，是每个农业科研单位所面临的问题。该文针对经费管理的现状，提出了自己的对策，尤其提出了对科研项目实行矩阵式管理模式，调动各参与者的积极主动性。

【关键词】农业科研；经费管理

随着国家对农业投入的加大，科研单位的项目经费越来越多，如何让有限的经费发挥最大的作用，如何规范项目经费的支出使用，是每一个农业科研单位必须面临的问题。

一、项目经费管理的现状

1. 前期研究缺乏资金支持

有些项目申报之前就已经有了相当一部分支出，这部分前期支出不能在该项目下列支。一个作物的新品种、一个课题的重要研究成果，往往要通过科研人员多年的不懈努力才能完成，而有些研究虽然花费了心血和钱财，却不一定有回报，一个好的立项往往是建立在这些前期支出基础之上的，而这些前期支出也是必需的。

2. 经费下拨延迟，垫付支出，突击花钱

有些项目年初甚至是前一年就已经审批立项，但往往在下半年才下划拨经费，而且有些期限为一年的项目还要求在年末把钱花完，而农业方面的实验种植，往往从三四月份就已经开始，这就要求执行单位自己先垫支经费，经费到位后又突击支出，特别是授权支付的项目经费，如果垫支的经费数额超过自筹部分，额度到达后需要转出超出的部分，这种做法却又不符合规定。

3. 多渠道申报，互为自筹

有些项目要求必须有配套经费，一些单位往往为了多争取科研经费，盲目编制配套经费，自身又无力承担，只好同一课题同一研究往往在不同部门不同级次进行多头申报，互相作为自筹资金来通过验收。

4. 项目预算与实际支出不符

这主要有两方面的原因：一是项目的预算编制往往是由科研项目的主持人来完成，他们往往是某一科研领域的专家，而不擅长财务预算，所以很难编制出既符合项目实施要求的经费预算，又符合财务管理制度的经费预算。二是科研支出往往带有不确定性，预算数字与实际支出很可能不完全相同。

二、农业科研项目经费管理的对策

1. 建立并完善项目管理体系

建立并完善项目管理体系，如在项目立项、预算编制、经费支出、审计验收等环节都有法可依，有据可查，健全科研资金的管理及使用办法，尤其规范项目支出范围、比例，使每一分钱都用在该用的地方，避免浪费。加强科研资金的动态监管，定期或不定期地进行项目检查的同时进行财务检查。

2. 签订项目合同书时应明确项目经费的划拨时间

划拨时间最好在年初一次性或按进度分批拨付，使得项目承接单位能按预算统筹安排科研活动，及时付款，各项科研活动能依次顺利进行，保证科研的时效性。同时各主管单位不应对项目承接单位的支出进度作硬性规定，比如到几月份要完成支付比例多少，科研经费不是把钱花出去就行了，而要为科研服务的，要避免想花钱的时候没钱花，不需要花钱的时候又要"突击消费"。有些单位为了完成进度，把别的课题费用也在该课题下列支。

3. 重复申报问题

针对同一课题的重复申报，国家应该制定一套切实可行的管理模式，开发一套管理软件，不管在哪个级别哪个系统申报，各级管理单位都能掌握该信息，从源头上避免科研资金的浪费。同时应该加强项目的结题审计，保证科研经费的支出合法合规。

4. 财务人员对科研项目经费的管理要全程参与，实时监控，落实到底

科研项目应采用矩阵式管理模式，一个科研项目需要不同岗位人员的共同参与，组成项目小组，分工协作共同为该项目负责。财务人员也应在项目申报初期就参与进来，从项目预算、经费支出、验收结题、项目审计、剩余资金的处理等各环节进行全程实时管理，为科研经费的合规使用保驾护航。这里需指出的是财务人员的重要地位。因为许多人认为科研经费主要靠单位的科研管理部门和科研

人员来争取，经费的所有权归课题组所有，单位不应过多干涉。而项目负责人是学术型专业人才，对于项目经费管理缺乏经验，在使用经费时缺乏计划，容易造成经费使用中的种种违规现象；加之单位为了鼓励科研经费的立项，往往对其财务管理放宽尺度，也容易造成科研经费的不合理开支；同时科研经费的预算编制和使用往往由不同部门负责，也是造成支出与预算不符的主要原因，科研经费的预算管理在引入额度管理科研经费之后尤其重要，要严格控制项目经费按照预算编制支出，这就要求在预算编制时周全考虑支出明细，合理估计各项开支的金额。要做到这些都离不开财务人员的专业知识。实行矩阵式管理模式，使得项目组成员能够有归属感和责任感，工作积极主动，各司其职，为自己负责，也为课题项目负责。

科研项目资金占单位资金总额的很大比重，是完成科研项目的基本保证，项目资金运转的好坏直接影响到科研成果。管好用好每一分钱，避免科研资金的浪费是每个科研单位不可推卸的责任。

参考文献

[1] 付小燕. 现行农业科研事业单位科研课题（项目）经费财务管理中的问题与对策 [J]. 农业科研经济管理, 2009（1）: 31-35.
[2] 沈建新，郭媛嫣. 农业科研项目经费管理的思考 [J]. 安徽农业科学, 2010, 38（12）.

农业科研单位的国有资产管理探析

宋东红　　王大志

（吉林省农业科学院　吉林长春　130124）

【摘　要】随着国家对农业科研投入力度的加大，农业科研单位的资产规模也在逐步扩大，农业科研单位的资产管理工作将面临新的考验。本文根据农业科研单位资产的特点，分析了农业科研单位资产管理存在的问题，提出完善国有资产管理机制，构建科学的资产管理体系；强化资产管理观念和意识，提高管理水平；加强财务管理，完善监督机制的对策。

【关键词】农业科研单位；资产管理；对策

农业科研单位的资产是指农业科研单位占用或使用的能以货币计量的经济资源，是完成各项科研任务、开展业务活动的基本条件。农业科研单位占用和使用的资产无论形成资产的资金来源渠道如何、资产形态如何，都属于国有资产，是国家资产的重要组成部分。随着国家对农业科研投入的力度不断加大，农业科研单位的资产规模也必将不断扩大，农业科研单位的资产管理工作将面临新的考验。

一、农业科研单位资产的特点

（1）所有权和管理权、使用权分离，所有权属于国家，管理权和使用权在单位。

（2）固定资产起点低，没有明确的使用年限，购入时一次性支出，不需要通过计提折旧的方式补偿。

（3）无形资产虽多，但账面反映很少。无形资产账面价值体现得不全面、不真实。

（4）对外投资无长短之分，无比例之别，一律采用成本法核算。

（5）各项资产按历史成本入账，无原值净值之分。

（6）在建工程按基本建设会计制度核算，体现在会计报表中只是一组数据。

（7）资产的多样性、复杂性、技术性、专业性。

二、农业科研单位资产管理存在的问题

（一）账实不符，家底不清

农业科研单位多存在账实不符，家底不清的问题，具体表现在以下几个方面。

1. 固定资产方面

一方面资产价值大于账面价值，主要体现在：基本建设项目完成后没有及时结转固定资产；接受单位和个人捐赠的资产没有入账；用购买的材料自制非标设备没有入固定资产账；原有资产创收，用收益直接购买固定资产没有入账；为逃避政府采购，化整为零，以配件、耗材形式购买固定资产没有入账；用下拨经费在协作单位购买的固定资产没有入账，等等。另一方面是资产价值小于账面价值，主要体现在：一些毁损严重的或已无使用价值的固定资产，没有及时履行报批手续；房屋拆迁、公房出售等没有及时注销资产；执行的会计制度缺陷，固定资产采用历史成本法核算，资产价值远远小于账面价值；为协作单位购买的资产，因其使用权和管理权均不在本单位，所有权形同虚设；另外，农业科研单位有很多田间建设、防沙护林、机井灌溉等都是在基地完成，随着客观条件的变化和课题的结束，试验基地也会发生变化，上面所说的资产是不可移动的土地附着物，不可能随着基地的搬迁和课题的结束而收回，故该资产也是虚的，如此等等，使科研单位的资产缺乏真实性。

2. 流动资产方面

有些应收或预付款项或早为费用支出或早已成为呆账，还一直在资产账面管理，虚增了单位的资产金额，主要体现在：由于一方违约，已购买使用的设备或材料因无发票而无法列支，只好一直挂在应收款中；原生产经营中赊销的应收账款，早已过了法律时效期，因无法取得相关的依据申报核销而滞留账中；由于情况的变化，原借款虽取得发票，但因已无列支渠道而无法列支，等等。还有材料虽已使用，但未办理出库手续；积压的材料已变质或损毁，没有使用价值，仍在库存材料中；由于技术更新和市场变化，原有的材料已失去使用的市场和价值；科技副产品没有入账管理等，使科研单位的资产缺乏真实性。

3. 对外投资方面

农业科研单位对外投资，一是用货币资金或其他非货币的流动资产（多数为存货）；二是用固定资产；三是用无形资产。用货币资金和存货投资需要减少事

业基金中的一般基金，因一般基金金额有限，故科研单位对外投资用固定资产、无形资产投资所占的比例较大，该投资本是应做两组会计分录的，有些会计人员只做了一笔，或直接增加对外投资、增加事业基金中的投资基金，直接减固定资产和固定基金，造成对外投资核算的不准确。还有，无论是用存货还是用固定资产、无形资产来对外投资，其投资金额是按评估价值入账的，不是按账面价值，这一点若入账有误，也会引起对外投资核算的不准确，使科研单位的资产缺乏真实性。

4. 无形资产方面

受政策制度的限制，农业科研单位的无形资产账面价值几乎为零，应该属于无形资产的土地使用权，因农业科研单位拥的土地属于划拨土地，即使有些办证费用也不是很多，且多数单位将其归在固定资产中管理；科研单位拥有的专利权、专用技术、品种权、技术配方等，因为是自行研制，且研制过程为多年，研制经费多为国家拨款，能资本化的很少，资本化意识也很淡，导致无形资产在会计核算上的脱节，单位无形资产基本账面没有反映。

（二）机构缺乏，职责不清

1. 管理意识淡薄，资产流失严重

"重钱轻物，重购轻管"的思想在科研单位管理人员和科研人员中普遍存在。长期以来，农业科研单位靠国家无偿投入运作，国家对科研单位的考核仅限于科研成果的鉴定、验收和获奖项目的多少，而不考核资产是否保值增值，资产的使用率是多少，资产的投入是否能带来与之相匹配的经济效益等。资产的无偿使用，带来管理上的粗放，引发许多单位盲目争投资、争项目、争设备，养成了没有就买、坏了就更新的习惯，不爱护资产，浪费现象严重，导致国有资产的损失。

2. 产权意识淡薄，资产处置不规范

在处置闲置资产和淘汰设备的过程中，不按规定程序办理相关手续，资产未经评估或评估价格过低，有的甚至随意报废尚有使用价值的资产；另外由于缺乏懂仪器设备的维修人员，日常维护不善，很多资产过早地退役，退役的资产中不乏经专业人士维修后还能使用的资产，导致国有资产的损失。"非转经"资产产权归属不清。有的资产在不办理任何手续的情况下转移到经营实体中，有的为了达到投资额，将企业用不上的资产也做投资投出，资产还留在科研单位。企业占用科研单位资产的现象存在，科研单位占用企业资产的现象也有存在，这样就造成科研单位经营性资产和非经营性资产核算不实。无形资产作为一种没有实物形态的资产，对于科研单位尤为重要，而由于无形资产的特点和政策制度的限制，大部分科研单位忽视了对无形资产的管理，导致许多科研成果、资质、信誉被个人和其他单位无偿使用，造成无形资产的严重流失。众所周知，对外投资是有风

险的，科研单位对外投资时，很少进行风险分析，对国家法律、法规及政策研究得不够，对经济环境变化、行业竞争、市场变化、自然灾害及意外损失等考虑得不周，往往造成决策失误，损失严重的后果。

3. 配置不合理，使用效率低

农业科研单位的资产购置经费来源大部分属于财政拨款，而财政拨款及决算对单位的存量资产、变动情况不做审查，对所购置的资产能否发挥最大效益缺乏有效的考核手段。所以相当多的单位"重购置、轻管理"，追求"小而全"的配置模式，资产在各部门封闭运行，与单位之间配置不当、低效使用的问题十分严重，致使闲置和短缺资产的现象并存，资产的总体营运质量和效益十分低下。

三、农业科研单位国有资产管理的主要对策

1. 完善国有资产管理机制，构建科学的资产管理体系

（1）建立资产管理和预算管理、资产管理与财务管理相结合的运行机制，突破目前财产物资分口管理的散乱和难以及时清理、调拨的局面，建立统一规划、统一制度、统一采购、统一调拨的完整管理体系。

（2）从会计基础工作抓起，注重资产的核算和管理，定期对单位的资产进行清查和评估，及时反映资产的增值和减值情况。严格会计核算程序，对大批量购买专用材料和配件要严格审查，对能形成资产的按原材料（配件）价值和人工价值进入固定资产管理，堵住"化整为零""偷梁换柱"的支出渠道，为资产配置和处置提供准确的资产信息。

（3）健全资产管理机构，完善管理制度。建立健全科研单位的国有资产管理体制，依靠制度约束资产管理行为，根据《中华人民共和国会计法》等法律法规、制度的规定，一是建立科研单位的资产购置制度，完善、规范购置支出管理；二是建立财产责任制度、固定资产管理、无形资产管理、对外投资管理等管理制度和国有资产保值增值考核评价制度，改善国有资产管理现状，按照"统一领导，分级、分口管理"的原则，在各下属研究所、处室设立专门的资产管理人员，利用单位的网络建立资产管理人员信息资源；三是建立完善合理配置资产制度，实现财尽其能、物尽其用，提高资产的有效利用率；四是坚持资产清查制度，检查财产物资的使用与保管情况，及时发现并解决管理中存在的问题。

2. 强化资产管理观念和意识，提高管理水平

（1）加大宣传力度，树立农业科研单位资产"国有"观念，把单位资产保值、增值纳入政绩考核指标体系，从而督促单位领导自觉重视资产管理。

（2）资产管理部门和使用部门要认真履行职责，做好资产的日常管理工作，及时入账、定期清查，利用网络的优势，实现不同部门资产的实时管理，提高资

产管理水平。

（3）引入或开发适合农业科研单位的资产管理系统软件，建立国有资产数据库，关注资产存量和增量的变化，及时反映资产状态和相关信息，为掌握资产状况提供便利途径。

（4）协调各部门之间的关系，有计划地合理购置、调配、使用资产，可采用互换制、有偿使用制、建立公共平台制、无偿调拨制等实现资产的有效利用。

（5）加强无形资产的管理，要对自主研制的产品和成果进行评估，市场前景好、能产生效益的、可入账管理的要及时入账管理，不能入账的成果、配方、技术等应由相关部门进行登记备案，与获得科研成果、专利权等无形资产的科技人员签订保密协议，对其加以约束，防止泄密和人才流失带走重要技术、成果等无形资产。

3. 加强财务管理，完善监督机制

财务管理与资产的保值增值工作是密不可分的，加强财务管理是实现保值增值的前提和保证，而资产的保值和增值是财务管理成果的重要体现。加强财务管理可从以下几个方面入手。

（1）加强收入管理，对于预算外资金认真执行"收支两条线"管理的规定，所有收入均要入账。

（2）加强经费预算的管理，将所有经费支出纳入预算管理，坚持"先收后支，量入为出"的原则，明确资金的管理权限，严格按预算支出渠道和预算金额进行经费核算。

（3）加强对资产购建环节的控制，加强政府采购工作和招投标工作的管理，基建项目要按基本建设程序进行审批和建设，建设完成后按规定审计、验收和办理资产交付手续。设备购置要以政府采购为主，自主采购要采取公开招标的采购方式。

（4）完善内部审计监督机制，加强对财务工作、资产采购工作、基本建设工作、对外投资活动的审计和监督，及时发现和解决问题，保证国有资产的安全和完整。

参考文献

[1] 王小斌. 高校资产管理探析 [J]. 会计之友, 2008 (9).

[2] 吴丽君. 农业科研单位无形资产管理探析 [J]. 事业财会, 2004 (2).

[3] 李赛群. 新时期农业科研单位国有资产管理探析 [J]. 事业财会, 2007 (6).

[4] 付小燕. 农业科研单位国有资产管理的思路 [J]. 农业科研经济管理, 2007 (4).

[5] 石廷祥. 谈农业科研单位固定资产管理存在的问题与对策 [J]. 农业科研经济管理, 2006 (5).

[6] 赖福金. 创新思路加强农业科研事业单位国有资产管理工作 [J]. 农业科研经济管理,

2006（1）.

［7］ 戴艳. 浅议农业科研单位固定资产管理［J］. 农业科研经济管理，2007（3）.

［8］ 梁晓清. 农业科研单位国有资产管理存在的问题及其对策探讨［J］. 湖南农业科学，
     2005（4）.

浅议事业单位资产管理

王增梅

（河北省农林科学院　河北衡水　053000）

【摘　要】近年来，事业单位的资产管理工作得到了国家相关部门的高度重视。本文就事业单位执行资产管理过程中仍然存在的问题以及产生这些问题的原因进行分析，并探讨解决问题的对策。

【关键词】事业单位；资产管理；问题；原因；对策

事业单位国有资产是政府履行公共服务职能的重要物质基础。近几年来，随着社会经济的不断发展和政府财力的不断完善，事业单位对资产的投入，尤其是对车辆、基本建设等高价值资产的投入大大增加。管好用好规模日益庞大的事业单位资产，使其在构建和谐社会、促进我国经济社会全面、协调、可持续发展方面更有效地发挥作用，是政府必须做好的一项重要工作。然而，目前事业单位资产的管理现状却不容乐观，资产管理制度执行不彻底，账、卡、物不符，核算不规范，管理较混乱。现就目前事业单位资产管理中存在的主要问题及应采取的对策谈谈个人的看法。

一、事业单位资产管理存在的主要问题

1. 资产配置不合理

一是资产配置标准体系不完善。目前，由于缺乏统一的专用设备和通用设备等配置标准，相关部门在编制部门预算和配置资产时，缺乏科学的参考依据，造成配置标准不统一，无法做到科学、公平、公正、合理，影响了资源的配置效率。

二是资产管理与预算管理脱节。管配置的不掌握资产的存量情况，管资产的不了解资产的配置情况，例如：农业科研单位资产使用由科研人员负责，资产配置由资产管理部门或计划部门负责，而资产的购置预算由财务部门负责编制，从

而导致资产的"出口"管理与"入口"管理相互脱节，影响了工作的整体性和有效性。

三是资产的调剂机制尚不健全。由于制度的缺失，目前对事业单位机构变动过程中资源的重新调配、超标和闲置资产的调剂，以及对更新下来的有利用价值的仪器设备的调配工作做得不够，导致大量闲置资产得不到充分有效的利用，事业单位占有、使用资产苦乐不均，资产利用效率偏低。

2. 管理意识淡薄，普遍存在"重钱轻物""重购轻管"现象

由于事业单位资产大部分属于非经营性资产，是由财政拨款购置和无偿调入的，各单位往往只从本部门需要出发，"两手向上，伸手要钱""不怕摊子大，不怕东西多"，很少对资产的使用效益进行分析论证，而财政部门、国有资产管理部门对拨款的使用和资产的利用效率又缺乏有效的监督和考核，导致这部分资产在利用和管理上出现漏洞，无计划购置、重复购置的现象普遍，许多资产处于闲置、半闲置状态，浪费现象严重。

3. 对国有资产收益和处置管理不到位，存在流失现象

有的单位对于本单位出租、出借的资产所取得的收入没有严格按照"收支两条线"的要求纳入财政统一管理，造成了管理缺位。有的单位资产处置过程不规范，没有执行国家国有资产管理的规定，把占有的国有资产随意变卖，擅自处置。例如：赊销给单位或个人，不积极催要；对运用国有资产组织收入的经济实体，以及"事改企"单位，其创收收入大部分被人头吃掉，用于资产折旧、维修等简单再生产所必需的资金寥寥无几；在自办产业时，有的单位甚至将资产随意无偿调拨给企业使用，未能按照规定对非转经资产进行评估，人为造成单位资产流失。

4. 管理制度不健全，管理行为缺乏有效制度

一是事业资产管理审批制度缺乏，没有建立起一套规范的审批制度，对事业单位资产从购置、使用到处置各个环节的管理活动进行约束，造成盲目购置资产，擅自利用资产进行对外投资、出租、出借或提供担保，随意处置资产的行为时有发生。

二是事业单位资产的日常监督管理制度不完善，许多事业单位资产管理意识淡薄，重预算轻资产，重购置轻管理，没有建立健全资产购置、验收、保管、使用等管理制度和实物资产定期清查制度，也没有实行单位资产管理责任制。

三是缺乏对事业单位资产管理的考核评价制度和激励约束机制，造成事业单位没有树立成本意识，把占有使用的资产当作"免费午餐"，只顾要钱花钱，不想节支，不问效益。

四是有关资产的会计核算制度滞后。比如，对净资产类科目的分类尚欠科学，缺乏对实收资产的明确记录，造成事业资产产权不明晰。又如固定资产现有

核算方式中以账面原值核算固定基金，使净资产指标无法反映资产的实际情况等。

5. 主管部门和单位资产管理工作薄弱，资产账面值与实物不符

在实际工作中，由于受各种因素的影响，固定资产往往存在有账无物、有物无账和账实不符的问题。主要表现在以下几个方面。一是有的单位有固定资产总账，但没有明细账，或有明细账却没有资产总账，有些单位用计算机记载了明细账，但没有原始凭证，造成购置资产资金和已形成的资产管理衔接不上。二是资产登记不及时，造成账实、账账、账表不符，账面资产与实际资产存在差别。三是有些单位财务与实物管理人员缺乏必要的沟通和制约机制，致使部分资产有账无物。例如：将被淘汰下来的尚有使用价值的车辆及办公桌椅由办公室做主随意调拨给下属单位或企业，而未通知财务和资产管理部门，或者仪器设备、机器设备等已废弃，或被盗丢失，而其账面价值却未按照规定予以核销。四是有些单位只把财政资金形成的资产入账，而把单位组织收入形成的资产、国家无偿划拨的资产、接受捐赠的资产甩在账外，对改扩建的建筑物增值部分不增加固定资产原值，形成了账外资产。

二、事业单位资产管理存在问题的成因

1. 分工不顺，职责不清

目前，大多数事业单位由财务部门兼管国有资产，还有个别单位把国有资产片面理解为固定资产，以人员紧缺为由，让不懂业务的办公室后勤人员分工这项工作，这种状况与国有资产管理的专业性相去甚远。由于事业单位资产管理的复杂性和艰巨性，资产管理改革和制度建设相对滞后，而管理机构职能的不明确又形成了"谁都负责，谁都不负责"的局面，使国有资产管理的许多工作无法真正落到实处。

2. 对资产管理重视程度不够，日常监管不到位

一方面大部分事业单位都享有财政拨款，对资产管理不够重视，"重钱轻物""重购置、重使用轻管理"，缺乏效益意识、管理意识、责任意识；另一方面，事业单位无营利要求且接受内外部审计的压力相对较小，支出控制力度较差，再加上无固定资产现值考核的压力，事业单位财务人员疏于对固定资产的核算也就成为必然。此外，有些单位没有专门的国有资产管理机构或专职的资产管理人员，管理职能交叉、职责不清。目前不少单位尚未设立国有资产管理机构，已设立机构的也仅仅局限于对有形资产的管理，而对单位具有较高价值的无形资产却很少问津。国有资产管理的组织、协调、监督职能被削弱，资产管理和财务管理相脱节，导致资产闲置与浪费，甚至滋生腐败。

3. 制度缺失

事业单位国有资产管理制度的严重缺乏和滞后，是造成事业资产管理现存诸多问题的重要原因。国家对预算收入、事业收入、经营收入等收益的管理以及资产购置和资产增量的管理方面缺乏统一的规定。此外，一些地方虽然出台了一些行政规定，但效果不甚理想。各事业单位结合本单位制订的一些制度缺乏总体规划和要求，没有对资产管理建立起统一完善的制约和有效流动机制，使得事业单位国有资产管理过程中无法可依，随意性强。

4. 重视不够，责任心差

随着社会的进步、办公条件的提高，单位占有、使用的资产数量越来越大，但是资产管理没有得到应有的重视，单位财务人员仍然只停留在对资金的收支核算上，忽视了对实物资产的管理。再加上实业资产大多是非经营性资产，不计成本，不核算盈亏，这就从客观上滋长了一些单位重钱轻物的思想，忽视了对国有资产的有效管理。

三、加强和改进行政事业单位固定资产管理的对策

1. 完善行政事业单位资产管理的相关制度

逐步建立和完善事业单位资产配置、使用、处置、调剂、评估和收益等配套管理制度，对事业单位资产实行全方位、全过程的动态管理。一是建立完善预算管理和资产管理相结合的制度。研究制定科学合理、切合实际情况的资产配置标准，把资产配置标准作为财政部门编制预算、考核预算执行情况的重要指标。二是完善资产使用制度。对事业单位出租、出借国有资产或使用国有资产对外投资、担保等行为，进行严格审查合同，实现源头控制。三是建立完善的监管体系。建立事业单位资产从投入、使用到处置全过程的监督约束机制，根据各行政事业单位承担的任务量合理调剂，不足部分再进行有计划的配置，确保事业单位国有资产安全完整，使用合理有效。

2. 建立资产管理信息系统

及时了解各单位资产的占有和使用情况，实现对事业单位资产从"入口"到"出口"各环节的网络化管理，从资产的登记、领用、使用到变更、评估、处置，全部按照财政部有关要求实施动态监管，为预算管理、绩效评价和资产优化配置等提供信息支撑，实现资产管理的透明化和信息资源的共享、共用。

3. 加强资产的购置、验收、使用、调拨、转让、报废、报损等各个环节的管理

一是加强资产存量与增量配置的管理，最大限度地整合事业单位资产，优化配置结构，将资产管理与财务管理、预算管理结合起来，提高资产使用效益。在

日常采购工作中，由资产使用者提出需求，单位资产管理部门应根据单位资产的实际情况，优先考虑在本单位内部调配，编制采购计划，财务部门根据预算额度和轻重缓急编制资产采购计划，采购过程中对单位价值较高的一般设备及专用设备应在满足使用需求的前提下，尽可能购置价格较低的产品，以节约资金。对于财政资金购置资产，要严格执行《政府采购法》的相关条款，确保公开、公正、公平交易，杜绝违法行为。事业单位在处置固定资产时，应当严格遵循"先审批后处置"的原则，不得擅自处置固定资产。使用部门提出报废申请，交由资产管理部门审核、汇总，根据金额报由上级主管部门批准或备案。利用固定资产进行出租、出借、对外投资时，要做好登记、监控工作，防止国有资产流失，对外投资、出租收益要确保及时、准确入账。

4. 建立完备的资产清查制度

行政事业单位资产构成是一个动态的概念，无论是从资产的数量，还是从价值总量看，总是在不断地增减变化。为了掌握资产的结构、数量、质量和管理现状，必须有一套完备的资产清查制度。这是管理的基础。因此，各行政事业单位要建立完备的资产清查制度，使资产清查工作步入制度化、经常化轨道。

一是要建立定期清查制度。各行政事业单位至少每年年终要对资产进行一次全面的清查核对来摸清"家底"，对盘盈盘亏的资产，要找出原因，分清责任，按照现行规定及时处理；对资产结构和管理现状进行分析，盘活存量资产。防止积压闲置，做到物尽其能，物尽其效。

二是建立重点抽查制度。各单位的财务部门要依据会计核算资料，对资产使用重点部门进行重点抽查核对，做到账账、账卡、账实相符。

三是建立离任核查制度。单位领导或资产管理使用人员离任时，要组织核查，办理资产移交和监交手续，确保人走账清。

5. 不断强化事业单位资产收益的管理

各级财政及有关部门要进一步加强事业单位国有资产有偿使用收入的管理，规范资产出租、出借行为，履行申报审批程序，各部门、各单位取得的国有资产出租、出借收入及资产处置收入，要按照国家关于政府非税收入收缴管理的有关规定上缴国库或同级财政专户，实行收支两条线管理，确保国有资产保值、增值。

参考文献

［1］　财政部新闻办公室财政部教科文司有关负责人就《中央级事业单位国有资产管理暂行办法》有关问题答记者问 ［EB/OL］. ［2008-04-02］. http：//www. mof. gov. cn/zhengwuxinxi/zhengcejiedu/2008/200805/t20080519_ 29097. html.

［2］　赵春荣. 对加强高校固定资产管理的思考 ［J］. 经济师，2003 （4）.

贯彻新《事业单位财务规则》　加强科研经费管理与监督

张　强

（吉林省农业科学院财务处　吉林长春　130124）

【摘　要】本文对科研经费管理中存在的制度不严、预算不准、支出随意性大、科研经费流失严重等问题进行了分析，并结合贯彻新《事业单位财务规则》，提出了明确责任，提高科研经费管理科学化、精确化水平以及提高财务工作者业务能力的措施，以期加强对科研经费的管理与监督。

【关键词】科研经费；管理与监督；财务规则

一、背　景

1. 新《事业单位财务规则》正式施行

由财政部新修订的《事业单位财务规则》（以下简称新《规则》），已于2012年4月1日起在全国施行。财政部、科学技术部按照《新规则》修订的《科学事业单位财务制度》（以下简称新《制度》）也即将公布施行。新《规则》新《制度》充分体现了财政改革的相关成果，突出了科学化、精细化管理的要求，在强调财务管理的同时，把财务监督提升到重要地位。一是把"财务监督"明确写入新《规则》、新《制度》第一章《总则》的第一条，作为制订新《规则》、新《制度》的目的之一；二是明确提出"对单位的经济活动进行监督"是财务机构的主要职能之一；三是新《规则》、新《制度》中均增加单独一章《财务监督》，对财务监督的内容、方法和制度建设做了规定。广大财务工作者要以贯彻新《规则》、新《制度》为契机，不断探索加强科研经费管理与监督的途径。

2. 科研经费投入逐年提高

"十一五"期间，国家科技财政投入从2006年的1689亿元增长至2010年的3860亿元，"十一五"期间投入总量为"十五"期间的近3倍，其中中央财政科技投入年均增长20%以上。"十二五"期间国家科技计划将进一步加大投入力度。如何管好、用好科研经费，提高科研经费使用效率，既是政府部门的基本要求，也是摆在广大财务工作者面前的一项重要课题。

二、科研经费管理中存在的问题

1. 支出随意性大，科研经费流失严重

一些科研单位对科研经费的管理不够重视，科研经费怎么用基本上由课题主持人说了算。由于一部分课题主持人不熟悉财务管理制度，财经纪律观念淡薄，再加上财务管理不严格，导致科研经费使用随意性大，科研经费流失严重。中科协的一项调查称，大量科研经费流失项目之外，一些项目甚至达到60%。一些科研人员还因此触犯刑法，北京市海淀区检察院曾调查发现：2003—2011年，该院共立案侦查科研经费领域职务犯罪17件21人。

2. 科研经费管理制度针对性不强，且得不到有效执行

目前，我国科研经费资金来源呈多元化与分散化的特点。不同项目的管理办法存在着一定的差异，且一些环节要求相对宏观，致使基层科研单位可操作性不强。虽然各科研单位都制订有科研经费管理的规章制度，但有的单位管理制度十分粗糙，很多关键性环节只作原则性规定。即使有的单位管理制度很严格，但也缺乏有效的执行，许多都没有真正发挥作用。审计署对科技部2010年度的99个支撑计划在研项目进行审计发现，普遍存在不符合专项经费管理办法及其他财经制度规定，课题扩大开支范围、未经批准调整预算、会计核算不规范等，涉及资金数以亿计。

3. 科研经费预算编制不规范，预算执行变动随意性大

按照国家科研项目申报的有关规定，在科研项目申报期间，其经费预算应当由课题主持人协助课题承担单位财务部门共同编制。但实际上，由于多方面的原因，课题主持人只是按自己的意愿自行填报预算。有时为了项目申请能够通过，预算编制得很"好看"，甚至是编造虚假的预算。这就使得项目实际执行时与签订的合同中所列的经费预算不一致，甚至预算上所列的费用在实际执行时根本没有开支，而有些实际需要开支的费用，预算中却没有列出。最后要么不按规定程序随意调整预算，要么用与实际业务不符的虚假发票列支。科研经费预算失去了应有的控制力。

4. 财务人员责任意识不强，重核算轻监督

由于科研课题多是由主持人争取立项，并且科研经费实行主持人负责制，客观上造成财务人员淡化了自己责任意识。认为只要不算错钱、记好账就万事大吉，花得对错与否是项目主持人的事，缺少了应有的财务监督。有时甚至为了尽快结项，还会告诉课题主持人如何报才能通过。再者由于一些科研单位实行集中

财务核算，财务人员与课题组缺少沟通，对科研经费运用、耗费等运作全过程缺乏了解，只能审查财务手续，无法对科研经费进行深层次的监督。

三、加强科研经费管理与监督的措施

1. 加强法制，明确责任，营造良好的环境

一是建立统一的科研经费管理法律制度。"科研腐败"首先是制度的沦陷，我国目前缺少一部关于科研项目立项、审批、经费使用、监管责任的系统法律。要加强法制建设，为管好用好科研经费营造良好的法制环境。

二是必须建立起一套权责明晰、各负其责、运转高效的管理和问责机制。要特别明确课题承担单位法人是科研经费管理的第一责任人，财务部门要对单位法人负责，做好财务核算和财务监督，课题主持人应在法人领导和财务监督下，对使用好科研经费承担责任，改变过去科研经费完全由课题主持人说了算的模糊认识。

三是严格项目验收的程序、方法和法律责任追究制度，使之成为课题主持人的"紧箍咒"。改变过去"几乎对所有结果表示满意"、验收场面"其乐融融"的状况，使课题主持人不再"重立项轻结果"，不再拿了经费不出活，不敢把科研经费随意用到项目之外，为科研经费管理与监督创造良好的大环境。

2. 遵守新《规则》、新《制度》，使科研经费管理科学化、精细化

新《规则》、新《制度》不仅对原来的管理条款进行必要修订，而且还大幅增加了新的管理方面的内容与规定。科研单位应严格遵守新《规则》、新《制度》，并结合本单位实际，完善各项管理制度，使科研经费管理更加科学化、精细化。一是探索加强科研经费财务监督的方法与途径，做到事前监督、事中监督、事后监督相结合，日常监督与专项监督相结合。二是建立绩效评价制度，加强支出的绩效管理，提高资金使用的有效性。项目结题时的财务审计，不能只是审计科研经费花的是否符合规定，还要联系项目取得的成果，评价科研经费使用的效果。三是实施内部成本核算。在保证科研经费正常核算统一性和完整性的前提下，各科研单位可选择大中型科研项目进行成本核算试点，通过成本核算，达到科研经费管理科学化、精细化的要求。四是加强资产管理。成立单位统一的试验管理中心，负责仪器设备的采购与维修，做到合理配置资产，提高资产使用效率，实行科研装备、仪器、设施等资产的共享、共用。同时负责大宗生产资料、试验试剂、药品、实验室低值易耗品的采购工作。改变过去买什么、买多少、在哪买等决策者与购买实施者都由课题组承担的现象，做到不相容职务相互分离，保证科研经费使用合理、合规。

3. 加强科研经费的预算管理，发挥预算的控制力

第一，按照新《规则》、新《制度》的规定，将科研经费预算纳入单位预算。科研单位应当结合年度科研计划，将各项科研项目收入和支出预算纳入单位预算，实行"一个单位一本预算"统一管理，统筹安排。预算执行过程中，科研项目预算需要调增或者调减的，应当按照国家有关规定办理，并相应调整单位预算。这样可最大限度地减少预算调整的随意性，更好地发挥预算的控制力。

第二，提高科研经费预算的准确性。课题预算编制，应当由课题主持人协助课题承担单位财务部门共同完成。科研人员从课题研究需要的技术角度，拟出符合科研发展规律的预算，财务人员则从财务管理的角度提出意见，审核预算经费内容分类的规范性，审核自筹经费的配套能力等。最终使科研经费预算达到"目标相关性、政策相符性和经济合理性"的编制原则。

第三，财务人员要对预算执行进行适时监控。由于科研项目多，核算科目细，此项工作可借助会计核算系统的预算控制功能来完成，要及时将预算执行情况反馈到课题组。

4. 提高财务人员责任意识和业务能力

财务人员要提高责任意识，本着对事业、对领导、对课题主持人负责的态度，做好财务核算，履行好财务监督职能。财务工作是原则性很强的工作，财务人员要敢于坚持原则，秉公办事，杜绝财务报销过程中的不规范现象。同时要以学习贯彻新《规则》、新《制度》为契机加强学习，要熟悉所管理的科研项目从经费申请、运用到耗费等的全过程，提高自身的业务能力，才能更好地发挥对科研经费的管理与监督职能。

参与文献

[1] 杨明静，刘伟. 农业科研经费监督问题探析 [J]. 农业科技管理，2011 (4).

[2] 蓝海萍. 农业科研事业单位科研经费管理问题及对策 [J]. 当代经济，2009 (24).

[3] 曹均锋. 强化科研经费管理的思考 [J]. 河北农业科学，2009 (3).

[4] 吴晓杰，王燕. 谁动了科研经费的奶酪 [N]. 光明日报，2011-09-07.

[5] 科研经费乱象丛生根源何在 [EB/OL]. 半月谈网，http://www.banyuetan.org，2011-11-08.

[6] 万钢. 十二五科研经费管理将改革 增加问责和社会监督 [EB/OL]. [2011-10-18]. 人民网. http://www.people.com.cn,

浅议进一步加强农业科研单位重大项目财务管理

胡汉平　　廖元柱　　魏文芳

（江西省农业科学院　江西南昌　330200）

【摘　要】随着农业科学事业的发展，农业科研单位项目（课题）经费大幅度增加，国家对重大项目（课题）的财务管理也提出了新的要求。本文从农业科研单位项目（课题）财务管理的实际出发，主要探讨了新形势下农业科研单位项目（课题）财务管理中存在的问题以及加强项目（课题）财务管理的意见和建议。

【关键词】农业科研单位；重大项目；财务管理

在"十一五"开局之年，党中央、国务院召开了全国科技大会，对实施《国家中长期科学和技术发展规划纲要（2006—2020 年)》进行了全面部署，我国的科技事业步入了新的发展时期。随着科教兴国政策的不断深入和我国经济实力的逐步增强，国家不断加大对农业科技事业的投入，近年来省级农业科研单位的科研经费得到快速增长。以江西省农科院为例，科研经费从 2006 年的 600 多万元增长到 2011 年的 6000 万元，而且科研经费的 85% 来自国家项目。随着项目经费的快速增长和国家对项目财务管理的要求越来越高，如何用好科研项目经费，促进科研项目经费使用规范化、制度化，提高经费使用效益，达到财政投入的目的，促使科研单位快出成果、出好成果和出大成果，加强重大项目经费的预算和使用管理显得尤其重要。本文结合科研单位目前项目经费财务管理的现状，探讨重大项目财务管理面临的新问题新挑战，以及进一步完善重大项目经费的财务管理工作。

一、提高认识，进一步加强项目经费预算和使用管理的领导工作

多年来，国家对项目管理实行的是项目管理与经费管理脱节的管理办法，在进行项目验收时只需要通过项目验收而不需要进行经费验收，这样就形成了只重

视课题研究而不重视项目经费预算和使用管理的传统观念，造成了项目经费管理中存在诸多问题，比如：编制虚假预算套取财政资金；未对国家专项经费进行单独核算；专项资金被截留、挤占、挪用；专项资金被转移。这些都造成了国家资金的极大浪费。近年来，为进一步加强和完善国家重大项目财务管理，国家相关部门已明文规定，项目财务验收是项目（课题）验收的前提和基础。科研项目（课题）结题验收前都必须接受专项审计，而社会中介机构财务审计则是财务验收的重要依据。因此，要把加强项目经费的预算和使用管理提高到一个重要的位置。首先，单位领导和项目（课题）负责人要高度重视项目财务管理，强化项目经费预算和使用管理，协调好课题承担单位科研人员、科研管理部门及财务部门的分工与协作，精心组织好预算编制和经费使用工作，确保预算编制既符合实际情况又切实可行。其次，要认真组织学习培训，使课题承担单位负责人、科技管理人员、科研人员及相关财务人员深入了解国家项目（课题）经费管理的主要内容，掌握预算管理的要求和编制方法，提高预算编制的实际操作能力，使专项经费得到合理有效的使用。最后，要做好重大项目的内部审计工作。通过内部审计，可以发现项目经费预算和使用管理中存在的问题，强化预算执行监督和管理，促进专项经费预算和使用的科学、规范、合理、高效。

二、切实做好重大项目经费预算

笔者认为，项目负责人应会同财务人员科学、合理、规范地做好预算，并按总的预算做好具体的用款计划。项目（课题）预算的编制是申报重大项目经费的首要环节，是科技计划经费安排的重要决策依据。国务院办公厅转发的《关于改进和加强中央财政科技经费管理若干意见》中明确提出了要健全科研项目立项及预算评审评估制度，《关于国家科研计划实施课题制度的规定》建立了计划管理与经费管理、课题立项与课题预算之间的既分工协作，又相互制约的监督管理机制。由此可见，做好项目（课题）经费预算是关系到项目（课题）能否顺利立项的重要前期条件。目前，在项目经费预算方面还存在很多很突出的问题，主要表现在：① 对经费的预算工作不重视，预算简单、随意性强，不从项目（课题）研究的实际需要出发，只凭自己的主观想象编制。② 目前一般来说都是由科研管理部门和课题组负责项目的立项和预算；财务部门只负责项目经费的核算；编制预算时项目组人员和财务人员没有通力协作，项目成员不能从财务实际操作出发，造成财务人员在经费使用中不好操作，同时财务人员对项目研究内容也不清楚。③ 编制人员财务水平低，不能按要求进行编制，影响了立项的成功率。

为此，国家科技计划专项经费预算管理中已明确要求预算编制时：① 项目（课题）承担单位财务部门、科技管理部门要通力合作；② 项目（课题）负责人应当在预算编制时负起真正责任；③ 根据任务的实际需求，实事求是地编制预算；④ 很好地利用预算说明书。

预算编制的基本原则为：① 政策相符性原则，项目（课题）预算应符合有关财政预算管理、国家科技计划经费管理办法的规定，项目（课题）预算中的开支范围和开支标准，应严格按照国家科技计划经费管理办法中的具体规定进行测算；② 目标相关性原则，项目（课题）预算应与课题研究开发任务密切相关，预算的提出应该围绕课题目标、任务及技术路线等内容进行测算；③ 经济合理性原则，项目（课题）预算需求应当结合项目（课题）研究开发的现有基础、前期投入和支撑条件，本着实事求是、经济合理、提高效益的原则测算提出。显而易见，在引入预算管理来控制项目（课题）经费核算之后，项目（课题）经费预算是执行、决算、监督、审计的依据，具有很强的约束力，如果预算编制与经费实际使用情况严重脱节，即使经费申请到了，一些必要的、正常的项目开支因为事先未编入预算而无法在该项目中报销核算，将严重影响项目（课题）的开展与顺利结题。因此要科学、合理地编制项目（课题）经费预算，为争取项目科研经费奠定基础，以保证项目研究工作的顺利开展。目前项目预算的支出科目主要有：设备购置费、材料费、测试化验加工费、燃料动力费、差旅费、会议费、国际合作与交流、出版/文献/信息传播/知识产权事务费、劳务费、专家咨询费、管理费和其他费用。在总体预算的基础上，做好详细的用款计划。

三、建议财务部门成立专门机构核算重大项目经费

应对每个科研项目建档，固定专门财会人员负责，严格执行项目用款计划。《国务院办公厅转发财政部科技部关于改进和加强中央财政科技经费管理若干意见的通知》（国办发〔2006〕56 号）提出要加强科研项目经费支出的管理，科研项目经费支出要严格按照批准的预算执行，严禁违反规定自行调整预算和挤占、挪用项目（课题）经费。目前在项目（课题）经费核算中也存在明显的问题：① 单位的项目（课题）经费核算都是和该单位的基本账户一起进行账务处理的，各科研所争取到重大项目后归各单位自行管理，经费核算的记账凭证、明细账等与单位的基本收支往来账混在一起，这样就会给财务人员在进行账务处理操作时带来不方便，难以形成统一规范的管理，更不方便课题结束时的财务审计；② 单位账务会计科目一般是按财政部门规定的预算科目统一设置的，国家科技专项经费管理规定的课题经费预算是按照经费开支范围确定的支出科目，这两种科目的设置存在许多差异，在基本账户上核算项目（课题）经费不利于项目（课题）经费实际支出和预算科目的直观反映；③ 单位财务人员之间实行轮岗时项目（课题）经费随同单位账务一并移交给新的财务人员，新的财务人员对项目

的情况不熟悉，经费管理与核算没有连贯性，影响了项目经费的管理。

为改变这种状况，有必要进一步完善财务管理体制，就省级农科院来说，可主要从以下几方面考虑：① 院财务部门成立专门机构，将全院重大项目集中起来统一规范进行财务核算和财务管理；② 相对固定财务人员，对每个项目建立财务建档。改变目前重大项目和单位基本支出账户一起进行核算的财务管理模式，由专门的财务人员对重大项目进行核算，并对每个项目建立财务档案，这样在整个项目的研究阶段，不管是财务人员变更还是平时资料的查询，都有一个规范的和可操作的管理；③ 项目（课题）实施过程中，经费使用要严格执行预算和按照批复的用款计划来进行。一般来说，预算下达后，就必须严格执行，一般情况下不予调整，确有必要调整的，应按规定程序办理。因此，在整个的经费支出过程中，财务人员要对照批复的用款计划，随时向课题负责人提供经费预算执行情况，确有需要调整的，应提前做好准备。

四、加强项目结余经费管理

针对目前普遍存在的项目（课题）在验收后，结余经费长期挂账，归课题组成员所有，用于支付课题组成员的相关费用等问题，《国家科技计划项目课题经费管理与预算编制》中规定，项目（课题）结余经费全部收归原渠道，按照财政结余资金管理的有关规定继续用于科技计划的实施。为此，财务人员一定要积极主动，经常将项目实施过程中的经费使用情况与项目预算进行对照，出现预算执行偏差应及时向项目负责人报告并提出合理化建议，当项目经费出现结余时一定要查找原因。一般情况下，在进行专项审计时，账面上还会有经费结余的情况，但这不是真正意义上的结余，主要原因有：应付未付款项，已预付未消账，后续需要支出的经费。总之财务人员要协同课题负责人做好这项工作，明确审计结论中的结余经费是否是真正的净结余。

五、建议加强重大项目的内部审计工作

项目结题后，能否顺利通过验收，财务验收是前提，而且必须通过社会中介机构的专项审计。在我们科研单位，项目立项后，其整个研究过程中所发生的各项费用支付，都是由财务人员进行账务核算，因此，财务人员的专业水平、对预算的理解、对经费核算过程和用款计划的执行过程等因素都直接的影响到项目能否顺利验收。为确保项目经费规范合理使用，项目能顺利通过验收，有必要加强重大项目的经常性内部审计工作。通过内部审计，一是可以发现专项经费使用过程和预算执行过程中出现的问题，及时得到解决；二是通过内部审计中发现的问

题，总结经费管理和预算管理中的经验，为以后专项经费使用和管理提供更好的监督作用。

总之，随着国家重大项目经费管理的不断完善和改进，科研单位财务人员必须转变观念与思路，真正做到与时俱进，切实加强项目经费的预算和财务核算。通过加强财务管理促使科研工作顺利进行，真正使财务工作为科研工作保驾护航，促进单位多出成果、出好成果、出大成果。

参考文献

［1］　李雅妹，张蒙 . 浅谈高校重大科研项目经费管理问题［J］. 中国外资，2011（10）.

［2］　李俊 . 高等学校科研经费管理体系的构建［J］. 当代经济，2010（10）.

会计集中核算管理机制的探讨

李素琴

（吉林省农业科学院　吉林长春　300033）

【摘　要】会计集中核算是财务管理体制改革的一项重要内容，吉林省农业科学院自推行这项改革以来，取得了良好的效果。本文结合工作实际，阐述了实行会计集中核算取得的成效，分析了会计集中核算在执行过程中存在的问题，并提出了加强与完善会计集中核算基础工作、加快会计核算中心职能转变以及不断加强会计队伍建设等完善会计集中核算的建议。

【关键词】会计集中核算；成效；问题；建议

会计集中核算是以会计服务中心为形式、统一核算为手段、集中资金为基础、加强财政资金收支管理为目标的一种新型财政管理模式，是集会计核算、监督、管理和服务于一体的一种会计委派形式，它的建立对提高财政理财能力和会计工作效率、规范会计行为、加强会计监督和廉政建设都有十分重要的意义。但在实践中也存在一些问题，需要不断加以改革和完善。

一、实行会计集中核算取得的成效

1. 规范了会计基础工作，提高了会计信息质量和会计工作效率

实行会计集中核算后，会计业务纳入会计服务中心统一核算，会计服务中心在业务素质较高的专职会计人员和运用会计电算化系统的基础上，严格按照国家统一会计制度进行核算，账簿的建立、科目的设置、平整的装订等，都能按统一的规定和要求执行，从而大大提高了会计核算工作的质量；使会计核算和会计监督相互影响，相互制约，融为一体，促使会计人员可以独立行使会计核算和会计监督职能，严格按照会计规范化的要求进行会计核算，提高了会计核算工作会计信息的质量，保证了会计核算资料的真实性、完整性、及时性和统一性，从而使

《会计法》得到了更好的贯彻执行[1]。

2. 监督职能进一步体现，核算单位财务行为得到进一步规范

会计集中核算以后，财政部门的监督领域得到进一步拓展，通过会计核算中心，实现了财政对核算单位资金收付全过程监管，特别是对支出的方向、结构、规模等方面的监督，把许多不合理的支出消灭在萌芽状态[2]。各核算单位的财务行为得到进一步规范，改变了过去资金使用上的随意性，增强了财务收支活动的规范性，避免了多头开户、多种账户、多渠道流出等现象，提高了各核算单位的自我约束，自我监督的自觉性，堵塞了一些单位少扣税或不扣税的漏洞，切实发挥会计核算作用，增加了财政收入。

3. 有利于提高财政资金的使用效益，节约管理成本

实行会计集中核算后，支出单位的财政资金集中在核算中心的统一核算账户，有利于财务部门对其加强统一调度和管理，使资金调度更加灵活，防止财政资金沉淀在一些部门；同时从根本上改变了财政资金管理分散，各支出部门和单位多头开户、重复开户的混乱局面，有效地提高了财政资金的使用效益。实行会计集中核算后，会计人员可相对减少，一个会计分管两个单位的账户，从长远来讲可大大节约管理成本，减少管理开支[3]。

4. 有利于部门预算的编制、执行和预算管理改革

实行会计集中核算有助于部门预算的编制和执行：一方面，在会计集中核算模式下，由核算中心对各预算单位原来分散的、多头管理的资金实行"集中核算、分户管理"的管理办法，可以为编制部门预算提供可靠、详实的基础资料；另一方面，在核算中心集中、统一、高效的核算体制下，虽然各预算单位的财务自主权、资金使用权和领导签字全部改变，但其所有开支在单位审核的基础上再经核算中心审核后才能入账，这样能够保证部门预算真正发挥作用[4]。

二、会计集中核算在执行过程中存在的问题

1. 会计核算中心工作模式上存在缺陷

实行会计集中核算后，会计中心一名会计人员往往要管多个单位账务，少则两三个。会计人员常年在会计服务中心办公，整天忙于报账、整理和装订凭证、打印凭证和编制报表等会计业务，不参与有关单位内部工作或管理，对各单位的具体业务事项知道甚少或根本不知道。会计人员对各单位报来的发票只要手续齐全就予以报销，无法判断业务的真实性、合法性，监督职能无法得到充分发挥[5]。

2. 会计核算的准确性有待进一步加强

（1）由于部分会计人员素质不高，从纳入核算的单位看，绝大多数会计是由原来的出纳担任，他们对会计核算业务并不熟悉，报账时往往不能准确填写资金

来源、性质、开支渠道。这些因素直接制约着会计核算的准确性，往往造成会计账务处理不当，从而造成会计信息失真。

（2）专项资金不能专款专用。大部分单位都有专项资金，但核算中心人员对专项资金的具体用途不能准确地把握，往往造成专款不能完全专用，致使财政资金使用效率得不到真正体现，甚至发生挥霍浪费的现象[6]。

（3）往来款项不能及时清理。由于会计中心人员对各单位情况了解较少，加之部分单位又不能及时主动报账，致使有的往来款项年复一年地挂账，单位往来资金长期挂账，定期核对清理不彻底，成为应付核对的一种形式，没有真正处理的有效措施。久而久之形成了呆账、死账，从而造成国有资产的流失。

三、完善会计集中核算的建议

1. 加强与完善会计集中核算基础工作

加强沟通，增进了解，营造良好的工作氛围，建立会计核算中心和农业科研核算单位间双向沟通联系制度。完善学习培训制度，定期进行业务培训与交流，及时更新知识，提高会计人员的业务水平。加强会计核算基础工作，优化业务流程，减少中间环节，提高工作效率，以优质服务取得各方面的理解和支持[7]。不断完善配套管理制度，健全和完善会计核算中心的内部监督机制、责任追究制度、内部稽核制度、预算管理制度、政府采购制度、资产清查制度、财务管理制度等，做到以制度管人，按制度办事。

2. 加快会计核算中心职能转变，从核算型向管理型转化

目前会计核算中心日常主要的工作是资金支付和会计核算，从一定意义上讲，仅仅是一个记账机构，没有真正发挥控制与评价的作用。会计核算中心应通过核对各部门预算指标情况，严格控制各部门的用款进度，监督支出使用情况。核算中心要建立支出绩效评价制度，对各单位的支出行为、支出成本及产生的效益进行科学的分析比较、衡量和评估，进一步优化支出结构，提高财政性资金使用的经济性、效益性[8]。定期做好各单位支出的增减变化因素分析，针对预算编制与执行中存在的问题及财务管理的薄弱环节提出改进意见。

会计核算中心要从核算型向管理型转变，彻底扭转将会计核算中心视作单纯的记账机构的观念，使会计核算中心在支出监督方面做到：监督有标准，管理有依据。真正从源头上遏制腐败，加强廉政建设，使服务与监督并存，寓监督于服务之中。

3. 不断加强会计队伍建设

实行会计集中核算并不改变单位会计责任主体，也不减少各部门财务职能，而且随着财政改革的深入开展，部门财务管理的职能还需更进一步加强。提高会

计整体素质是强化财务管理和提高会计工作质量的前提条件，因此要不断加强会计队伍建设，不断完善会计监督考核机制，对会计分阶段就科研事业单位财务管理、财务规则、会计制度知识实行系统培训，对实际工作中出现的具体问题加强业务指导，要求会计须持证上岗，从而提高会计总体素质，同时加强会计的会计职业道德教育，确保这支队伍专业水平过硬，作风优良，从而促进会计集中核算工作的顺利开展[9]。

4. 健全与完善会计集中核算监管制度体系

在实践工作中，要不断地健全与完善会计集中核算制度层面上、操作过程中的规章制度和运行细则，采取"内外结合、抓好常规、突出重点、强化项目"的检查方式，加强会计监督与管理，使会计监督与管理工作变得更加积极主动、有的放矢，使会计集中核算工作在健全的规章制度保障体系下不断发展，充分发挥会计集中核算的监督与服务职能，规范会计行为，使各研究中心的经济效益与社会效益协调发展[10]。

参考文献

［1］ 黎海英. 浅谈行政事业单位会计集中核算模式［J］. 时代经贸，2008（7）：171-172.

［2］ 袁琳. 加强行政事业单位会计集中核算的财务管理［J］. 经济技术协作信息. 2008（8）：62.

［3］ 樊佑荣. 关于完善行政事业单位会计集中核算制度的思考［EB/OL］.（2009-12-22）［2010-03-20］. http：//www. w8818. com/xhits. aspx？id＝2975.

［4］ 郭桂花，史天春. 会计集中核算制的理论和实践探讨［EB/OL］.（2006-11-08）［2010-05-10］. http：//www. chinaacc. com/new/287％ 2F288％ 2F306％ 2F2006％ 2F11％ 2Fsh36281920181160028622-0. htm.

［5］ 邢丽，李春晖. 关于进一步完善提高会计集中核算工作的探讨［J］. 经济技术协作信息，2005（6）：32.

［6］ 赵果仙. 如何加强基层中央银行集中核算内控制度［EB/OL］.（2009-09-07）［2010-05-10］. http：//www. chinaacc. com/new/287_ 297/2009_ 9_ 7_ ch0055117990020. shtml.

［7］ 王冬梅. 关于行政事业单位会计集中核算工作的几点思考［J］. 南京审计学院学报，2006（2）：61-62.

［8］ 王文华. 行政事业单位会计集中核算的问题思想及对策思考［EB/OL］.（2009-12-11）［2010-05-20］. http：//www. xdsyzzs. 2008red. com/xdsyzzs/article_ 672_ 2327_ 1. shtml.

［9］ 秦巍. 对行政事业单位完善会计集中核算的几点设想［EB/OL］.（2009-06-16）［2010-04-12］. http：//www. chinaqking. com/％ D4％ AD％ B4％ B4％ D7％ F7％ C6％ B7/2009/39310. html.

［10］ 黄联江. 行政事业单位会计集中核算财务管理问题和措施［EB/OL］.（2009-06-16）［2010-04-12］. http：//www. chinaacc. com/new/287％ 2F288％ 2F306％ 2F2006％ 2F9％ 2Fma872623331911296002 8745-0. htm.

省级农业科研事业单位财务工作
向管理型转变的问题探讨

陈丽珍

（江西省农业科学院　江西南昌　330200）

【摘　要】科研事业单位的财务管理工作普遍存在重核算轻管理的特点，为了更好地服务于单位各项事业的发展，提高单位资金的使用效率，转变观念，改进财务方法，会计工作由单纯的核算型向管理型转变成为了必然。本文分析探讨了农业科研事业单位的财务工作向管理型转变中的一系列问题，并提出解决对策。

【关键词】事业单位；财务管理；管理型会计

一、概　述

　　事业单位是指为了社会公益而不以营利为目的的社会性服务组织，我国当前非营利事业单位主要包括两类，一类是科学文化事业单位，如科研教育单位、文体、广电、医疗卫生等；另一类是社会公益性事业单位，如气象、水利、环保、社会福利单位和社团等。科研事业单位主要从事基础科研，主要依靠财政拨款，主要产出是科研成果，具体表现为专利、品种等。对科研事业单位来说，最重要的资源就是科技人才、科研经费以及科研平台，而经费又是这些资源的重中之重，是高端人才和先进平台的基础性保障。因此财务管理工作对于科研事业单位的全面发展尤为重要。科研事业单位的财务管理工作有着有别于企业的特点，其主要内容是在保证完成上级主管部门安排的各项事业的前提下，合理运用来源于财政拨款的各项经费，以提高资金的使用效率，其基本的原则是执行国家相关的法律法规和财务规章制度，使有限的资金发挥出最大的效用。财务管理是科研事业单位运转的核心枢纽，为单位开展各项工作提供强大的支持动力。

　　近年来正逐步推行的事业单位改革、财政体制改革、国库集中支付政策改革等措施，使事业单位财务管理的工作量大大增加，财务管理的内容比以往更加丰富，要求事业单位的财务工作逐步从单纯的核算型向管理型转变。大力提倡和运用管理型会计，充分发挥财务人员的主观能动性和创造性，让财务人员全方位渗透参与到各项管理工作上来，无疑将有利于事业单位的长远发展。

传统的核算型会计主要对经济活动进行事后的核算并做出一定分析，没有渗透到管理的各个层次、方面和环节中去，财务人员的主要精力花在报账、登账、报表等财务细节上，无暇从事管理，不能对经济活动进行宏观的预测、决策、控制、考核、评价和分析，没有对提高单位的经济效益起到应有的作用。而管理型会计是指履行管理职能的会计，是以提高效益为目标，着重依据现在、面向未来，是贯穿于事前、事中、事后的过程管理，通过预测、决策、计划、报表等环节提供有关未来信息的会计。管理型会计以决策和控制为核心，使会计行为规范化、系统化、制度化。

二、省级农业科研单位财务管理存在的问题分析

目前科研事业单位的财务管理普遍存在的问题包括：重核算、轻管理；制度缺失或者已有的制度得不到有效的执行；管理落后，重视经费争取，轻视资金的使用效率，资金使用效率较低；资产管理意识薄弱；机构庞杂，人员经费紧张，阻碍事业发展；项目支出不符合规定，在项目经费中列支基本支出，未做到专款专用；忽视项目成本核算，浪费严重，等等。

省级农业科研单位主要从事农业领域的基础科研，是典型的全额拨款事业单位。近年来随着科研事业的发展，资金来源已经逐渐向多渠道、多部门方式转变，资金的核算量逐年增加，财政统一预决算制度的实施，加大了财务管理工作的难度，提高了对财务工作人员的要求，而现实的情况是财务工作人员知识结构老化，习惯于传统模式，不能适应新时期的要求，于是出现了以下几个方面的问题。

第一，预算管理方面。预算编制不规范，不够科学、细致，存在盲目性、随意性，预算执行力度不够，预算缺乏约束力，甚至完全不按照预算科目来列支，资金的实际使用存在较大的随意性，导致需追加、调整预算，最终导致预决算严重分离。究其原因，很重要的一条就是财务部门与相关业务部门缺乏及时有效的沟通。首先在编制预算时，未能与科技管理部门及相关项目组进行有效沟通，导致项目经费预算中各支出科目的经费分配不科学，预算和实际严重脱节；未能和人事部门有效沟通，对未来年度引进人才等计划的错误估计等，导致人员经费预算紧张。其次在资金使用过程中，未能和资金使用相关部门及时有效沟通，导致用款进度过慢或者资金超预算使用、资金用途严重偏离预算科目等问题。财务部门只关心经费使用，业务部门只关心项目执行，忽视经费使用是否合理，是否按

预算要求执行，造成预算执行偏差。

第二，资产管理方面。主要体现在固定资产重购置，轻管理，职工的主人翁意识差，滥用单位资产，购置不符合规定资产，固定资产管理责任不明确，国有资产浪费和流失严重。账务处理时，年终未及时盘点各项资产，对未在使用的固定资产没能及时办理报废手续，固定资产处置所得不入账。

第三，往来核算方面。单位往来款项账面余额占流动资金的较大比例，相当部分挂账期间太长，已属于呆账、坏账，主要为采购物资的预付款未及时清算核销，职工借款没有及时报账抵借支。

三、省级农业科研单位加强财务工作管理的做法探讨

为了更好地推进省级农业科研单位的各项事业快速发展，笔者结合近年来的工作经验，总结后认为，做好财务工作向管理型转变是关键，具体可以从以下几个方面入手。

第一，加强内部沟通，完善内部协商的有效机制。开展工作的过程中，多组织有关部门的相关人员一起开会讨论，资金的使用者、核算人员及管理者都必须清楚资金的来源，用途和去向。通过尽可能多的途径获取信息，并通过会计电算化等软件平台共享更多的财务信息，使各部门之间保持通畅的交流，从而有助于各项工作的开展。

第二，加强资产管理。庞大的资产需要专门的人员来管理，及时的资产清查能保证账实相符，做到不虚增资产。在资产管理中引进有效的激励机制，明确固定资产的管理责任，保护国有资产的完整性。

第三，规范往来款项管理制度。年底结账前，对单位的暂存、暂付、借入、借出的往来款项严格控制，及时清理，动员各方面尽力收回应收账款并核销不能收回的坏账。制订单位借款管理制度，明确办理借款的手续，还款期限等。

第四，强化预算管理。预算管理贯穿于财务管理工作的方方面面，预算内外统筹，延长编制预算的时间，从上年度的年中开始准备，尽力做到全面、细致、准确。预算执行中细化岗位分工，全面及时编制预算执行情况表，监督预算执行过程，及时总结与分析。对于重大事项采取集体会审，完善内部审计制度。

第五，完善成本管理。虽然事业单位不以盈利为目的，为了有效控制各项事业的经营成本，提高资金使用效率，应建立和完善各类项目成本核算制度，形成合理投入，充分发挥效用，促进事业的发展。

第六，加强会计人员的培训、完善激励机制。为了适应新时期管理型会计的要求，加强会计人员的培训，提高会计人员的地位及综合素质势在必行。事业单位由于缺乏必要的激励措施，会计人员往往只满足于完成基本的工作任务，而无

心在工作内容和方法等方面进行创新和改进。为了提高会计人员的工作积极性和能动性，丰富的外出考察学习和培训的机会将是对会计人员最好的激励方式，同时还可以为单位的财务管理注入新鲜空气，从而提高整体的财务管理水平，促进单位事业的发展。

参考文献

［1］ 李志兵．对我国非盈利单位财务管理发展与改进的探讨［J］．经济观察，2011（4）．

［2］ 张敬之．公益性事业单位财务管理存在的问题及完善对策［J］．经济技术协作心细，2011（10）．

［3］ 吴静．核算型会计向管理型会计的转变［J］．连云港化工高等专科学校学报，1999，9（12）．

农业科研机构深化财政改革相关问题的探讨

查良春

（湖北省农业科学院计财处 湖北武汉 430064）

【摘 要】 深化财政改革能增强公共财政的保障能力，有效控制各种不合理开支，从源头遏制腐败。但农业科研机构在深化财政改革中也存在很多问题，若这些问题得不到解决，势必会阻碍农业科研机构的发展，并影响财政四项制度的长期稳定性。鉴于此，需要加强四项改革的综合配套措施建设，并用制度予以保证和规范，才能确保改革步伐的稳健。

【关键词】 科研机构；深化财政改革；问题和建议

国家财政管理体制改革的方向是深化部门预算、国库集中收付、政府采购和收支两条线管理改革，健全公共财政体制。财政四项改革是一个系统工程，互相促进、相辅相成，其中，部门预算是基础，国库集中收付是关键，政府采购和收支两条线是手段。财政的四项改革能有效控制各种不合理开支，从源头遏制腐败，增强公共财政的保障能力。实施改革后，部门和单位的银行设置权、资金支配权、具体操作使用权、基层会计机构设置权、设备购置权等方面的权力大大减少。虽然任何一项改革都有一个从不适应到适应的磨合过程。但是，在推行财政四项改革中存在的一些制度和管理冲突问题不是靠磨合能解决的。近几年来，在推进财政四项改革中，农业科研机构正是在多方面受到这些制度和管理冲突问题的困扰。如果实施操作中的具体问题长期得不到解决，势必会阻碍农业科研机构的发展和影响四项制度推行的稳健性。

一、农业科研机构在深化财政改革中涉及的相关问题

（一）部门预算的问题

1. 对预算经费管理实行"一刀切"

这是影响四项改革成效的普遍性也是根本性的问题。由于财政部门的财力有

限，实行部门预算后存在较多的财力缺口。农业科研机构预算内经费主要包括人员经费（离退休人员经费）、事业单位定额补助（在职人员经费）、项目经费三大块，其他行政单位除了这三大块以外还包括日常公用经费。农业科研机构的日常公用开支和财政拨款差额部分主要靠创收、部分定额补助以及历年的基金积累来弥补。财政部门在经费使用管理上对行政单位和事业单位上实行"一刀切"，实行当年预算当年用完，严格控制结转到下年使用的原则。这种管理虽然比较适合全额拨足的行政单位，但对于一些差额拨款而独立承担责任的农业科研事业法人单位，会严重影响其储备、积累和持续性发展。

2. 财政部门内部协作不畅，缺乏有效沟通

部门预算改革要求从传统的按功能编制预算改变为按部门编制预算。但是，财政部门现有的内部机构还依据功能进行设置，如社保处管理社会保障资金、农业处管理支农资金、经建处管理基本建设支出等。部门上报的预算按照资金的性质由相应的业务处室管理，但在业务处、预算、国库等部门之间协调不够通畅，主要表现为：对于同一预算报表的填报口径，不同处室解释不一；对同一类型专项，不同处室审核标准不一；有关处室对于公费医疗和离退休经费的审核与其他处室的正常经费审核存在审核时间上的矛盾，造成某些部门预算收支不平衡，预算编制和执行脱节，影响预算的公平性。

3. 执行预算的滞后性

目前，编制下一年度的预算，一般是从当年9月份开始布置，实行"二上二下"的编报方法，从基层单位逐级编制、层层汇总，到下一年度3月份左右提交人代会讨论，各单位预算经人代会通过后，实际下达财政经费指标（含专项经费指标）到各预算部门报计划使用时往往都已接近年中了，形成审核难度大的问题。因此，在每一个预算年度里，财政收支在近半年时间里是在预算"真空"的状况下运行，存在着"预算先期执行"的问题。

4. 预算编制难以执行

目前预算编制基本上采用"基数＋增长"的方法，即在编制下年度支出预算时，以上年度实际支出为基础，并考虑下一年度财政收入状况和各种增支因素的影响，对不同的支出确定一个增长比例，从而确定预算。这种编制方法虽然较为简便，易于操作，但明显不尽合理。农业科研单位受气候（旱、涝和雪灾等）环境的影响特别大，不可预见的因素太多，预算编制容易造成测算预算收支指标时信息资料掌握得不完备、不准确，出现预算执行困难。

（二）国库集中支付的问题

实行国库集中支付后，所有的财政性资金（包括预算内资金和非税收入）集中在国库或国库指定的代理行开设的账户，进行归口管理，所有财政资金的收支都通过这一账户进行集中收缴、拨付和清算的运行模式。收入直接缴入国库或财

政专户，支出通过国库单一账户体系支付到商品和劳务供应者或用款单位。即所有资金由财政国库拨付，财政部门成了所有单位的"大出纳"。这种运行模式的主要影响如下。

1. 给财务核算出了难题

相关配套的会计制度缺乏，财务部门会计核算无所适从。例如：对收到和使用财政一笔专项资金，根据事业单位会计制度，借记"银行存款"科目，贷记"拨入专款"科目；借记"专款支出"科目，贷记"银行存款"科目。而通过国库支付的账务处理不需经过"银行存款"科目，直接借记"专款支出"科目，贷记"拨入专款"科目，同时借记"事业支出"科目，贷记"财政补助收入"科目，必然引起账务处理的重复收支问题，或若只做第一笔分录，预算单位的财政补助收入数额和财政部门无法对账，若只做第二笔分录，又不符合专项资金的核算要求，会计人员核算出现两难境地。

2. 单位系统内部转账和代扣款项问题

实行国库集中支付制度改革以前，账户间可以划转资金，垫付资金问题很好解决。实施国库集中支付后，不允许从零余额账户向本单位其他账户划转资金，这一问题便显露出来了。这一问题的存在，一方面使大量已垫付的资金沉淀在零余额账户中；另一方面各预算单位实有资金账户由于垫付了大量的财政性资金，大大影响了其他项目的开支。比如：后勤服务中心承担着大量后勤服务工作，如水、电、煤气费，物业管理与绿化的集中收取与缴纳等，这些服务结算在以前分散拨款实有资金的体制下，通过内部转账即可，而实施国库集中支付制度改革以后，明确规定预算单位的零余额账户"不得违反规定向本单位其他账户和上级主管单位、所属下级单位账户划拨资金"。由于后勤服务中心等二级单位的账户名称中也都含有农业科研机构的名字，如果按照上述规定，各预算单位的零余额账户不能向后勤服务中心的账户转拨资金，结果就是，应由各预算单位零余额账户中支付给后勤服务中心的劳务等结算在实施国库集中支付以后只能"曲线"办理。这样一来，不但给工作分配带来困境，也给二级预算单位和后勤服务中心的资金核算带来麻烦。

3. 信息系统建设亟待加强

在国库集中收付管理改革过程中，信息系统与网络体系建设十分关键。当前的信息支撑还存在一定的问题，主要表现为：国库集中支付软件与其他相关系统之间衔接不够，尚未达到改革方案设计的要求，用款额度信息在主管单位和二级预算单位之间传递不畅，额度到账通知单和银行支付凭证反馈速度太慢，影响到预算单位资金的及时核算与对账工作，降低了工作效率和数据的可靠性；软件功能单一，为预算单位服务的系统建设考虑不够；对数据应用开发不够，缺乏进行综合分析的功能；代理银行清算系统建设进展缓慢等。

（三）政府采购的问题

1. 政府采购手续太复杂，程序烦琐，技术参数过多，审批购买时间过长

这也就是有些部门、单位规避政府采购的原因之一。农业科研机构采购的农业生产资料存在季节性和地域性，采购科研仪器有专用性等特点，各预算单位执行政府采购根据预算下达需要通过报计划、审批、定采购方案、上网公示等一系列程序下来经常得花几个月的时间，各预算单位为避免当年采购任务完成不了，其预算指标被收回的窘境，经常会出现年底"突击花钱"盲目采购，浪费资金的现象。

2. 政府采购招标机制不健全

政府采购招标机制不健全，尚未建立一套完备的信息渠道，信息系统的滞后，就导致了政府采购机构不能获得最优的市场资源。尽管有的已经在网站、刊物和报纸上公布政府采购信息，但公布的信息与实际采购活动需要相去甚远。采购价格不便宜，有的甚至过高，质量也有问题。

3. 政府采购范围的规模狭窄，项目单一

从近些年政府采购执行情况来看，集中在货物类别，尤其是计算机、公务车等标准商品，而工程类和服务类则相对较少，给预算单位带来许多不便。

4. 专业性的采购缺乏相应的专业人才

采购管理队伍未经系统培训，有关政策水平、理论水平及专业管理能力，整体上偏低。他们对政府采购所必须掌握的招投标、合同、商业谈判、市场调查及商品、工程和服务等方面的有关知识和技能知之甚少。知识的短缺和专业人才不足，使政府采购工作缺乏强有力的组织力量，工作上形不成合力。

（四）收支两条线管理的问题

收支两条线是指政府对行政事业性收费、罚没收入等财政非税收入的一种管理方式，即有关部门取得的非税收入与发生的支出脱钩，收入上缴国库或财政专户，支出由财政根据各单位履行职能的需要按标准核定的资金管理模式。财政对各种收入采用非税收入票据和资金往来结算票据的票据控管方式。这对农业科研事业单位而言，一方面是各种纵向、横向科研经费结算在票据使用上出现了真空；另一方面是单位为解决刚性经费缺口、保证正常运转和基本建设所需资金，一直寻求各种渠道的收入，若这些收入被按相关规定纳入国库集中后，部门组织收入没有足够动力和积极性，部门不作为，经费空缺和沉重的包袱无法解决，对农业科研机构的发展后劲影响很大。

二、完善财政改革的几点建议

（一）加强各项配套制度"无缝对接"建设

财政改革是一项庞大的系统工程，改革的覆盖面广、工作量大。实施财政制度改革对会计法律制度等有很大的影响，需要及时纠正会计制度缺位的问题，研究和制定配套的财务会计制度，确立农业科研事业单位在分配资金、管理和使用资金方面的财务会计主体地位和重要责任。会计法要明确财政制度改革后的会计法律责任，除了用款单位的法律责任外，对财政制度改革后财政部门在财务会计方面的责任要加重。另外，财政改革要和行政审批制度改革、计划管理体制、投资管理体制、金融管理体制、人事与机构改革等各项改革构成一个层次清晰、形式规范、内容全面的系统工程，这些改革相互联系，有的互为条件，有的相互促进，应该有计划、有步骤地进行，并用制度予以保证和规范，实现制度之间的"无缝对接"，才能确保各项改革有条不紊地开展。

（二）增进理性化制度激励

激励机制是通过一套理性化的制度来反映激励主体与激励客体相互作用的方式。现行改革存在的主要问题是财权集中后的制度激励不足，部门和单位自主权过小，最终容易加剧财力的不足。因此要在完善中增进理性化激励制度，在财政实力增强的基础上逐步增加部门的财力。对行政单位和事业单位的经费使用管理在改革要求和方向选择切忌完全一致，管理模式要因地制宜，不搞"一刀切"。在当前财力难以保障的情况下，要适当扩大部门和单位的自主权，允许部门有适当的流动资金和资金调度权，有适当的政府采购自主权。对农业科研事业单位的收入要明确收费性质，改进征收方式，进一步对其资金性质归属进行深入分析，并研究确定相应资金管理制度，确保身负包袱的农业科研事业单位自谋发展的积极性等。

（三）改进和完善国库集中支付系统的技术平台

改善集中支付系统运行的网络环境，提高数据传输的速度和质量。利用预算单位、代理银行与财政连接的网络平台，除了满足财政部门的需要外，还应满足预算单位各种需要，可以依托国库管理网站的现有信息资源优势，增加网上电子邮件和短信发送等功能，及时传递支付信息和工作信息。同时，增加网络入侵检测、漏洞扫描及网络管理功能、建立安全管理中心，实现网络安全的总体监测及管理，确保财政资金支付数据信息的安全。为适应改革的需要，财政部门要完善"金财工程"建设，完成财政部门、税务部门、人民银行、代理银行、预算单位之间的横向联网，实现信息资源共享，努力实现操作程序标准化、管理手段现代化、业务处理无纸化的目标。

(四) 实现"一条龙"式优质服务模式

财政部门要坚持在不改变预算单位的预算主体地位、不改变预算单位的资金使用权、不改变预算单位的财务管理和会计核算权的基础上，进一步强化服务意识，增强服务能力，提高服务质量。及时解决财政改革后办理程序较多、手续复杂等问题，通过简化流程和时效管理，将相关的程序和手续，改为"一站式办公"的模式，实行预算、国库、政府采购和收支两条线一个机构，为基层预算单位提供"一条龙服务"，提高办事效率。并通过定期召开深化推进财政改革的座谈会、研讨会，设立服务电话、实地调研、上门服务等多种形式，认真听取他们的意见，吸取合理化的建议和思路，及时为单位解答问题和解决困难，使之尽快在改革的大环境中进入角色，解除他们的后顾之忧，为改革的顺利推进铺就一条软环境通道。

参考文献

[1] 曲红. 推进国库集中支付制度改革的思考 [J]. 事业财会，2007 (2).

[2] 陈宏明，火琛. 深化部门预算审计的研究 [J]. 财务与金融，2008 (4).

[3] 周训娥. 高校国库集中支付制度存在的问题与对策研究 [J]. 财会月刊，2008 (11).

我国科研经费分配体制问题探讨

张 腾 沈建新

（江苏省农业科学院 江苏南京 210014）

【摘 要】科研经费分配体制直接影响经费配置效率和结构，进而影响科研产出的质量和结构，提高科研产出水平是支撑国家可持续发展的重要保证，而提高科研经费配置效率、优化分配结构则是提高科研产出水平的重要条件。本文运用经济学分析方法，剖析了当前科研经费分配体制中存在的问题和弊端，借鉴国外三种有效管理模式，并在此基础上提出了完善我国科研经费分配体制的一些建议。

【关键词】科研经费；分配体制；绩效评价

近年来，我国科研经费投入一直保持高速增长，全国研究与试验发展（R&D）经费从 2000 年的 895.7 亿元增长至 2010 年的 6980 亿元，年均增长逾 20%；R&D 经费占 GDP 的比重从 2000 年的 1% 增长至 2010 年的 1.75%，已超过世界平均水平（1.60%），尽管与发达国家还存在差距，但这一差距在不断缩小。

科研投入强度不断提高，科研产出规模随之增大，2009 年我国发明专利授权量为 9.37 万件，居世界第 3 位；发表 SCI 论文 12 万篇，居世界第 2 位。但数量的增长并未带动质量的同步提升，全国重大科技成果从 2000 年的 32858 项增长至 2009 年的 38688 项，9 年只增长了 17.74%；1999—2009 年我国 SCI 收录论文平均引用率 5.20 次，与世界平均值 10.06 仍有较大差距（以上数据来源于科技部网站中国科技统计数据）。我国科技成果转化率只有 25%，距离发达国家 60%~80% 的水平也有很大差距[1]。科研经费投入强度和配置效率是影响科研产出水平的两大重要因素，科研投入强度的增大客观上对经费分配和管理效率提出了更高的要求，而要提升科研产出质量，提高科技成果转化程度，也需要完善分配体制，提高配置效率，优化分配结构。但是，多年来，中国的科研经费分配体制并未进行过实质性的调整，制度创新滞后于经费增长和科研发展，无论其管理机制、评审制度还是其分配模式、分配结构都已不适应经费管理和科技创新的需要，甚至在一定程度上制约了科研发展，滞缓了科技创新的步伐，为此，亟须通过进一步完善现行科研经费分配体制来突破瓶颈障碍，促进科技创新。

一、我国现行科研经费分配体制存在的问题

1. 管理机制问题

中国科研经费分配体制仍然没有摆脱行政化管理的桎梏，行政色彩、部门色彩、地方色彩浓重，科研的独立地位、专业主张尚未得到彰显。

（1）多头管理问题。科研本身具有专业性、多元性等特征，门类众多，体系庞杂，科研管理涉及部门广泛，经费来源渠道多样，既有来源于中央又有来源于地方的资金，既有来源于财政部门又有来源于业务主管部门的资金。但是由于宏观层面缺乏统筹管理，部门之间条块分割，缺乏协调和配合，经费分配关系没有理顺，管理分散，导致项目重复立项、重复建设严重。

（2）财权与审批权交互问题。科研经费的财权和审批权都集中在项目主管部门，主管部门既管钱又掌握"分钱"的"生杀大权"，这不但容易滋生权力腐败，造成经费分配背离客观、公正的要求，而且由于主管行政部门对科研领域了解不充分，难以做出专业决策，外部又缺乏权威、客观的评价参考，容易导致经费配置偏离科研发展需求。

（3）管理规范问题。目前，我国尚缺乏一套科学统一的科研经费管理规范，管理办法由项目主管部门自行拟定，项目管理也是各行其是，由此导致一个项目一个规范，即使是同类型的课题，其申报要求和管理规定也有差别，经费预算科目口径也不统一，让科研人员无所适从，既造成了效率损失，也不便于实际执行。

2. 分配模式问题

我国科研项目采取课题申报制，大部分科研经费通过竞争性分配模式下达，竞争虽然在一定程度上有利于促进科研效率的提高，但是，过分依赖竞争模式，也带来以下一些问题。

（1）短期性问题。由于科研本身具有外部性、长期性、风险性、高投入性等特征，对经费投入的持续性、稳定性、资金量都有一定要求，而且越是重大项目，这些特征和要求往往越明显。但是，项目主管部门出于政绩导向，会偏好风险小、出成果快的项目，这种短期逐利性使得不少重大项目在竞争模式下难以得到足够的支持。

（2）非均衡性问题。我国的竞争性分配机制并不完备，宏观层面的统筹规划和组织协调缺乏，微观层面项目评审主观性较大，信息不对称严重，经费分配很

难与申请人的实际研究能力相匹配，由此造成经费分配或者过度分散，一个内容到处重复建设；或者过度集中，一个成果多处反复交账。

（3）机会成本问题。由于项目分散，不少项目资金量也不足，科研人员为了争取研究经费，不得不多方争项目，四处忙申报，因此挤占了科研时间，产生的机会成本也不容忽视。

3. 分配结构问题

（1）基础研究比重低。我国基础研究领域经费投入一直相对不足，以 2009 年为例，R&D 经费支出中投入到基础研究的仅占 4.7%，应用研究占 12.6%，两项之和占 17.3%，试验发展经费占 82.7%，两者之比为 1.0∶5.0，而同期美国这一比重约为 1.0∶1.5，我国基础研究和应用研究支出所占比重不高表明科技发展的根基还不够坚实，原始创新能力不足[2]。

（2）企业关联度低。2009 年限额以上 R&D 项目中企业合作项目仅占 5.21%，企业参与度低，关联度低，导致科研成果难以与市场对接。2009 年研发机构和高校有效专利数 112329 件，当年专利转让及许可数仅 2111 件，尽管转让收益较高，但转化率相当有限。

（3）项目集中度低。由于科研经费分配由行政部门主导，政府领导因为专业障碍、出于综合平衡的考虑，会倾向于选择最稳妥、最简单的平均主义分配方式。这种"洒香水"式的分配，使得各类分散的中小科研项目遍地开花，科研课题良莠不齐、泥沙俱下，尤其是地方性科技项目，这一现象更为明显。2009 年限额以上地方科技项目平均经费 18.77 万元，并且基础研究和应用研究平均经费也只有 7.9 万元和 17.35 万元（以上数据来源于第二次 R&D 资源清查数据）。在分配环节就缺乏资源整合，基础研究和应用研究又多为中小项目，自然就难以产出重大原创性科技成果。

4. 评审制度问题

我国虽然形成了一套评审制度程序，但是在评审标准和评审主体方面并未到位。首先，缺乏客观系统的评审标准。项目评审的具体规则和指标体系尚未建立，无论是课题申报评审还是结题后的考核，都缺乏客观系统的衡量标准，主要还是依靠评审专家的主观意见。评审权的过度放大，就给各种不规范行为留下了操作空间，评审的公正性也随之大打折扣。其次，缺乏独立公认的评审主体。目前，我国的课题评审专家组还是由主管行政部门临时组建，评审专家基本上也是出自各个研究机构、高校、行政部门，而这些评审专家和项目申请人或多或少都有着利益关联，内部人评内部人，公正性自然难以得到保证。与此同时，我国也缺乏独立公认的外部评审机构，行业组织、学术共同体等也不够成熟，难以担当起公正评审、引领科研导向的重任。

5. 信息不对称问题

信息不对称产生了两个典型问题：一是逆向选择问题。由于中央与地方以及各部门之间信息不够通畅、决策缺乏协调，也未建立起统一的科研信息管理系统，经费分配缺乏信息依据和数据支撑，更促使其走向"洒香水""卖人情"的非正式轨道，进而导致科研经费申请人市场呈现优不胜劣不汰的逆向选择趋势。二是道德风险问题。长期以来，我国对科研信息管理和绩效管理不够重视，重申请、轻管理、轻验收，项目申请人的科研情况和绩效既未得到有效衡量，又未与项目申请挂钩，评审往往是一评了之，课题也是一结了之，申请人、科研机构和评审专家的一次违规成本极低，合谋收益极丰，重复博弈的概率又极小，如此则道德风险难以避免。

二、国外科研经费分配体制的实践与借鉴

1. 多层次管理模式

美国等发达国家科研管理采取"多头决策，中央协调"的模式，立法机构、行政部门、高校、非营利性研究机构、科研人员均能在政策制定方面发挥各自的影响，并且由总统和国会来进行最高决策和总协调[3]，实现了分散与集中决策的有效结合。

2. 美国分类划拨模式

美国科研经费按照竞争性程度分为 5 个类别来加以划拨（见表1），较好地兼顾和满足了不同科研项目的实际需要[4]。

表1　　　　　　　　　　　　美国科研经费分类划拨模式

类　型	竞争程度	方　式	占联邦经费的比重/%
国会指定	有限竞争或非竞争	资助研究者依照国会指导方向研究	4
特殊能力	非竞争	资助特殊项目的研究	7
有限范围选择竞争	指定范围竞争	在指定范围内选择资助合格的申请者	15
内部评估竞争	竞争性	由项目管理者或其他内部人进行价值评议	14
外部评估竞争	竞争性	通过独立的外部专家进行价值评议	60

3. 韩国 G7 计划模式

20 世纪 90 年代，韩国制订了 G7 计划，严格选择、集中经费攻克关键技术，并促使这些特定领域的技术达到发达国家的水平。在经费分配上，一方面保障重点项目，把有限的经费投入到国家目标、区域目标的需求上，解决制约经济社会发展的重大科研问题；另一方面鼓励优秀人才，对学术水平高、研究成果多、信誉程度好的专家给予更多的支持和倾斜。除此之外，韩国还完善了评审制度，邀请多领域的专家参与评审，并且对评审专家实行信用制度和终身负责制，评审完

成后不仅要公布中标人、中标项目，还要公布评审专家的姓名、单位，以增强其责任感[5]。

三、完善我国科研经费分配体制的建议

1. 建立健全科研经费管理体系

（1）建立科研经费管理协调机制。要提高科研经费配置效率和管理水平，应该加强国家宏观层面的统筹规划，加快建立中央与地方之间以及部门之间的管理协调机制[6]，尤其对于国家目标项目、重大科技项目应形成共识，加强协商。

（2）建立科研经费决策会商机制。使科研机构、科研人员、中介组织、企业等主体广泛、深入地参与到科研经费的分配中去，推动经费分配决策的科学化、民主化，实现经费配置与科研需求和市场需求的对接。

（3）建立科技计划管理信息系统。建立起覆盖全国范围的科技计划管理信息系统，建立各年度、各地区、各类别项目申报、实施、结题情况以及项目经费、绩效、成果等方面的动态数据库平台[7]，实现数据共享、实时查询，有效克服信息不对称带来的决策障碍。

2. 规范科研经费管理办法

制订规范、统一的科研经费管理办法，对于能够普遍适用的管理规定、管理流程予以制度化，避免大量同类重复性的管理办法到处泛滥，造成管理的低效和混乱。

3. 调整科研经费分配结构

科研经费配置的政策定位必须清晰：一是要服务市场、完善市场，以政策来支持和引导企业自主创新和科技发展，通过发展"企业孵化器"、科研联合体，促进产学研的有机结合，在经费分配上加强支持合作共建项目、产学研结合项目；二是要弥补市场失灵，提供公共产品，集中财力更多地投入到基础研究领域。

4. 创新科研经费分配模式

（1）推行分类划拨。根据具体情况，将科研项目区分为非竞争、有限竞争和竞争性三种分配方式，并采取不同的申请与划拨方式，避免"一刀切"的单一竞争模式。对于重大研究课题，应该注重研究力量的整合与协调，采取非竞争或有限竞争的方式，提高分配效率，保障经费供给的持续性、稳定性；对于特殊研究课题，应该有针对性地采取灵活的分配方式，满足其特殊需要；对于一般性的研究课题，则可以采用竞争性的分配方式，以调动各科研单位的积极性。

（2）突出重点领域。科研经费的分配应有长远规划和短期计划，明确每一个时期、每一个阶段经费支持的重点目标、重点环节、重点领域。科学统筹、集中

财力、保障重点，而不是盲目地"洒香水"，规划有高度、研究有深度、执行有力度，才能真正实现科研出成果、管理出成效。

（3）设立专项资金。可以从每年的科研经费中单列一块，设立专项资金。对于信用程度高、研究水平高的科研单位、科研团队、科研人员，给予相对稳定的资金支持，以扶持优势团队，培育优势学科，把优秀的科研人员从繁杂的课题申请当中解脱出来，更好去投入到科研当中。同时，还可以赋予专项资金支持方一定的资金调配权限，以实现资源优化配置。

5. 完善科研经费评审机制

（1）引入外部评估。在科研经费分配上，为了保证评审的科学性和公正性，就要大力发展壮大学术共同体，推动其更多地介入到经费分配当中，促使其在学术评价中发挥基础性作用。课题评审可以委托以学术共同体为主体的社会中介组织来进行，并通过共识的力量来引导科研的方向。

（2）建立评价体系。建立系统、完善、客观的指标评价体系，并且要把课题申请人的科研信用状况引入其中，而不是简单地把论文发表数量、引用率等指标作为唯一标准。应通过细化、优化评价标准来促进评审的规范、公正。

（3）实行信用管理。建立和完善经费申请人和评审专家信用档案制度，对经费申请人的课题申请、结题、绩效情况，评审专家的评审情况予以记录建档，并作为追溯评价的依据。通过这种方式，增加博弈次数和违规成本，能够在一定程度上规避道德风险问题，促进经费申请人市场的优胜劣汰。

（4）扩展绩效评价。完善绩效管理制度，对于促进科学、规范、有效的资金分配和管理体系的形成具有重要意义[8]。为此，一方面要扩大绩效评价的范围，建立绩效评价项目库，把更多的科研项目纳入其中；另一方面要延伸绩效评价的环节，从事后评价扩展为事前评价、事中评价[9]，在项目申报时，就要设立绩效评价指标体系和绩效目标，并将之作为项目评审的一项重要内容；从资金安排、资金使用，到结题验收都要进行绩效评价，并且要把绩效评价结果作为安排以后年度科研项目经费的重要依据，由此形成一个良性循环。

参考文献

[1] 张维. 2011 南湖知识产权论坛透露数字令人汗颜 我国科技创新贡献率只及德美一半 [N]. 法制日报，2011-04-26（6）.

[2] 第二次全国 R&D 资源清查领导小组办公室. 第二次全国科学研究与试验发展（R&D）资源清查公报展示了我国科技发展的实力和水平.

[3] 杨洋. 美国科技政策和科技发展关系的特点及对我国的启示 [J]. 科技情报开发与经济，2010（13）：128-130.

[4] 王振新，吴新年. 美国政府科研经费划拨及启示 [J]. 科技管理研究，2007（6）：67-68.

［5］　高玮，傅荣．政府科研经费管理与效益研究［J］．江西社会科学，2009（5）：214-217.

［6］　高茹英，张红莲，任蔚．我国科研经费投入中存在的问题及对策［J］．研究与发展管理，2008（12）：125-130.

［7］　冯彦妍，张建新．我国科研经费管理使用现状分析与治理对策［J］．经济论坛，2010（2）：182-183.

［8］　沈建新，周娜．国库集中支付体制下省级农业科研院的财务管理［J］．江苏农业学报，2010（5）：1104-1107.

［9］　沈建新，郭媛嫣．科研项目绩效评价初探［J］．江苏农业学报，2009（6）：1378-1381.

对加强科研事业单位固定资产管理的思考

赵　婧　　徐晓英　　马慧玲

（安徽省农业科学院　安徽合肥　230001）

【摘　要】随着国家对科技条件投入力度的加大，科研事业单位的固定资产不断增加，加强资产管理也成为内部控制体系建立的要求。各科研事业单位对货币资金的管理都非常重视，相关的管理制度十分完善。而当货币资金转化为实物资产时，在管理工作中就会出现许多薄弱环节。本文分析了固定资产管理方面存在的问题，并提出了对策建议。

【关键词】科研事业单位；固定资产；管理

　　随着知识经济的发展和国家对科技发展的支持，我国科研事业得以迅猛发展，科研单位资产不断累积。特别是"十一五"以来，国家对科研事业单位的投入力度不断加大，使得科研事业单位固定资产不断增加。固定资产，是开展各项工作的物质基础，是保障科研事业单位科研能力和发展能力的要素之一。我国科研事业单位的大部分固定资产都是国家财政拨款形成的，其管理的成效直接影响着国家财政资源的合理配置。因此科研事业单位做好固定资产的管理显得尤为重要。

一、固定资产管理存在的问题

　　科研事业单位财务管理重要的内容之一，是对流动资产和固定资产的管理。

　　科研事业单位对流动资产尤其是货币资金的管理非常重视，相关的管理制度十分完善。而当货币资金转化为实物资产后，在管理工作中就会出现许多薄弱环节。在购置大型设备时，配置不合理；资产管理体系不完善，制度执行力不够，管理责任不明确；单位资产长期不盘点，资产账实严重不符；许多大型专用仪器设备使用效率不高，不能有效使用或被长期闲置。科研事业单位普遍存在重资金轻资产、重购置轻管理，重分配轻绩效、重审批轻监督的现象。"重钱轻物、重购轻管"的思想十分严重，形成了严重的流失浪费，资产使用效益低下，违背了国有资源有效配置的原则。

（一）配置不合理，使用效率不高

科研事业单位的工作重心是科研，而仪器设备更是科研的重要手段。为了能争取更多的科研经费，每个项目在进行预算时，几乎都申请仪器设备的购置资金。而对于项目研究所需要的仪器设备的种类和性能，有的甚至通过"拍脑袋"就简单决定了，极易造成仪器设备购置后长期闲置。

各科研院所之间，甚至在一个科研院所内部，由于仪器设备共建共享机制尚未建立，课题经费和科研仪器设备"私有化"现象十分普遍。由于缺乏必要的沟通与协调，对于在同一个研究所内部，研究方向相同或相近的各个项目，按照各自的预算安排采购仪器设备，容易造成资产重复购置，大型专用仪器设备或长期闲置，设备利用率低，或不能有效使用，造成资金浪费严重，资产使用效益低下，违背了国有资源有效配置的原则。

（二）日常管理不当

1. 固定资产相关管理制度虽然逐年完善，但制度执行力度不够

固定资产管理不应与财务管理相脱节，首先应根据有关政策和法规，制定国有资产管理的规章制度和办法，制定更加明确细化的固定资产管理办法。

安徽省农科院先后制订了《安徽省农科院国有资产管理暂行办法》《安徽省农科院固定资产处置管理暂行办法》《安徽省农科院财务管理办法》等相关制度。完善了固定资产报废处置审批制度，明确了实物资产配置的标准、采购申请与审批、报废和遗失的处理办法以及资产转移的程序等。

根据院有关规定，我们制订了《安徽省农科院土壤肥料研究所国有资产管理办法》《安徽省农科院土壤肥料研究所便携式固定资产管理实施细则》《安徽省农科院财务管理制度》等相关制度。针对笔记本电脑、数码相机等便携式固定资产的管理，做到购置的每项固定资产责任落实到个人，保证国有资产的节约和有效使用。

虽然固定资产相关管理制度逐年完善，但仍有不按章办事的现象出现。有些科研人员对国有资产的管理意识淡薄，简单地认为用争取来的科研经费购买的资产，就等同于自己的"私有财产"。同时资产处置随意性大，造成资产减少、报废等手续不全。仪器设备报废的残值自行变卖后才通知财务人员，仅仅因资产的某种性能陈旧，就要求处置资产，重新购买性能较好的设备。资产发生毁损需要维修时，不履行必要的报修手续，送修后又不按时取回入库，造成账实不符。

2. 账务处理不及时准确，不能真实反映资产价值

固定资产建账不及时，尤其对改造、大修、捐赠等来源的资产，往往由于手续不全，入账不及时，造成账账、账卡、账实不符；不计提折旧，或者已丧失使

用价值的固定资产仍放在账上不作处理，虚增单位固定资产。对固定资产长期不进行清查，造成单位虚增资产、账外资产、闲置资产，资产损失浪费现象严重。

二、加强国有资产管理的对策分析

（一）合理配置资产，提高资产使用效率

1. 建立资产的共建共享机制，科学配置资源

以我院为例，由于同一个研究所内部各个课题之间研究内容相同或相似，可以考虑建立共建共享机制，会同有关职能部门组织专家对国有资产的购置或建设进行论证，对科研仪器、设备设施要统一配置，减少重复购置，使国有资产"物尽其用"，并且节约资金，提高国有资产的使用效益。

建立科研仪器设备共用平台后，统一管理，最大限度地发挥国有资产的经济效益。按照各个项目的资产使用频率提取折旧，并分摊到项目支出中，也便于进行内部成本核算。

2. 编制项目预算时，合理安排设备采购预算

各课题组要根据自身项目研究的特点，对支出总数和结构进行科学的分析、预测、论证，搞好支出总数和支出结构的优化设计。改变过去只注重账面平衡的做法，重视资金使用前的预测、使用中的控制和使用后的绩效评价。

科研单位应适时聘请财务专家对项目管理人员、财务人员等进行项目预算编制的培训，提高科研人员对预算管理重要性的认识和预算编制的能力，确保设备采购预算科学合理。财务人员和资产管理人员要积极参与项目预算管理，资产管理人员根据现有仪器设备，提出设备更新建议，编制项目仪器设备预算，并督促项目主持人严格执行预算。

3. 加强资产的外部监督和内部控制

上级财政部门根据一套完整的考核指标体系，对财政资金的投入和投入后资金的使用效益进行严格监督。购入设备后要对其实际使用效益进行考评并追踪问责，切实提高单位预算资金的利用率。加强外部监督，通过完善项目资金使用的绩效评价，可以改善盲目购置资产的状况。

结合自身的实际情况，建立健全内部控制制度。建立资产采购申请制度，明确相关部门或人员的职责权限及相应的采购和审批程序；建立固定资产清查制度，对于清查中发现的问题，应当分析原因、查明责任、完善管理制度。

（二）加强资产的日常管理

1. 加大制度宣传，强化制度的执行力

资产管理部门要充分利用各种信息化宣传平台，在单位网页中增设资产管理

的内容，通过这个载体发布各种财经法规、政策要求以及资产购买、处置、维修的程序规定。让科研人员能及时了解、掌握这些信息，自觉地参与和配合资产管理工作。

2. 专人负责资产的管理

安排专人负责资产的日常管理，做好资产卡片的登记和保存；有专人负责进行国有资产产权登记，并负责资产使用、保养等的监督、检查；定期清点、核实，做到人、财、物统一；定期与财务人员核对，做到账卡、账实相符，严防固定资产流失。并定期对固定资产进行维护保养，适时请外部检测机构对资产进行维护，以延长资产的使用寿命。专人负责也能改变固定资产跨部门管理、实物资产存量和账面存量不一致的状况。

3. 加强财务管理，提高会计人员管理水平

加强财务人员的教育和培训，提高财会人员的执业判断能力、自我创新能力、分析控制能力和动手操作能力，从而全面提高服务质量和管理水平。

严格执行资产管理制度，对资产的购置、处置等相关处理要及时准确，定期与资产管理人员进行核对，做到账账、账卡、账实相符。

建立健全财产清查制度，定期进行资产清查。通过清查可以确定财产物资的实存数，核定账实是否相符及查明不符原因和责任，以便制定改进措施，做到账实相符，保证会计资料真实、资产完整。同时通过对财产物资的加强管理，深入挖掘内部潜力，增收节支，用有限的资金创造更多的经济效益。

三、结束语

将资产管理与部门预算管理相结合，建立共建共享机制，实施新增资产配置预算专项申报制度，从源头加强资产管理。在资产清查的基础上，安徽省财政部门创建了省级行政事业单位资产管理信息系统，并从单机版更新成网络版，对资产从申请、购买、审批、采购、入库、调剂、处置、经营、权属、使用等过程，实施动态管理和有效监管，实现资产管理与预算管理、财务管理、绩效管理的有机结合，实现资源共享，提高资产运营效率和效益。

科研事业单位固定资产管理的重点是用科研项目经费购置由项目人员保管、使用的各类科研仪器设备，对这部分固定资产要采取切实可行的措施加强管理。本文试图探讨建立科研仪器设备共用平台，防止仪器设备课题项目组"私有化"，避免大中型仪器设备重复购置，减少仪器设备的闲置，最大限度地提高仪器设备的使用效率。科研仪器设备共建共享机制的建立，也为科研事业单位财务制度改革、内部成本核算等提供基础保障。

科研单位必须树立资金与资产并重的管理理念，将预算管理与资产管理、价

值管理与实物管理相结合，合理配置资源，提高固定资产管理水平，才能确保国有资产的保值、增值，保障科研院所健康持续的发展。管理好单位固定资产，对节约财政资金，提高资金使用效益起到不可忽视的作用。

参考文献

［1］ 高微，兰静．关于加强科研单位固定资产管理的思考［J］．中国总会计师，2009（17）．

［2］ 缪启新．加强科研单位财务管理［J］．财会管理，2012（2）．

［3］ 杨阜灵．农业科研单位国有资产管理的三个问题及对策［J］．中国渔业经济，2004（6）．

［4］ 刘丽梅．健全科技企业固定资产管理体制［J］．财经界，2010（1）．

浅析事业单位实行财务绩效管理制度的意义及方法

王　雪　　王广海　　韩彦肖　　王献革

（河北省农林科学院石家庄果树研究所　河北石家庄　050000）

【摘　要】事业单位存在着预算编制执行、原有会计制度不健全、内部控制不完善以及财务人员素质不高等财务管理方面的问题。本文通过分析事业单位绩效的最大化，来说明事业单位执行财务绩效管理制度的必要性，给出了评价工作成果要合理制定关键绩效指标、评价社会效果可使用"360度评价体系"两种财务绩效管理的具体方法，并讨论了其作用和需要注意的问题。

【关键词】事业单位；财务管理；绩效管理

一、什么是事业单位

事业单位（Institutional Organization）是一个有中国特色的概念。在国外，类似机构多被称为"非政府组织"（NGO），或"非营利机构"（NPO）。事业单位是指国家为了社会公益目的，由国家机关举办或者其他组织利用国有资产举办的，从事教育、科技、文化、卫生等活动的社会服务组织。

事业单位最主要的特点如下：

（1）服务性，事业单位是提供公众服务，保障国家政治、经济、文化生活正常进行的社会服务支持系统；

（2）公益性，事业单位的建立是为了弥补某些领域政府不好办，企业不愿办的不足；

（3）知识密集性，事业单位的主要成员多是专业人才，是推动社会生产力发展，建设国家创新体系的主力军。

二、事业单位财务管理的目标、原则和任务

与企业相不同，事业单位的资金是由财政及其他单位拨入，且不要求以获取

直接经济利益作为回报。所以事业单位是以服务社会公益为目标的。

但从我国事业单位的具体经营范围来看，有的事业单位提供的是纯粹的公共产品，如基础教育、基础科研、计划生育、公共卫生防疫等；而有的事业单位提供的却是混合产品，即提供具有一定外部效益的公共产品，如高等教育、职业教育、广播电视、医疗保健等。

所以，事业单位的财务目标应为单位工作的目标（即社会公益目标）服务，但又不能简单地定义为"不以营利为目的"，而是要更注重事业单位的生存与发展，以更高的效率，创造最大化的社会价值，提供更多、更高质量的公益服务和公益产品。简而言之，就是获得绩效的最大化。

具体来说，根据财政部颁布的 2012 年第 68 号文件《事业单位财务规则》规定：事业单位财务管理的基本原则是：执行国家有关法律、法规和财务规章制度；坚持勤俭办事业的方针；正确处理事业发展需要和资金供给的关系，社会效益和经济效益的关系，国家、单位和个人三者利益的关系。事业单位财务管理的主要任务是：合理编制单位预算，严格预算执行，完整、准确地编制单位决算，真实反映单位财务状况；依法组织收入，努力节约支出；建立健全财务制度，加强经济核算，实施绩效评价，提高资金使用效益；加强资产管理，合理配置和有效利用资产，防止资产流失；加强对单位经济活动的财务控制和监督，防范财务风险。

三、事业单位原有财务管理制度中影响绩效的若干问题

随着市场经济的逐步完善，事业单位的财务管理机制也进行了不断的改变，但由于各种实际原因，财务管理机制中还存在很多问题，尤其是单独核算部门、项目的财务管理等问题还是很突出，这严重阻碍了事业单位绩效最大化目标的实现。

（一）预算编制、执行存在的问题

事业单位的财务预算中经常出现预算编制不规范、预算执行不严格的问题、监督考核无效果等问题，这会直接影响事业单位履行职能的效果。

具体主要表现在以下三个方面。

（1）预算编制不实际。项目人员和财务人员没有按照预算编制规定深入实际，没有对每项经济活动进行考察，仅仅是按照以往经验简单预算，甚至只做大致估算，导致盲目预算，也就忽视了资金使用的效率，导致了先期浪费。

（2）预算使用不规范，重拨款而轻管理。有的单位随意改变资金用途，扩大支出，提高补贴，导致"专款不专用"现象，造成浪费严重、采购超标，会议费、招待费居高不下等问题。

（3）对资金的实际使用缺乏有效的监督和考核，难以取得预期的社会效益。前期的预算简单，随意使用，造成对预算的使用效果无法跟踪审计，成本核算数据不真实，绩效考核走过场等情况，使资金的使用无法达到预期的效果。

（二）财务管理的制度不健全，会计监督不力

事业单位财务制度、管理制度与监督制度不健全，造成资产流失、损失等问题，严重影响事业单位的绩效。

（1）固定资产管理不严。部门之间对国有资产管理相互脱节，具体使用部门只用不管；国有资产管理与财务管理脱节，盲目、重复购置资产，致使部分资产闲置浪费等问题，直接造成了国有资产的流失，是严重的资源浪费，极大地影响了事业单位的绩效提高。

（2）往来款项的管理不严。据调查显示，事业单位往来款项的账面余额占流动资产的50%以上，而且有相当一部分属于呆账、坏账。

（3）专项资金的管理把关不严，使资金和应办的项目脱节，使用范围有极大的模糊性和不确定性，资金分配存在严重的随意性。

（4）单位财务部门内控制度不完善。有些事业会计岗位设置和人员配置不合理，业务交叉，职责不明，使财务运行、资金资产安全存在着隐患。部分单位仍然存在大额开支使用现金支付、白条抵库等现象。

（三）财务、管理人员缺乏专业性

有些财务管理人员工作责任心不强，导致管理水平较低，会计数据质量不高，给财务管理的效果带来很大影响。

（1）地方基层管理人员整体素质不高，队伍不稳定，财务、管理人员缺少最新的业务培训，各种先进的管理方式难以推行，无法适应当前财务管理与会计核算的需要。

（2）有些工作人员认为进入了事业单位就得到了"铁饭碗"，从未想过提高工作绩效，更不关心如何改善公益服务的质量，这引起了人民群众对事业单位的很大不满。

四、事业单位实现绩效最大化的方法

要妥善利用国有资产、财政资金，为社会公众提供更多更好的公益服务与产品，达到事业单位绩效最大化的目标，就要转变事业单位的管理模式、经营理念，建立健全事业单位的各项绩效管理机制。财务部门应在建立完善的财务管理制度的基础上，结合本单位实际情况，立足事业单位分类改革基础，结合工作人员的工资制度改革，建立一套切实可行的绩效管理机制，通过运用财务管理的方法指导各个部门、项目开展工作。

五、事业单位的财务绩效管理的程序和内容

财务绩效管理隶属于绩效管理，与企业不同，事业单位又有其自身特点。事业单位财务绩效管理的程序包括四步：① 预算阶段进行绩效计划制定；② 执行阶段对绩效的监督和定期考核；③ 期末绩效评价；④ 总结阶段财务绩效管理的实施反馈。

1. 预算阶段进行绩效计划制订

绩效计划是绩效管理中的第一个环节，应与事业单位预算制定同期进行。财务部门制定绩效计划主要是以上一年度的工作情况和下一年度的工作目标为依据。绩效计划中要将单位工作目标具体分解到各个部门、项目上，实现单位目标与部门、项目目标一致。同时，根据各部门、项目的目标和各自特点制定财务关键绩效指标，作为考核依据。因此，财务部门要切实了解整个单位和各部门、项目的具体情况，结合下期预算，制订绩效计划。

2. 执行阶段对绩效的监督、指导和定期考核

按照计划开展工作以后，财务部门要对各部门、项目的财务情况进行监督和指导，并对具体指标进行定期考核，及时解决发现的问题。如遇执行环境有重大变化，需要调整绩效计划的，要在详细论证的基础上及时进行调整。执行期间一般为一个会计年度，考核周期可根据实际情况设为每月或每季度考核，在整个期间财务部门都应及时与具体部门、项目进行沟通、反馈。

3. 期末绩效评价

绩效期结束的时候，按照预先制订的绩效计划，财务人员应对各部门的各项综合指标进行评价，并依据执行期间收集的考评结果，根据权重计算最后的绩效评价成绩。

4. 总结阶段，财务绩效管理的实施反馈

完成绩效评价后，财务部门需要与各部门、项目一起研讨。通过研讨反馈，了解各部门、项目在实际中遇到的困难。部门、项目也可以了解没有完成目标的原因，并听取财务部门的指导。这种反馈更有利于在下一个绩效周期完善和改进财务绩效管理制度。

六、事业单位财务绩效管理考核中的关键绩效指标

由于财务指标值反映会计主体的经济状况，而事业单位由于资金主要来源于财政划拨，经营目的是提高公益服务，所以，事业单位既要注重考核财务指标，

又要注重考核社会效果指标。即"绩效 = 工作成果 + 社会效果"。

1. 评价工作成果要合理制定关键绩效指标

关键绩效指标简称为 KPI，是把整体目标经过层层分解产生的可操作性的具体目标。制订 KPI 是把整体目标具体量化的重要手段。具体 KPI 主要涉及资产、现金、往来账款、收入、支出、各种费用（人、车、管理）、管理制度、审批权限、人力配置等方面。应根据实际情况选择 5~8 个指标为主要指标，再通过加权方法得到一个综合数值。

建立 KPI 体系的意义在于：① 通过考核 KPI，确保部门、项目财务预算的逐步落实；② KPI 不仅成为部门、项目考核的约束指标，同时可以发挥其目标导向的作用；③ 通过 KPI 可查找工作中隐藏的问题，尤其是查找部门、项目内部管理的漏洞。

2. 评价社会效果可使用"360 度评价体系"

针对事业单位具体某一部门、项目，就是由其上级主管部门、同级部门、下级部门、服务收益群体、社会舆论、获得荣誉情况等多方面全方位评价。通过多角度评价，力图得到更客观的评价。再通过多次评价，达到改善工作效果，提高绩效等目的。

七、事业单位财务绩效管理的作用

（1）实施财务绩效管理，加强了财务部门对其他各执行部门、项目的指导工作，改变财务部门仅服务不管理的情况。

（2）实施财务绩效管，增强了反馈，强化了财务监督、完善了财务制度，并引导事业单位财务向公益服务方向投入。

（3）通过绩效状况，既可以摸清部门的工作效率，又可以明确岗位职责，指导具体的人员配置调整。

（4）对各部门的财务情况进行绩效评价的结果，可以比较公平地显示各部门的财务使用情况，据此可以决定对该部门的奖励和部门人员绩效工资的调整。

（5）绩效评价的结果，可以准确地分析实际工作效果与绩效目标之间的差距，可以有针对性地改进，还可以有效提高该部门、项目内部组织效率，提高供给公益服务的质量水平，从而实现事业单位的整体绩效最大化。

八、抓好事业单位财务绩效管理应注意的问题

（1）绩效管理是事业单位财务工作永恒的主题，加强组织领导是搞好事业单位财务绩效管理的必要前提。事业单位要顺利实行财务绩效管理，就要统一思

想，提高认识，并建立以一把手负责的绩效考评委员会，由各分管领导具体负责实施。

（2）加强会计人员、管理人员相关培训是实现财务绩效管理的技术基础。只有提高人员素质才能严格执行现代化的管理制度，否则好的制度就变成了摆设与形式。

（3）提高会计人员职业道德教育是必要条件。财务绩效管理依靠的是真实准确的会计数据、科学的绩效管理制度、尽职的预算计划、客观的绩效评价，这就要求财务绩效管理的执行人员客观公正、尽职尽责。

（4）积极推行会计集中核算制是财务绩效管理有力保障。推行会计集中核算就是通过改变会计业务处理程序的方式，强化会计核算和会计监督，从源头上遏制事业单位腐败，杜绝胡乱花钱、铺张浪费现象，达到提高资金使用效率的目的。

参考文献

［1］ 欧阳欢. 科研事业单位工作人员岗位绩效工资制度改革的实践［J］. 农业与技术，2011，31（5）.

［2］ 李建民. 事业单位绩效工资改革操作实务手册［M］. 北京：机械工业出版社，2010.

［3］ 郎晓军. 浅谈事业单位绩效工资改革［J］. 建筑科技与管理，2010（9）.

农业项目资金管理小议

王之旭　　闫忠鹏　　孙洪义

（辽宁省水稻研究所　辽宁沈阳　110101）

【摘　要】本文以支撑计划农村领域科技管理改革为主要研究对象，指出了预算制管理、团队负责制和项目资金整合中存在的问题，简单分析了问题的成因，并提出了初步的建议。

【关键词】预算制管理；改革；资金整合

近几年来，国家进一步加强了农业的基础地位，连续出台关于"三农"问题的一号文件，落实国家粮食丰产工程、农业产业技术体系建设、农田水利设施更新、中低产田改造等重大科技项目，为支撑农业生产发展起到了不可估量的重要作用。在落实科研任务的同时，科技部、农业部等部委与财政部合作，同步落实项目资金管理改革，加强了项目资金管理，在一定程度上规范了项目的预决算管理，提高了资金利用效率。省级农科院作为全国各主要农作物产区主要科研力量，承担着国家、省级大部分科研课题，负责运转着大量的财政支农项目资金，在课题资金管理改革中取得了一些有益的经验和教训。现就几个突出的问题进行讨论，以期产生共鸣。

一、项目预算编制中出现的问题

为了提高资金使用效率，以国家支撑计划为代表的国家级课题均实行了严格的预算编制管理。在支撑计划农村领域改革试点中，将"课题任务书"（即合同书）与"课题预算书"一同装订，提高了项目签约速度，有利于经费与任务紧密结合，也便于项目验收时对照任务书指标完成情况衡量经费使用效率。但在实际操作中，有的项目出现预算科目烦琐过细，为了保证不被削减预算额度，一些科研人员将科研工作模式化，编制成工厂流水线式的操作步骤，再将各阶段拟投入的人力、物力、财力进行组装，看上去滴水不漏，实际上严重背离了科研工作的基本原则——创新。科研工作的灵魂就是创新，创新不但要从思想上有变革，更要从方法上有变革，体现在工作方式上就是灵活多变的。如果按照固定的操作程序、购买既定数量质量的物资、依据既定日程操作，就是工业化大生产，而不是科研。在实际操作中，那些做得"天衣无缝"的预算，往往在执行中需要更多"瞒天过海"的变通，不但没有提高资金使用效率，反而增加了项目的运行成本。因此，应该纠正过于烦琐冗长的"豆腐账"预算倾向，提倡与任务紧密结合的适度预算。当然，前提条件是在财政审核预算过程中也要给予农业项目适度的宽松。

二、团队负责制推行中的尴尬

农村领域科技管理改革试点的另一个重要内容就是实施团队负责制，根据任务需求，在课题主持人之下，设置若干（一般不超过5人）团队负责人，并组建任务团队，资金分配与任务挂钩，基本上也就是按照团队承担的相应任务进行分解。这样一方面加强了课题主持人的权力，使其在统管全局的基础上，可以根据课题进度，适当调整任务内容和经费分配；另一方面增加了团队成员的积极性，使其在完成本领域研究任务的同时，能够及时获得相应的资金支持。但在实际操作中，由于参加单位和人员较多，课题主持单位为了方便内部管理，倾向于简单化地将经费划拨到各参加单位。参加课题的科研人员出于单位内部考核的需要，也急于将项目经费划入本单位账面。这样不仅削弱了课题主持人和团队负责人对课题的操控能力，造成无力约束课题参加人员的科研行为，而且埋下了经费超预算支出或不按预算执行的种子。因此，为了建设强有力的科研团队，圆满甚至超额完成课题任务，更有效地调动科研人员的积极性，应该切切实实地推行团队负责制，将经费分配与团队建设紧密结合起来，杜绝图省心的简单分块划拨，发挥课题主持人和团队负责人的能动性，让课题经费活起来。

三、项目资金整合中存在的矛盾

我国各级各类农业科研项目的管理体制均趋完善，国家自然科学基金、国家支撑计划、国家产业技术体系等大项目管理的示范作用逐渐体现出来，完善项目任务和经费管理已经成为各级管理部门的主要考虑。从单一部门设立项目的目标出发，目前建立的管理制度基本上能够约束课题承担单位保质保量地完成任务指标。然而，从课题承担单位角度出发，同类性质、相似目标甚至相同任务指标的课题屡见不鲜，在完成一个项目的同时，产出的科研成果往往可以向多个项目交差。为了获得最大的经济和社会效益，课题承担单位倾向于以最小的投入，完成最多的科研任务，从而也就最大限度地节约了项目资金。按照目前项目资金管理要求，一般项目节余经费需要上缴，这就使众多的项目承担单位处于节约与浪费这一矛盾之中。为了单位利益和发展需要，课题承担单位往往需要以不规范措施进行经费"变通"，最终体现在账面上符合各个项目下达单位的要求。现状是，一方面农业科研单位投入不足，省级农业科学院的科研工作仍然存在巨大的经费需求；另一方面项目经费不能节余或者节余经费得不到相应的奖励。不但没有建立节余经费奖励机制，而且经费节余往往被视为没有执行项目。因此，为了夯实农业科研单位的物质基础，应进一步提倡项目资金整合，并建立节余经费审计和管理制度，在完成课题任务指标的前提下，鼓励节余，并将这部分经费用于课题承担单位科研事业经费。

综上所述，"十二五"以来，国家加大了农业科研经费的投入力度，作为立国之本，今后农业必将得到更多的资金投入，落实经费预算制管理、实行主持人和团队负责制、整合项目资金就成为农业科研经费管理中面临的迫切任务，随着农村领域科技管理体制改革的推进，相信本文提到的问题和矛盾会迎刃而解。

参考文献

[1] 吴跃民，杨奕，朱宝玉. 引进国际先进农业科技项目应注意的几个问题 [J]. 农业经济，2003 (3).

[2] 刘军，严若如. 把握精神实质　积极拓展农业科技贷款业务：解读农发行农业科技贷款支持的范围和领域 [J]. 农业发展与金融，2007 (6).

[3] 甘海燕，刘建华. 试谈农业科技项目的验收 [J]. 广西农学报，1997 (1).

[4] 甘海燕. 对农业科技项目管理工作的几点思考 [J]. 广西农学报，1997 (3).

[5] 糜南宏. 我国农业科技体系问题探讨 [J]. 江苏农机化，2006 (1).

[6] 武愈华，王芳. 从目标管理入手　提高经费管理水平 [J]. 林业财务与会计，1997 (4).

浅议农业科研单位投资企业融资问题

宋景华

（山东省农业科学院财计处 山东济南 250000）

【摘 要】本文结合目前农业科研单位投资的企业情况，概述了我国中小企业的概念和地位；分析了目前中小企业融资的现状，从内部原因和外部原因两方面对中小企业融资难的问题进行了分析，有针对性地提出了解决中小企业融资难的建议和措施。

【关键词】农业科研单位；中小企业；融资难问题

近年来，农业科研单位为促进成果转化和缓解事业经费运转紧张的压力，利用单位自有资金投资成立了一批科技型企业，由于受单位资金实力和来源等影响，这些企业一般投资比较少，在我国的企业规模中属中小型企业，与社会中其他中小企业一样存在着融资困难的问题，本文结合山东省农科院部分企业实际对目前这些企业融资的问题进行阐述。

一、概 述

中小企业一般是指规模较小或处于创业阶段和成长阶段的企业，包括企业规模在规定标准以下的法人企业和自然人企业。中小企业是市场经济的活跃主体，在我国经济的增长中发挥着重要的作用，是一个发展最有活力的因素，根据统计，截至 2011 年，我国目前有超过 4000 万家的中小企业，总数已占全国企业总数的 99% 以上，创造的产品和服务总价值相当于 GDP 的 60% 左右，提供了全国80% 的城镇就业岗位，上缴的税收约为国家税收总额的 50%[1]。中小企业对市场的变化反应灵敏，能够满足多元化、个性化的市场需求。只有大力发展中小企业，实现中小企业增长方式的转变，我国经济才能发生质的变化。所以，我国应采取一系列措施促进中小企业的发展。

尽管中小企业在我国国民经济发展中功不可没，但是，近年来我国中小企业的发展却面临着融资难问题。特别是金融危机发生以后，中小企业融资的问题凸显，严重制约了中小企业的发展，甚至出现了大面积的倒闭，直接影响就业形势，严重影响社会稳定。

二、中小企业融资现状

1. 融资成本上升

金融危机以来，中央银行为了控制流动性，连续上调存款类金融机构人民币存款准备金率。由于央行的货币政策，使得商业银行的贷款急剧下降，过高的资金使用成本对中小企业的经济效益产生了极大的负面影响，增加了其融资成本。

2. 融资渠道严重受阻

我国中小企业的融资渠道比较狭窄，主要依靠外界投资、内部职工集资和银行贷款等渠道，尽管风险投资、发行股票和债券等融资渠道也被使用，但由于种种原因能筹集到的资金十分有限。金融危机后，中小企业的经营风险和信用风险大幅度上升，使得银行更加"惜贷"。受到金融危机的影响，中小企业也很难通过其他融资渠道筹集资金。

3. 宏观政策的实施加大了融资难度

金融危机全面爆发后，随着危机的蔓延，人民币持续升值，出口退税下调和新劳动合同法的实施，中小企业面临越来越明显的原材料与能源价格上涨，人力成本增加等一系列经济环境的变化，利润回报率明显减少，融资难度明显加大。

三、中小企业融资难成因分析

（一）内部原因

1. 经济实力弱，市场风险大

一般而言，企业的负债能力是由其资本金的多少决定的，通常为资本金的一定比例。中小企业资本金少，相应地负债能力也就比较低。另外，银行为降低经营风险，都制订了详细的信用等级评价标准，中小企业因其规模小、资产少、管理欠科学等诸多原因，造成信用等级较低，从而很难从银行获得贷款。与此同时，市场竞争日益激烈，中小企业要面对国内、国际两个市场的竞争，其生存与发展的难度也在增加，相应的风险也在增加，中小企业要想在激烈的竞争中取胜，必须提高竞争力或开辟新的市场才会有较好的发展，否则就会被淘汰。

2. 信用意识淡薄，逐利盲目

目前，我国中小企业的信用状况普遍较差，信用理念普遍缺失。不少中小企业老板本身信用观念淡薄，不讲诚信，造成银行"恐贷"。据调查，很多中小企业都存在财务报表混乱、数据造假、资料不全、信息失控、虚账假账等现象。另外，中小企业经营粗放、技术落后、设备陈旧，整体上经营不善。在有利润的情况下，尚可维持企业正常运转，一旦出现资金链断裂或者盈利情况变差的趋势，企业主往往携款"跑路"，在此情况下，商业银行为了防范风险，自然不愿贸然贷款给中小企业。

3. 资金需求量小、频率高

中小企业生产经营以多样化和小批量为主，资金需求也具有批量小、频率高的特点，这使得金融机构放贷的单位成本大大提高。例如，对于金融机构来说，贷出1000万和100万总共花费的时间与精力差不多，而二者对于金融机构的收益则相差甚大，这就直接造成金融机构对于中小企业的选择性忽略。

（二）外部原因

1. 国家对中小企业融资的支持力度不够

国家在支持中小企业发展方面尚未形成足够的重视，缺乏配套的专门为其提供服务的优惠政策。不仅如此，现行金融体系还对中小金融机构和民间金融的活动作了严格的控制，导致中小企业融资渠道狭窄[2]。同时，政府在资金上主要扶持大中型国有企业，使得大中型企业能较容易地在资本市场和货币市场上得到资金，而针对中小企业的融资门槛却相应被提高了许多，以政府实施的信贷配给方式来看，有些本应由中小企业取得的贷款，结果却让渡给了大中型国有企业，中小企业要取得贷款必须付出更高的成本。同时，政府过度地支持大中型企业，导致财政资金匮乏，从而对中小企业的支持就会减少，中小企业为获得资金必须增加额外的成本。

2. 金融机构"嫌贫爱富"

随着国有商业银行商业化、股份化的改造和市场化的运作，银行的经营目标是追求自身利益最大化，市场意识在为企业服务的过程中逐渐树立，银行逐渐重视风险投资意识，加强了在发放贷款等金融服务中的自主选择性，有发展潜力、追求质优的大企业作为各家银行的主要服务对象，而中小企业往往被银行忽视，被排斥在服务范围之外。另外，中小企业融资量少、频率高，需要简单快捷的服务。然而，金融部门为安全起见，必须有一套完整的融资手续，这就难以满足中小企业融资简单快捷的需求。

3. 资本市场不完善

由于我国资本市场发展较晚、发育不完善且迟缓，企业通过股票市场和债券市场直接融资所占比重较小。从发行债券融资的情况看，国家对企业发行债券筹资的要求十分严格，目前只有少数经营状况好、经济效益佳、信誉良好的国有大型企业能通过债券市场融资；股票市场上，虽然创建了中小企业板市场及创业板市场，但截至2010年1月，中小板上市公司共有346家，对数量众多的中小企业来说上市融资门槛仍然很高[3]。据统计，中小企业股票融资仅占国内融资总量的1%左右，中小企业主要的筹资方式还是银行借款。目前我国的资本市场是"过度的货币追求相对不足的金融产品"的市场。一方面是需要大量发展和经营流动资金的中小企业；另一方面是我国居民储蓄结构变化产生的大量居民储蓄开始从银行转移出来，转向资本市场。但是目前我国国内可供投资的金融产品仅限于股票、债券及期货等相对较少的品种。大量的闲散资金找不到合适和合法的投资渠道。

四、解决中小企业融资难的建议

1. 中小企业自身加强实力是根本之道

积极完善企业内部规章制度，深化企业内部劳动、人事、分配制度改革，改善企业内部人才结构和知识结构，合理配置企业内部资源，转换企业自身经营机制，提高产品或服务质量，向"专、精、特、新"方向发展。伴随自身的扩大，应逐步进行股份制改造，争取上市机会或达到发行企业债券的条件，进一步扩大企业融资渠道。诚实守信，加强与银行的信息沟通，接受监督，努力提高自觉还贷意识，取信于社会、取信于银行。中小企业积极建立自己的行业协会和互助基金会，争取基金低息或无息融。

2. 政府积极扶持中小企业发展是关键之举

政府的资金支持是中小企业外源融资的重要组成部分，政府有很大的责任为中小企业提供良好的融资环境。政府应发挥其政策引导和纽带作用，即通过相关的优惠政策，支持中小企业融资。首先，政府可以在市场环境、政府采购、金融政策、信用担保、财税扶持等方面给民营企业开"绿色通道"[4]；其次，发挥政府的"纽带"作用，构建多层次的民营中小企业融资信用担保体系，如政府财政担保、民间商业担保公司担保、中小企业协会内会员企业互相担保等；再次，发挥政府的融资媒介作用，搭建银企融资平台，以行政手段督促商业银行扩大民营企业的信贷规模，辅之以税收优惠及贷款贴息政策等市场手段。

3. 引导金融机构特别是民间金融机构向中小企业延伸是发展方向

金融市场的充分竞争有利于解决中小企业融资难问题，尤其是银行方面，也应该采取相应的政策给予积极的支持。考察融资交易成本，不仅要考虑资金的使用成本，还要考虑其可获得性[5]。民间金融交易成本低、可获得性强，能很好地契合中小企业的融资需求。此外，民间金融的资金借贷双方存在天然的人缘、地缘关系，这为资金供应方低成本地获取中小企业经营情况、信用情况以及还款能力等提供了便利。但是，我国民间金融市场处于自发状态，具有趋利性、分散性、发展无序性等固有缺陷，在发挥其优势的同时，仍然要对其进行适度监管与引导，从组织形式、管理机制、运行机制与程序、利率水平、风险控制等方面加以规范与监管，可以以央行利率为基准，参考不同地区、不同市场环境予以调整。央行应构建民间金融监测体系，对民间金融资金存储、贷款、利率等实时监测，对发现的风险加以控制，引导民间金融健康发展。同时，对于那些扰乱社会经济秩序的非法民间金融机构坚决予以取缔。

参考文献

[1] 肖小芡. 我国中小企业融资问题研究 [J]. 当代经济，2011（10）.

[2] 杨硕. 我国中小企业融资困境分析及融资体系研究 [D]. 南京：河海大学，2008.

[3] 吴剑. 浅析中小企业融资方面存在的问题及解决对策 [J]. 会计师，2011（3）.

[4] 李民. 关于我国中小企业融资问题研究与探索 [J]. 吉林农业，2011（4）.

[5] 郭斌. 民间金融与中小企业发展：对温州的实证分析 [J]. 经济研究，2002（10）.

会计电算化安全问题之我见

李云峰

（北京市农林科学院　北京　100097）

【摘　要】会计电算化后可能产生的种种问题，要求会计电算化单位加强计算机替代手工记账后的管理，以提高会计信息系统运行的安全、效率和效果。本文试图通过分析当前会计电算化存在的问题，寻找解决的途径。

【关键词】会计电算化；安全

随着社会主义市场经济不断的完善、经济的全球化及现代信息技术和网络技术的日益普及，经过多年会计电算化的推进，会计工作信息技术得到广泛应用，基本完成了由手工会计记账向电脑会计记账的转变。随着会计电算化的普及、推广和应用，财务软件功能的不断加强，会计电算化的安全问题也越来越引起人们的重视，如何确保会计信息的安全性，已成为会计电算化行业中一项值得思考和深入研究的重要课题。但由于会计电算化是会计学、电子学和信息学的综合运用，会计传统的核算环境、信息载体、管理模式、安全控制体系均发生了变化，会计电算化面临众多新的挑战，安全运行是面临的挑战之一。如何确保会计电算化的安全运行，及时准确地提供会计信息，已成为各实行会计电算化单位需要解决的问题。

一、会计电算化安全现状

1. 会计电算化基础工作仍较薄弱

在会计电算化实施的过程中，对电算化的认识不够，会计电算化实施时并没有专业的指导和系统的调研，没有充分的专业储备，只注重会计业务流程，忽视整个财务网络系统安全体系，会计基础知识与计算机知识不能相互融合，会计电算化基础工作不健全，操作不规范。这给本来很规范化的计算机数据处理带来了因不当操作而造成数据丢失、系统错误分析，甚至会计信息系统不能正常运行等问题。建立在此基础上的电算化安全管理也就出现了一些问题。电算化信息系统安全防范缺陷甚至影响了单位会计电算化的网络化、信息化、财务管理专业化的发展。

2. 会计电算化管理政策、法规滞后，尚待完善

我国财政部在 1994 年相继颁布了《关于大力发展我国会计电算化事业的意见》《会计电算化管理办法》《会计核算软件基本功能规范》《会计电算化工作规范》《会计基础工作规范》《会计档案管理办法》等一系列国家统一的会计制度，对单位使用会计核算软件、软件生成的会计资料、采用电子计算机替代手工记账、电算化会计档案保管等会计电算化工作做出了具体规范。然而实行会计电算化后会计核算的财务处理、会计账簿登记、财务报告编制、会计监督、错账更正方法等都因电算化核算环境、核算手段、技术方法的变化发生了变化，但实际工作中与会计核算相关的会计工作规范，仍然按传统的手工算账、记账为基础，电算化实务中许多基础性工作无法可依，会计电算化安全管理的相关法规还很不健全，会计电算化安全管理的相关法规还很不健全，会计行业内系统的电算化安全规范尚未形成，会计电算化实务中许多问题仍然无法可依。

3. 会计人员知识结构与会计电算化的要求不相适应

高素质的会计人才是会计电算化工作顺利开展的重要保证。会计电算化作为一门涉及计算机、管理学、会计学、信息学等多个学科的应用技术，对实际操作人员的业务水平要求较高，既要有良好的会计素养，深刻理解电算化软件处理账务的原理，又要熟练掌握计算机基本操作。但现在的实际情况是，大多数单位的会计电算化人员是由过去的会计人员经过短期培训上岗的。加之年龄结构不合理，往往对会计业务较熟悉但对计算机知识接受较慢，对软件的掌握仅停留在简单操作阶段。一旦计算机出现故障，常常会束手无策，就更难涉及进一步的系统分析、设计、维护等复杂的工作了。所以要想充分发挥会计电算化的优越性，发挥会计电算化的省时高效的优点，不仅要培养操作人员的会计业务素质，而且要培养软件维护、分析技能，培养会计、计算机跨领域的复合型人才。

二、优化会计电算化安全

1. 建立健全会计电算化制度

为确保会计电算化系统的正常运行和会计信息安全、准确、合法、可靠，规范、合理、健全的制度管理是最基本的保证。针对电算化系统，建立健全包括会计电算化岗位责任制、会计电算化操作管理制度、计算机硬软件和数据管理制度、电算化会计档案管理制度的会计电算化内部管理制度，制订严格的控制制度

并保证得到全面执行，以保证会计电算化工作的顺利开展。这些内控制度应遵循以下原则。一是不兼容权限分离原则。对会计电算化权限严格控制，凡上机操作人员必须经过授权，禁止原系统开发人员接触或操作计算机，非计算机操作人员不允许任意进入机房，系统应有拒绝错误操作功能。计算机操作人员和技术管理人员的职责要严格界定，严禁计算机专业管理人员直接接触实际业务操作，系统管理主要负责系统的硬软件管理工作，从技术上保证系统的正常运行。业务操作人员不得随意进入程序，擅自改动程序内容。二是相互制约原则。加强对会计电算化系统数据输入、处理、输出的控制，明确管理人员、操作人员、维护人员的职责范围。分工、责任明确，各岗位都要得到一定的授权，并用密码控制。防止非法操作、越权操作。三是内部防范原则。主要解决个人垄断现象以及对系统管理人员的监管控制问题。四是安全、保密原则。安全主要是对软硬件、文档的安全检查保障控制。保密主要是建立设备设施安全措施、档案保管安全控制、联机接触控制等；使用侦测装置、防伪措施和系统监控等。所有这些都是制订电算化规章制度必须加以考虑的因素。

2. 加强会计电算化日常维护

一是要防止死机和计算机故障及误操作，减少会计数据的丢失和破坏。死机和计算机故障，主要是工作人员不爱护设备，没有做好设备的清洁保养工作造成的。在一定程度上与操作人员的思想素质有关。因此要经常对工作人员进行职业道德、思想品德教育培训，提高他们的爱岗敬业精神。就误操作来讲，一个熟悉会计业务和计算机操作技能的操作员，因误操作造成数据丢失的可能性虽然不大，但要加强对操作人员的培训，提高他们的操作水平，尽可能减少操作失误。二是要建立多级备份与恢复机制。系统备份与恢复机制的目的就是防止系统瘫痪，提高安全性，保证在意外情况下有快速自救能力。如果系统出现故障，可以在系统管理界面把最近一次备份的数据引入，将最后一次备份与故障发生前的这一阶段所发生的数据进行补充登记。数据备份应该按计划进行，一般完整备份的时间周期相对长一些，其他方式备份的时间周期相对短一些。可以规定完整备份一周一次，其他方式备份一天一次。在一天中应选择工作结束后、下班前执行备份，以免影响当天的工作。三是预防计算机病毒，杜绝计算机病毒侵袭。尽可能做到财务系统的相对封闭运行，控制病毒源，及时更新防杀病毒软件，充分运用加锁存储设备，加强磁盘读写控制。网络环境下除防病毒措施外，还应采用网络防火墙技术、网关技术、身份认证技术、密码技术，确保系统的安全。慎重使用软盘，对外来软盘如确实需要使用，要经过病毒检查，否则不能上机。本单位的软盘也不要随意转借给他人，以免归还时感染病毒。

3. 加强教育培训，不断提高从业人员素质

培养一大批懂财务并精技术的会计电算化复合型人才是会计电算化持续发展

的根本。会计电算化系统的运行是人机协调一致的工作过程，人是决定性的因素，加强会计人员的培训教育是电算化安全保障的现实需要。由于会计电算化系统具有专业性、广泛性与严密性的特点，作为一种综合知识，应进行专业化培训学习。

一是专业知识更新。会计人员要自觉加强专业知识、计算机知识、网络知识、信息安全知识的学习，重视新知识在工作中的应用，减少工作中的盲目性。电算化单位的管理层要重视单位电算化人员的岗位培训，加快复合型会计人才的培养。二是安全教育。深入开展电算化人员安全教育、职业道德教育，提高安全防范意识，培养工作责任心。三是持续教育。持续教育是提高会计电算化工作质量的重要途径。持续教育要注意时间间隔的阶段重复培训，同时要注意重复会计理论知识培训、电算化安全教育培训、计算机操作和维护的培训。使他们不断更新自己的知识结构来适应日新月异的电子信息处理技术的发展。

参考文献

［1］ 赵景炜. 试论电算化会计系统的内部会计控制［J］. 商业经济，2007（1）.

［2］ 张庆伟. 浅谈会计网络化风险及控制［J］. 辽宁师范高等专科学校学报，2007（1）.

［3］ 王昕媛. 加强网络环境下的会计内部控制［J］. 前沿，2007（1）.

［4］ 张瑞君，蒋砚章. 会计信息系统［M］. 北京：中国人民大学出版社，2009.

如何应对科技项目资金管理中存在的问题

王巧燕

（河北省农林科学院植物保护研究所　河北保定　071000）

【摘　要】在农业科研单位科技项目资金管理中，通过从管理制度、预算管理、资产管理等几方面存在的问题为重点进行探讨，并针对问题提出一些应对措施。

【关键词】管理制度；预算管理；资产管理；存在问题；应对措施

近年来，随着农业科研单位科技项目资金的日益增加，来源渠道多种多样，如国家"863"，国家"973"，国家"948"，农业部产业体系，农业部转基因项目、国家公益性（农业）行业项目，省财政专项等，每一项经费都有各自的管理规定，存在差异，使得在科技项目资金的管理中出现这样、那样的问题，针对这些问题提出相应措施。

一、科技项目资金管理方面存在的问题

（一）管理制度方面

管理制度是科技项目资金管理的重要依据，农业科研单位科研经费管理中执行各种经费管理办法，大部分是前几年制定的，随着财政制度改革和科技体制改革的不断深入，近年来，农业科研单位逐步实行了部门预算、政府采购、国库集中支付和收支两条线等，进一步强化预算管理、规范和细化支出项目，但是，经费来源渠道不同，管理办法也不尽一致，在执行过程中不易把握，缺乏可操作性，目前农业科研单位实行的 1997 年 1 月 1 日执行的《科学事业单位财务制度》，与现行财务制度改革和科技体制改革没有完全配套，新的《科学事业单位财务制度》现正处于修订阶段，尚未出台。

（二）预算执行管理方面

1. 预算科目设置不统一

国家级项目与省财政专项在预算科目设置上存在差异，在成本支出方面国家级项目一般都设有管理费的预算科目，而省财政专项不准设；承担的"农业部转基因项目"专门设立激励基金预算科目，而省财政专项并未设此科目；农业部转基因项目专门设置间接成本，主要包括为单位开展专业业务活动而发生的，不能计入直接成本，需要按照一定原则和标准分摊计入的各项共用性费用，如与业务活动相关的房屋占用费（含物业费）及其所发生的水、电、气、暖费等，而省财政专项不准设立间接成本科目，现行的科研经费管理规定中也不允许收扣房屋占用费，给财务管理造成一定困难。

2. 预算编制不合理

预算管理是科研经费管理的重要内容，目前，科研项目经费预算不能全面真实地反映科研活动的全部成本，经费预算规定的支出条款与完成项目的实际支出内容还有不完全相符的地方，申请项目的主持人在编制科研项目预算时，还存在上级主持单位根据经费总额统筹安排各下级单位预算各科目的情况，导致科研项目预算编制支出结构不够经济合理，未能做到根据实际需求来编制各科目预算。随着国家政策标准的提高，车船费、燃油费等物价的不断上涨，近几年农业科研单位的劳务费、差旅费支出需求增大。由于农业科研的大部分工作需要在种植到收获期间经常下地调查采样、田间试验示范、指导农民种植和防治病虫害以及一些应急性田间指导，调查项目较多，范围较广，造成差旅费支出较大；近几年根据国家政策情况用工人员的工资待遇一直在上涨，导致用人成本增加，劳务费支出加大。而这两个科目在预算编制时所占总经费的比例仅约为18%，相反设备费、材料费、测试加工费却很富余，约占总经费的50%，比例失衡，编制不合理。

3. 调整预算比例方面不统一

"国家863科技计划""国家（公益性）行业项目""农业部产业体系"等国家级项目经费管理办法规定：课题支出预算科目中劳务费、专家咨询费和管理费预算一般不予调整；其他支出科目如材料费、测试化验加工费、燃料动力费、出版文献知识产权事务费、差旅费、会议费、国际合作交流费等，对于不超过该科目核定预算10%，或超过10%但科目调整金额不超过5万元的，由课题承担单位根据研究需要调整执行；执行超过核定预算10%且金额在5万元以上的，由项目负责人协助课题承担单位提出调整意见，按程序报组织实施部门批准。而河北省财政专项规定，所有支出严格按照预算批复的科目、项目、数额和支付方式执行，不得随意变动，强化预算刚性，确需进行项目间、科目间调整的，累计调整额不超过项目资金5%的，报省财政厅批准后执行；超过5%的，经省财政厅审核并报省政府批准后，由省财政厅批复执行，课题承担单位调整预算科目的比例不一致。

（三）管理手段方面

农业科研单位已实现了会计电算化，会计人员已从繁杂的手工记账中解脱出来，提高了财务工作的效率，但目前会计电算化也存在一定的局限性，很难全面满足现代科研经费管理的要求。

以前我们使用的是新中大软件开发公司的财务软件，属于单用户版，数据处理模式简单，缺乏对科研经费相关财务数据的分类统计，不能有效地体现科研经费财务管理的科学性。从 2011 年开始，应对河北省财政厅财务信息资源共享的需求，目前会计电算化使用的是用友公司开发的财务专用软件系统，属网络版，此账务处理系统使科研项目经费收支分类明细一目了然，提高了为科研人员提供财务信息的效率，但由于财务数据对安全性要求较高，实行财务局域网络环境与外界网络物理分离，使科研经费收支管理信息不能全面实现共享，因财务专业性强，财务人员还需每月将经费收支数据导出，以表格的形式提供给科研人员，通过信息传递才能了解科研经费的使用情况，资源共享还有一定的局限性。

（四）资产管理仍显薄弱

近年来，国家越来越重视国有资产的管理，固定资产已实现了河北省固定资产网络信息平台，随着农业科研单位科技项目资金的不断涌入，固定资产的购置日趋增加，单位固定资产管理的重要性也日益显现，所有固定资产的购置都通过单位仪器论证委员会论证、政府采购审批后才能购置，但在管理上还有些薄弱现象，表现在：固定资产在使用过程中有些很容易损坏，如电脑、打印机、空调等，一年进行一次实物盘点时间稍长，对毁坏的资产不能及时进行清理，错过了当年报废的机会。

（五）绩效预算还不完善

财政支出绩效的实质就是政府资金投入与支出效果的比较，包括该不该办（目标）、花多少钱办（预算）、是否值得办（评价），绩效预算是通过建立预算资源配置与预期效益、效率和效果之间更直接、更清晰的联系，实现资源的优化配置，达到以最小财政资源消耗实现较好的预期成果或产出目标，绩效预算的主要目的是考核科研经费的使用效益，包括社会效益和经济效益，是争取下一年度预算的依据。目前绩效预算尚处于试点阶段，大部分科研项目经费还没有实行绩效预算，只有省财政专项实现了绩效预算。如今，不同渠道的科技项目资金对农业科研单位的科技创新、成果转化、产业发展和条件建设提供了强大的财力支撑，实现了科研条件的根本性好转和科技产业的资本积累，但从投入产出来分析，投资效果并不理想，尤其是经济效益、问责及考核奖惩机制尚未建立，绩效预算的作用没有得到充分发挥。

二、科技项目资金管理的应对措施

1. 不断完善科技项目资金的执行

（1）新的《科学事业单位财务制度》现正处于修订阶段，相信很快会根据不同单位提出的意见进行全方位考证修改后出台，出台后更加利于科技项目资金的管理。

（2）不同渠道的科研项目经费在预算科目设置上应保持一致，既然同是科研项目资金，省财政应考虑统一预算科目，与国家级项目资金设定的科目保持一致，增设绩效激励基金、管理费、间接成本支出等的预算，以便更好地执行科技项目经费预算。

（3）河北省农林科学院植物保护研究所属于省级农业科研单位，在编制预算时应与国家级科研单位有所不同，在预算编制科目上应有所侧重，应充分考虑项目经费预算编制与农业科研特点紧密结合，上级主持单位在设定预算科目编制时，考虑相应提高差旅费和劳务费所占总经费的比例，给各预算科目编制留出一定的空间，做到"管而不死、活而不乱"，保障农业科研工作顺利开展。在项目预算编制时，项目负责人与财务人员能共同参与，有力结合，利用财务信息编好科研项目预算，使预算编制依据科学，更趋于合理，既符合研究工作实际，又符合预算管理制度要求。

（4）继续完善网络化财务软件，运用财务软件管理项目经费，使科研经费管理达到真正意义上的资源共享，可针对科研经费的使用设计专门的管理软件，对每个项目的经费进行全程、实时、程序化管理，财务人员和科研人员都能随时查看经费使用状况，了解经费去向，便于项目管理和项目验收，避免了网速影响的弊端。

（5）加强资产管理。我院分设固定资产实物管理和账务管理两个部门，为了及时发现资产管理中存在的问题，达到固定资产账、卡、物一致，应该每半年对固定资产进行实物盘点，由双方资产管理人员进行核实签字后存档，以加强省级事业单位国有资产的使用管理，提高资产使用效益。

（6）加强绩效预算管理。推行绩效预算是完善公共财政管理制度的重要内容和必然要求，是优化公共资源配置、促进社会事业全面协调发展的重要手段，也是顺应国际预算管理改革潮流、深化预算改革的前进方向。目前，财政每年都要对各单位承担的上一年度财政专项进行绩效评价，通过单位编制的绩效评价报告分析绩效预算执行情况、绩效指标完成情况、存在问题和对策等，对绩效预算项目，逐一对比分析实际产出和成果与项目绩效目标的差异情况，做出说明和评价，从而为正确评估绩效、改进绩效管理提供依据。科研项目经费也要推行绩效预算，提高资金的使用效果，使绩效预算的作用得到有效的发挥。

2. 加强项目资金管理，提高财务管理效益

在项目资金管理方面，我们通过多年来执行不同渠道的科技项目资金积累的工作经验，结合本单位实际情况，总结出一套行之有效的加强项目资金管理办法，以提高财务管理效益。① 按照项目资金的来源渠道分别进行财务核算，实行专款专用，严格做到不同项目之间不得相互挤占挪用；② 项目的开支内容必须以项目预算为准，严格按照预算支出明细控制开支，不得列支项目预算明细中没有的内容；③ 财务人员和科研人员都要树立科研财务管理与科研计划管理有机统一的观念。在给予项目负责人充分自主权的同时，要严格遵守和执行国家财经纪律，把好项目经费使用关；④ 加强项目预算、决算管理，严格报销手续，加强内部牵制，强调报账联审制度，即经费支出必须有经办人、验收人、项目负责人和财务负责人四方签字确认，单位负责人签字审批方可支出；⑤ 加强财务档案管理，在项目实际执行过程中所产生的原始凭证、账簿、报表等保存对于我们今后工作的检查和参考尤为重要。这些资料的归档管理在一定程度上将直接反映项目执行和管理的质量水平。随着项目的开展逐步形成一套完整的财务档案资料，有效地配合外部审计检查工作。

新《事业单位财务规则》探讨

刘晓凤　范德清　刘圣维　李　婷　税小华

（重庆市农业科学院　重庆　401329）

【摘　要】新《事业单位财务规则》（以下简称新《规则》）的颁布和施行，标志着我国真正建立起了适应社会主义市场经济体制要求的事业单位财务制度体系，是我国财政制度的进一步完善和发展。但新《规则》仍有不足之处，值得探讨。本文主要分析新《规则》的意义、主要修订内容、存在问题，并提出笔者的改进意见与读者共同探讨。

【关键词】财务规则；意义；修订；改进

2012 年 4 月 1 日，新的《事业单位财务规则》（财政部令第 68 号）在全国施行，成为我国事业单位财务制度体系建立和完善的重要标志。

一、事业单位财务制度的沿革

在 1989 年之前，我国还没有一个完整、统一的事业单位财务制度体系，当时事业单位执行的一些财务制度，或融合在行政单位财务制度之中，或依照、参照行政单位相关制度执行。随着经济形势的迅速发展，逐渐暴露出了许多问题。在此情形下，财政部于 1989 年 1 月颁布了《关于事业单位财务管理的若干规定》，随后又出台了《全额预算单位财务管理办法》《差额预算单位财务管理办法》《自收自支单位财务管理办法》《事业单位收入财务管理办法》，构建起了我国事业单位财务制度体系框架。这个框架适应了当时经济发展对事业单位财务制度的要求，为我国财政制度的健全起到了很大的作用。

1997 年 1 月 1 日，财政部颁布《事业单位财务规则》（以下简称旧《规则》）。这项规则的颁布，是我国财政预算体制中的一项重大改革，也是事业单位在财务管理方面的一件大事，意义深远。旧《规则》和相关一些行业事业单位财务制度的颁布，标志着我国正式建立起适应社会主义市场经济体制要求的事业单位财务制度体系。这个体系涵盖了全国所有事业单位，并体现了行业特色。

旧《规则》实施15年来，对于规范事业单位的财务行为，加强事业单位财务管理，促进各项社会事业健康发展，发挥了积极的作用。但随着财政和各项社会事业改革的不断深入，旧《规则》的某些方面已经不能完全适应改革和发展的要求。比如，有一些规定与近年推行的部门预算、国库集中收付制度等财政改革相脱节。同时，按照依法理财、科学理财和民主理财的要求，财政部门大力推进科学化、精细化管理，对事业单位财务管理提出了新的要求，事业单位财务监督也有待进一步加强。可见，旧《规则》已不能解决经济发展中出现的一些新问题，难以满足目前事业单位财务管理的要求。为了进一步适应支持各项社会事业加快发展的新形势以及财政改革和发展的新要求，适时修订十分必要。因此，新《规则》于2012年4月1日颁布和实施。

二、新《规则》的意义、修订原则和主要修订内容

（一）新《规则》的意义

新《规则》的颁布和施行，标志着我国真正建立起了适应社会主义市场经济体制要求的，独立、统一、完整的事业单位财务制度体系，是我国财政制度的进一步完善和发展。新《规则》进一步完善了事业单位预算管理制度、收支管理制度、结转和结余资金管理制度，建立健全了事业单位财务监督制度，对于规范事业单位财务行为、加强基础工作、促进财务管理、推动事业发展具有十分重要的意义。

（二）新《规则》遵循的修订原则

本次对旧《规则》的修订工作，主要遵循了以下原则：

① 全面反映各项财政改革成果，创新和充实事业单位财务管理的内容和手段；

② 按照科学化精细化管理的要求，进一步规范事业单位的财务管理；

③ 注重解决当前事业单位财务管理中存在的突出问题，促进和保障社会事业健康发展。

（三）新《规则》的主要修订内容

过去的15年是公共财政建设和财政改革十分重要的15年，国家先后实施了部门预算改革、国库集中收付制度改革、政府采购改革、"收支两条线"改革、政府收支科目改革等。如前所述，这次对旧《规则》的修订，既充分体现了这些年财政改革取得的相关成果，又在旧《规则》的基础上进行了修改和补充。主要

修订内容具体表现在以下几个方面。

1. 新《规则》强化了财务监督

修订后新《规则》增设了"财务监督"一章，对财务监督的主要内容、监督机制和内外部监督制度等作出了明确规定。强调事业单位财务监督应当实行事前监督、事中监督、事后监督相结合，日常监督与专项监督相结合。

2. 新《规则》强化事业单位的预算管理

新《规则》规定事业单位实行核定收支、定额或者定项补助、超支不补、结转与结余按规定使用的预算管理。

（1）强化了事业单位的预算管理。进一步完善了事业单位的预算管理办法，加强事业单位预算编制和执行管理，并明确事业单位决算管理的有关要求。新《规则》要求每个事业单位将各项收入和支出全都纳入单位预算中，采取"一个单位一本预算"，进行统一核算、统一管理。这让事业单位收支管理能够更加全面、完整和真实。事业单位的支出划分为基本支出和项目支出两部分，基本支出预算采取定员定额的方法编制，而对于项目支出预算依照项目管理的规定编制；基层预算单位开始编制预算，这让预算编制细化到具体项目上。

（2）规范了事业单位收入管理。修改完善财政补助收入的定义，并进一步明确事业收入的范围，增加收入管理的有关要求。

（3）规范事业单位支出管理。修改完善支出的分类和事业支出的定义，并根据财政改革的有关要求，全面强化支出管理要求。

（4）完善事业单位结转和结余资金管理。分别界定了结转和结余概念，在此基础上，将结转和结余划分为财政拨款结转和结余资金、非财政拨款结转和结余资金两部分，并分别作了原则性规定。

3. 新《规则》加强了事业单位资产管理

新《规则》更加重视资产管理。在加强资产管理方面，根据改革实践，进一步规范了事业单位资产的分类和定义，规范资产的配置、使用、处置以及对外投资管理，建立资产的共享共用制度。

固定资产标准提高，以适应新时期实际情况。旧《规则》规定，固定资产是指一般设备单位价值在 500 元以上、专用设备单位价值在 800 元以上，使用期限在一年以上，并在使用过程中基本保持原有物质形态的资产。这个标准在当前显然过低；新《规则》规定，固定资产是指使用期限超过一年，单位价值在 1000元以上（其中：专用设备单位价值在 1500 元以上）。这个标准更符合重要性原则，同时减少了固定资产核算的工作量。

4. 新《规则》突出了事业单位的公益属性

事业单位改革相对滞后，致使当前事业单位管理存在的突出问题的属性非常不明确。全国有 120 多万家事业单位，有履行行政职能的，也有搞生产经营的，还有从事公益服务活动的。即使是从事公益服务的事业单位，也存在着定位不清、属性不明、改革滞后的情况，它最终的行为也有可能偏离公益性质和公益目标。针对这样的问题，新《规则》突出了事业单位公益属性的这一性质，紧紧把握事业单位财务活动的方向，对事业单位开展对外投资、经营活动进行了严格的限定。这是历史必然，更是保障我国公益事业以及事业单位健康发展的重要手段。新《规则》中明确规定，所属的事业单位要严格控制对外投资的行为。事业单位只能在保证单位正常运转与发展的条件下，依照国家有关规定对外投资，但必须严格履行相关审批程序。新《规则》规定，除国家另有规定外，事业单位不能运用财政拨款和拨款结余对外投资，更不能从事股票、期货、基金、企业债券等风险投资。

新《规则》不仅对原来的管理条款进行了必要修订，而且大幅增加了新的管理方面的内容、规定。例如，新《规则》特别强调，每个事业单位应当加强支出的绩效管理，不断提高资金使用的有效性。

5. 新《规则》体现了科学化、精细化管理的要求

新《规则》充分体现了科学化、精细化管理的要求，增加了相关管理规定，对推进事业单位财务工作科学化、精细化管理将发挥重要作用。

近些年来，一些财政部门为了深入贯彻落实科学发展观，以便更好地发挥财政职能作用，依照依法理财、科学理财、民主理财的严格要求，推进科学化、精细化的管理，强化了基础管理和基层建设工作。我国事业单位大多在基层，在为人民服务的第一线，是提供公益服务的主要执行者。而事业单位财务制度是事业单位开展财务管理最基础也是最重要的制度。伴随着各项事业的快速发展，各种财政投入力度加大、人民对公益服务的要求也在不断提高，必须全方位加强事业单位财务工作的科学化与精细化的管理，才能让宝贵的公共资源能够更科学、合理、有效、节约地参与到公益事业中，为人民群众提供更多、更好的公共产品和服务。

6. 新《规则》加强了事业单位负债管理

新《规则》要求事业单位建立健全财务风险控制机制，规范和加强借入款项管理，防范财务风险。

三、新《规则》仍然存在的问题及改进意见

（一）计提修购基金的50%列入购置科目不妥

新《规则》第三十三条及旧《规则》第二十三条均规定：“修购基金，即按照事业收入和经营收入的一定比例提取，并按照规定在相应的购置和修缮科目中列支（各列50%），以及按照其他规定转入，用于事业单位固定资产维修和购置

的资金。事业收入和经营收入较少的事业单位可以不提取修购基金，实行固定资产折旧的事业单位不提取修购基金。"

笔者认为，"各列50%"没有必要。更主要的问题是，计提的修购基金的50%列入修缮科目可行，但另外50%列入购置科目难以操作。购置科目是核算固定资产的，而且固定资产须明细到设备分类（其他资本性支出——设备购置——××设备）。比如，账上必须具体记录增加的是何种设备，就算强行列入，购置科目发生增加，那就要同时增加固定资产和固定基金。如此，会计系统与资产管理系统对账就可能出现问题。据了解，目前核算实务中，计提的修购基金多是全额列入维修（护）费明细科目。

笔者的改进意见是：应将计提的修购基金全部列入维修（护）费科目。

（二）财务分析指标应更加清楚和全面

1. "预算收入完成率"与"预算支出完成率"计算公式含混不清

两个公式中都有"年终执行数"一项，不仅不能顾名思义，而且在两个公式中表达的意思完全相反。根据公式注解可以推断，"年终执行数"在"预算收入完成率"公式中表示"全年收入实现数"，而在"预算支出完成率"公式中表示"全年支出实现数"。

笔者的改进意见是：将"年终执行数"分别改为"年终收入执行数"和"年终支出执行数"。这样，十分直观，清楚明了，不易混淆。

2. 财务分析指标不够全面，应予增设

新《规则》提出的财务分析指标略显简单，不够全面。

笔者的改进意见是增设下列指标。

（1）应保留经费自给率指标。旧《规则》中有经费自给率指标，而新《规则》中没有，笔者认为应该保留。该指标是衡量事业单位组织收入的能力和收入满足经常性支出程度的指标，是综合反映事业单位财务收支状况的重要分析评价指标之一。它是国家有关部门对事业单位制定相关政策的重要指标，也是财政部门确定补助数额的依据。因此，事业单位应该计算经费自给率。其计算公式是：

$$经费自给率 = \frac{事业收入 + 经营收入 + 附属单位缴款 + 其他收入}{事业支出 + 经营支出} \times 100\%$$

（2）应增设"应收款项增长率"和"应付款项增长率"。增设该两项指标，主要目的在于督促事业单位加强应收及应付款项的管理。目前，很多事业单位在应收及应付款项管理方面的工作十分薄弱，亟待加强。

$$应收款项增长率 = \frac{年末应收款项合计 - 年初应收款项合计}{年初应收款项合计} \times 100\%$$

其中：应收款项合计包括应收账款、预付账款及其他应收款。

$$应付款项增长率 = \frac{年末应付款项合计 - 年初应付款项合计}{年初应付款项合计} \times 100\%$$

其中：应付款项合计包括应付账款、预收账款（含合同预收款）及其他应收款。

（3）应设资本保值增值率。资本保值增值率是事业单位期末所有者权益总额与期初所有者权益总额的比率。资本保值增值率表示单位当年资本的实际增减变动情况，是评价事业单位财务效益状况的辅助指标。其计算公式为：

$$资本保值增值率 = \frac{期末所有者权益总额}{期初所有者权益总额} \times 100\%$$

该指标反映了投资者投入单位资本的保全性和增长性。该指标越高，表明单位的资本保全状况越好，所有者的权益增长越好，债权人的债务越有保障，单位发展后劲越强。一般情况下，资本保值增值率大于1，表明所有者权益增加，单位增值能力较强。但是，在实际分析时应考虑单位利润分配情况及通货膨胀等因素的影响。

（4）应增设总资产增长率。总资产增长率是单位本年度总资产增长额同年初资产总额的比率，它可以衡量单位本年度增长情况，评价单位发展规模的扩大。其计算公式为：

$$总资产增长率 = \frac{年末资产总额 - 年初资产总额}{年初资产总额} \times 100\%$$

该指标从资产总量增长方面衡量单位的发展能力，表明单位规模增长水平对单位发展后劲的影响。该指标越高，表明单位在本年度内资产增长越快。然而，实际操作中，必须注意资产增长的质与量的关系，以及单位的后续发展能力。

浅谈省级农科院绩效工资分配的问题

李　超

（辽宁省农业科学院财务处　辽宁沈阳　110161）

【摘　要】2006 年，国务院明确了事业单位工资改革方案；2009 年，部分事业单位开始实施岗位绩效工资改革。至 2011 年，人力资源和社会保障部制定了《事业单位岗位绩效工资制度》，由此事业单位岗位绩效工资制度改革全面展开。积极稳妥地推进这项改革，是加快事业单位全面发展的迫切要求。省级农科院依据相关规定建立符合本单位特点、体现岗位绩效和分级分类管理的收入分配制度，有利于正确评价工作人员的德才表现和工作实绩，激励、督促其提高履职能力，对于提高农业科研的公共服务质量，促进农业发展具有重要的意义。

【关键词】岗位绩效工资；省级农科院；考核指标；对策举措

绩效工资，是以职工被聘上岗的工作岗位为主，根据岗位技术含量、责任大小以及职工在考核周期内的绩效考核结果而增发或计发奖酬的一种工资形式。绩效工资改革是事业单位管理的抓手。从目前来看，我国省级农科院人事工资制度相对落后，滞留在以往旧体制的管理模式上，或多或少地制约农业科研工作整体建设和发展速度。因此，推进岗位绩效工资制度改革势在必行。

一、推进省级农科院绩效工资分配改革存在的问题

在省级农科院实施绩效工资制度，应该是对包括管理、专业技术和工勤岗位的所有人员针对其被聘岗位工作的科学量化，是体现多劳多得、优质优酬的精神和公平公正分配原则的良好举措。但是，在实际操作过程中也会有很多实际问题。

1. 职工对待改革的思想认识难以统一

有的职工由于担心改革后待遇下降，所以不免对绩效工资改革制度产生一定

的抵触情绪；还有一部分职工用旧的思想曲解绩效工资制度，认为工资应与自己工作年限、职称相挂钩，如果工龄、职称低的同事工资超越自己，在心理上是很难接受的。另外，社会上有一种声音，认为绩效工资制度改革实际上就是向公务员工资看齐的一种福利待遇，而所谓改革不过是走一个过场。可见，广大职工对绩效工资制度改革的思想认识需要统一。

2. 省级农科院尚未建立系统的、科学的绩效考核指标

即使是在社会经济已经相对发达的当今社会，绩效考核问题仍是一个公认的难题。现行的指标内容粗放、笼统。况且农业科研单位人员的工作性质特殊，考核指标不易量化，使考核者很难客观、准确地把握标准，导致在绩效考核中主观性强，考核结果受人为因素的影响过大。另外，各地区、各部门、各岗位的情况千差万别，统一的标准很难制度化。同时，国家对各类事业单位也尚未建立科学合理的绩效评估体系[1]。比如，辽宁省农科院下属研究所就分散在七个地级市。如果以一个标准衡量也很难显示公平、公正，因此要在较短的时间内建立起一套系统的、科学的、完全可量化的绩效考核体系难度相当大。

3. 省级农科院财务管理理念、手段相对滞后

财务管理是整个管理链条中的重要一环。目前省级农科院的财务管理缺乏一种理财意识，成本核算意识淡薄。由于资金来源大都是通过国家财政拨付，没有经济压力，没有绩效考核，所以没有对成本进行严格核算。部分农科院财务管理基础信息不完全，如内控制度不健全，未建立固定资产和债权债务等明细台账等。省级农科院的财务管理理念亟待更新，管理手段有待加强。

二、省级农科院推进绩效工资分配改革的对策

省级农科院绩效工资的实施涉及广大工作人员的切身利益，更是影响农业科研水平、公共服务质量的大事。既是热点，又是难点，需要充分重视，缜密思考，稳步实施。必须坚持"绩效优先，统筹兼顾"的原则[2]。在国家宏观政策的指导下，结合本单位实际情况，设计一整套切实可行的、符合院情的实施方案，使得绩效工资的最终实施达到激励与和谐的有效结合。

1. 加强宣传工作，使职工充分理解和支持绩效工资实施方案

宣传是方案实施的催化剂。总体而言，绩效工资分配制度的改革是要在保证工资的保障功能的基础上，充分发挥工资的激励功能。既要体现收入分配的公平，又要保证本单位事业的稳定和谐发展。在新制度执行初期，应该积极做好宣传工作，使全体职工认识到绩效工资改革的实质，即在保证省级农科院更好发挥其公益性功能的基础上，充分提高工作效率。只有让各层次职工获益，才能充分调动工作的积极性和创造性，使各个岗位上的人员都发挥团结合作精神，进而使

绩效工资改革方案得以顺利实施。

2. 以人为本，建立科学合理的绩效指标

任何一项改革都应把人放在首要地位，在此基础上实现单位或部门的业绩指标最大化。省级农科院应该建立起一整套系统、科学、合理的绩效考核成绩制度体系，才能实现更客观公正和准确地评估绩效的目的。规范的制度和职工民主参与是绩效考核和奖励性绩效工资分配保持公开、公平、公正的重要保证[3]。要做到定性评价与定量评价相结合。考核标准明确，含义清楚。

此外，建立科学合理的绩效指标，要坚持按劳分配与按生产要素分配相结合的原则。工资分配在向科研一线岗位倾斜的同时，向技术含量高、脑力劳动强度大、创新贡献大的岗位倾斜。结合本单位具体情况，按照岗位规范和要求，制订每个岗位细化、量化的绩效考核办法，并认真考核兑现，使每个职工的工资与实际贡献真正挂起钩来。

3. 加强财务管理，夯实绩效工资制度的基础

为保障绩效工资改革顺利实施，应当加强内部财务管理。第一，要将财务制度精细化，通过理清财务管理体系，不断制定和细化有关内部财务管理各个层面的管理办法、工作规范和业务流程；第二，将内部的制度、办法层层细化，落实到具体的每个人，明确责任；第三，规范银行账户，加强账户管理，规范财务会计核算，以一个核算单位为单位设立绩效工资辅助账；第四，加强非税收入管理，确保每一笔非税收入都进入单位账户，杜绝"小金库"现象；第五，加强成本核算，提高经济效益，节约更多的资金，保障绩效工资的足额发放。

三、省级农科院实施绩效工资制度改革的重大意义

各省级农科院存在的价值是为社会提供农业科技方面专业性的公共服务，对地方农业经济的发展、农民增收、农业劳动生产率的提高，起到至关重要的作用。但是由于历史的沉积，很多农科院机构臃肿，效率低下，已经难以适应目前中国市场经济的需要，因此有必要进行岗位绩效工资改革。

1. 实施岗位绩效工资制度，可以充分调动职工的工作积极性和主动性

实施岗位绩效工资制度，可以激活省级农科院现有僵化的工资分配体制，革除干多干少一个样、吃大锅饭的顽疾，有助于促进单位内部人员的良性竞争，激发科研、管理人员潜力，充分体现多劳多得、优劳优酬、奖优罚懒的分配原则，从而有利于更好地调动职工工作的积极性和主动性。

2. 实施岗位绩效工资制度，可以提高基层人员服务水平，稳定基层队伍

在各省级农科院目前的工资制度下，基层科研服务人员、农技推广人员等的工资福利待遇明显偏低。有些处于十分尴尬的境地，工资不足，人才流失现象严

重。新的绩效工资改革有利于提高他们的收入待遇，有利于促进人才队伍建设，也将有利于进一步提高基层人员的服务水平，稳定队伍，从而促进地方农业经济的发展。

3. 实施岗位绩效工资制度，有利于人事制度改革

各省级农科院原来对人的管理模式局限于人的身份管理，而对岗位和绩效因素体现不够，形成了事实上的"身份工资"。实施岗位绩效工资制度可以进一步推进人事制度改革，加大内部管理力度，完善岗位设置、岗位聘任制等制度，不断实现由身份管理向岗位管理的转变。此外，能减弱部分省级农科院工资不透明的情况，还可以进一步改善收入分配制度，刺激内需。

综上所述，推进省级农科院岗位绩效工资制度改革不仅是社会主义市场经济的要求，也是农业生产力发展的要求，其实质就是要通过绩效工资在省级农科院的全面推行，全面提高各省农业科研的效率和水平，激发职工的积极性和创造力，更好地发挥各院在农业基础科研、农业技术推广、农业综合开发、农业科技成果转化等方面的公益性服务功能。在当前世界科技竞争日趋激烈的形势下，省级农科院建立公平、透明、切实可行的岗位绩效工资分配制度，不仅关系到本单位事业的平稳向前发展，对确保国家粮食安全、社会稳定、国家长治久安，实现全面建设小康社会的宏伟目标都具有重要的意义。

参考文献

[1] 王永妮，张明烨. 事业单位岗位绩效工资制度改革探析 [J]. 管理与财富，2010 (6).

[2] 余成凯. 人力资源管理 [M]. 大连：大连理工大学出版社，2001.

[3] 陈希兵. 关于事业单位实施绩效工资的思考和探索 [J]. 中国经贸，2010 (6).

完善各项财务制度　加强农业科研单位财务管理

付仲鑫

（辽宁省农业科学院财务处　辽宁沈阳　110161）

【摘　要】随着国家对农业科研投入力度的加大和科技改革的推进，农业科研院所迎来了大发展的时机。本文分析了目前农业科研院所财务管理存在的问题，从加强制度建设、重视人才培养、真实使用经费、顺应改革需要等方面，提出了新时期促进财务规范管理的措施，探索了在财政体制改革下农业科研院所财务管理的创新理念，为更好地保障农业科研事业发展提供借鉴。

【关键词】农业科研单位；财务管理问题；制度建设；规范管理

国家财政资金对科研的投入力度在逐年增大，为现代农业发展提供了有力的科技支撑。与此同时，财政加强了对国库资金的监管，国家加大了对科研经费的管理力度，新形势对农业科研单位财务管理提出了更高的要求。因此，农业科研单位财务部门要转变观念，树立现代法治意识，进一步加强会计法制建设，营造一个依法执业的环境。单位领导人要履行《中华人民共和国会计法》赋予的职责，提高法律意识，督促和支持财务部门加强规章制度建设和基础管理工作。

一、农业科研院所财务管理存在的问题

1. 缺乏现代和科学的财务管理工具

如前所述，由于缺乏财务管理的战略眼光，加之农业科研事业单位在人力资源配置方面往往只是重视对科研人员的引进和培养，而对财务方面的人力资源配置较为忽视，使得事业单位缺乏高水平的财务管理人员。这样也就直接导致现代和科学的财务管理工具的缺乏。

2. 会计核算体系不能为财务管理工作提供准确的信息

当前的会计核算体系不能满足单位微观管理的需要。社会公益类事业单位由

于预算资金管理模式的局限，支出是预算执行的方式，核算支出是为预算管理服务的，具有较强的宏观意识，忽略了微观管理的要求。随着事业单位改革的深入，面对市场和环境的诸多不确定性，一方面要正确核算业务成本和业务费用，正确评价资金的运营效率；另一方面，作为一个会计主体，受托管理资金需要保证资金运行的安全性，这要求会计核算体系能为内部控制服务。

3. 部分科研单位没有建立严格的资金授权批准制度

审批权限、审批程序、审批人员的责任等更是没有明确规定。普遍存在财务管理松散，财务人员相互牵制理念淡薄，单位内部财务监督缺位的现象。

4. 科研单位依然没有意识到内部审计的重要性

一般都不独立设置内部审计机构，或者设置了内部审计机构或专职内审人员，但未能充分发挥其在单位财务内部控制中的监督与信息反馈作用，有的甚至形同虚设。单位财务运行处于监督机制严重缺失的高风险状态。

5. 科研项目立项随意，预算简单笼统

虽然近几年已经进行财政制度改革，逐步实行部门预算、政府采购、国库集中支付等政策，科研经费逐步强化管理，但对从源头上控制科研立项还做得不够。部分科研经费支持的课题研究方向不是反映当前产业重大科技需求，不具有明确的市场应用前景，往往是为了争取到科研经费而费尽心机挂个牌子立项。因此，要做到既鼓励科研人员进行研发，也要注意避免一些科研人员巧立名目，套取资金。同时，科研立项预算金额的数据和用途的估计，普遍缺乏令人信服的依据。很多课题主持人或团队凭经验大致估计预算，对整个课题的进展和资金需要量没有一个合理详细的规划，对课题研发团队目前已经具备的条件、资源、设备没有充分揭示，重复购置、浪费经费的现象常有发生。

6. 项目经费来源渠道多元化，专款不能完全专用

农业科研单位由于具有特殊性，申请项目经费的难度较大，往往会利用同一研究内容进行多头项目申报以争取到更多的科研经费，来弥补科研经费的不足。项目经费来源渠道的多元化，以及不同职能部门之间信息资源缺乏共享，为多头申报项目创造了条件。而一旦科研经费下达后，重复投入到同一相关课题的科研经费，因不同的项目在使用范围和内容上存在较大区别，增加了项目经费管理及其核算的难度，不能完全做到专款专用，从而出现"来多用少"的情况。此外，为了防止结余资金被上缴财政，科研单位势必违规操作，变相套取财政资金，验收时提供虚假报告来应付检查，项目结余反映不真实。

7. 科研经费管理内控制度存在薄弱环节

科研项目以课题形式进行管理，课题主持人可以在批准的计划任务和预算范围内有一定限额的审批权。但大部分科研课题经费是该课题主持人争取来的，在一定程度上相当于"自己的钱"，缺乏监督制约机制，导致科研经费使用的随意

性和隐蔽性高，即使违规使用资金，通过变更也可以堂而皇之地报销。一部分课题主持人把一些与课题研究无关的支出都拿到课题报账。课题组团队成员由于利益方面原因，也不提出异议。财务人员苦于无相关条文约束其违规行为，也起不到负责把关作用。

二、完善各项财务管理制度

财政体制的改革，推动了农业科研单位财务管理制度建设趋于完善。依据财政部、农业部等有关部门的规定和办法，制订本单位的预算编制制度、预算执行制度、政府采购制度、国库集中支付制度、专项资金管理制度、国有资产管理制度、会计工作控制制度，等等，为加强财务管理，做好财务工作奠定了基础。

1. 建立预算编制制度，加强预算管理

做好预算编制工作。第一，应认真学习《中华人民共和国预算法》，深刻领会预算编制的要求和科目设置。第二，要遵循统筹兼顾、收支平衡、保证重点、不编制赤字预算的原则。第三，按照部门预算编制要求，将农业科研单位的全部收支活动统一纳入预算管理，分别编制收入和支出预算；在编制支出预算时，按用途不同分别编制基本支出预算和项目支出预算。基本支出应按均衡性原则编制，项目支出应按项目的实际进度编制预算。

2. 完善预算执行制度

重视预算执行情况。预算是否按时间要求执行，是衡量预算单位遵守国家财经纪律、确保资金安全、提高资金使用效益、保证科研机构日常业务的开展及各项目进展的重要标志。各农业科研机构更要重视预算执行情况，按照本年度批复的预算科目和数额执行，狠抓收入项目的落实，严格支出管理，对专项资金要做到专款专用。

3. 建立预算考评制度

预算考评制度必须体现客观性、严肃性和权威性。（预算考评要围绕年度预算目标进行，主要考核项目的任务进展情况；预算收入的组织实施情况；预算支出情况；预算编制的准确率；部门预算执行情况及存在的主要问题等。）预算管理委员会要根据考评结果及时分析、研究预算执行中存在的问题，纠正预算执行的偏差。并针对偏差，提出相应的解决措施或建议。

4. 实行有效的会计工作内控制度

（1）货币资金的内部会计控制。一是不相容岗位相分离，主要是出纳与稽核、出纳与会计档案保管人、出纳与账目登记员、出纳与银行对账单核对人、出纳与收款票据管理人、付款审批人与付款执行人、支票印章保管员与支票签发人等。二是支出审批制度的规定，必须明确审批人对货币资金业务的授权批准方式、权限、程序、责任和相关控制措施，规定经办人办理货币资金业务的职责范围和工作要求。三是明确监督检查机构或人员的职责权限，定期不定期地进行检查。为了保证财产物资的安全和完整，除规定物资保管员对收付后的每项物资核对库存账实外。还要规定财产物资的局部清查和全面清查制度，以保证账实相符并及时处理发生的差错。

（2）资产管理的内部会计控制。一是资产的日常管理。资产的实物管理与记账登记要相分离，实物账与会计明细账必须核对一致；资产的配置与使用相分离，使资产的配置合理、科学；资产维修需求的提出与审核、执行相分离，确保维修方案的合理性，防止小病大修。二是资产的处置环节。要建立资产处置管理制度，明确处置的程序和权限，资产报废请求的提出与审批、处置相分离，资产的变价处理要引入竞价机制，对于大宗资产的变卖要委托社会中介机构进行评估，防止在资产处置过程中利用职权牟取私利，造成国有资产流失。

5. 完善政府采购制度，为政府采购市场开放提供制度基础

按照科学的标准制定政府采购中长期发展规划，对政府采购的范围和规模的增长作出定量的要求，力争在较短的时间内，使有条件参加政府采购的项目全部纳入政府采购的范围，尤其是要提高工程采购在政府采购中的比重，努力扩大政府采购的总体规模。同时也应当对政府采购项目进行协调和整合，加大集中采购的力度，提高单次采购的规模。

6. 建立专项资金管理制度

（1）实行集中管理，综合平衡。目前，农业科研单位的资金来源趋于多元化，有财政补助收入、技术收入、学术收入、科研收入、经营收入等，应将各项收入实行集中管理，纳入到综合计划的轨道上来，经过统筹考虑，全面安排，发挥优势，以保证科研和事业发展的重点，实现总体财力的平衡，使有限的资金发挥更大的效益。

（2）调整经费支出结构，保证重点投入。首先要树立"事业费用于干事业"的思想，转变经费平均分配、主要用于人员支出的观念；其次经费分配要遵循保证重点投入的原则，大力支持与国家产业政策紧密结合、市场发展前景广阔、产出效益高的项目，尽最大限度压缩公用性经费支出。

7. 建立健全国有资产管理制度

财政部颁布了《政府采购管理暂行办法》、农业部也陆续出台了相关制度和办法，并把完成国有资产保值增值作为考核单位负责人和单位财政拨款的重要指标。上述一系列制度、办法的实施，有效地增强了农业科研单位对国有资产管理的认识，对规范政府采购行为，从源头上预防和抑制腐败，防止国有资产流失，确保国有资产保值增值起到了积极的推动作用。

三、加强农业科研单位财务管理工作

1. 以预算管理为核心，建立财务管理体系

在科研事业单位，部门预算是事业单位必须执行的一项重要的国家政策及财务管理制度，带有很强的强制性和约束性。部门预算可以说是事业单位特有的内控手段之一，原因在于：第一，事业单位的部门预算既与国家财政预算相联系，又是对单位的全年财务收支的硬性约束；第二，事业单位资金定性为财政性，也就是说，事业单位收支的依据是经过批准的预算，预算规定了单位支出方向和支出规模水平，所以事业单位的预算是内部控制的手段。做好单位的部门预算工作是做好单位内部控制工作的一个重要方面，如果部门预算从编制阶段就不合理，这就使得部门预算失去其存在的意义，也就不可能达到应有的控制目的。预算管理是科研单位财务管理的核心，贯穿整个单位的业务活动。加强预算管理，是确保科研目标实现的重要手段，是各项事业健康发展的条件保障。科研单位要结合自身工作特点，认真做好预算编制前期的调查研究，充分掌握第一手资料。要科学编制部门预算和单位内部资金收支计划，强化预算执行的过程管理，将预算管理纳入各部门的工作绩效考核体系。

2. 科学运用预算调控手段是管理创新的工具

财务预算管理是集中调度资金，科学配置资产、资源及其收益分配，确保单位事业发展一盘棋的主要工具和手段。预算管理的思路是，在优先管好专项资金基础上控制运转保障支出，实现单位收支综合控制有序；财务管理人员作为主要成员参与农业科技研发项目，加强财政专项资金全过程管理。工作中坚持三项原则：一是先有资金，后有任务；二是先有预算，后有执行；三是不超支、不透支。工作难点是应对公共财政改革带来的一系列资金与资源统筹调度问题，重点是区分限制性与非限制性资源，以及限制性资源转换成非限制性资源渠道及路径。主要办法是一靠制度，二靠平台，三靠提前谋划。把"正常业务明确审批权限、例外事项规范审批程序"和"原则就是精确"的理念融入到事业财务管理制度建设中，发挥财务软件预算管理模块功能，提高预算刚性约束力，构建科学合理的业务操作流程，降低财务部门的预算执行压力，最终的目的是实现资源高效利用。

3. 整合资源促进发展

充分整合中央、地方各级财政专项资金，沿着基础研究、应用研究到科技成果转化的农业科研、推广路径，按照"渠道不变、用途不变、优势互补、各记其功"原则，科学划分不同财政专项资金安排重点领域，建立重点突出、责任明确、界限清晰的安排思路；针对不同学科发展现状确立扶持政策，对优势学科优

先支持、重点学科重点支持、新兴学科稳定支持；统筹思考基本建设项目与科技研发项目申报及实施方案，筑牢事业发展基石；改变传统项目管理模式，建立以后补助奖励办法为核心的绩效考评机制。

4. 建立财务管理信息系统

充分利用信息技术和网络技术，建立财务管理信息系统，通过局域网或互联网实现财务信息传递和共享，及时、迅速地进行财务管理，构建信息时代的财务管理新模式。第一，建立财务管理基础数据库，主要有财经法律法规、制度和政策数据库、财会人员数据库、预算数据库、决算数据库、收入数据库、支出数据库、专项资金数据库、国有资产数据库、政府采购数据库等；第二，建立财务管理信息平台，将各类数据库纳入到平台下进行管理；第三，建立财务管理工作信息网页，及时发布、传达财务信息。

5. 要健全内部审计机构，加强队伍建设

建立健全内部审计机构，培养一支业务精湛、作风过硬的内审队伍，是构建科研单位财务内部控制机制的组织人才保障。而有效实施内部审计是单位财务内部控制的重要手段，要对内控制度的执行情况进行定期检查，监督单位内部各项规定的执行情况，了解执行中存在的问题，并及时进行反馈完善。

6. 实行内部监督责任制，提高内部会计监督的有效性

在内部控制活动中，最突出的薄弱环节就是缺乏有效监督，考核奖惩机制不够健全、有效。无论制度多么完善，在没有有效控制、考核的情况下，都很难发挥出应有的作用。没有有效的监督考核和控制，会计核算的质量就难以得到保证，而在会计核算过程中如能实行有效的事前、事中、事后监督，将内部监督与会计管理、预算管理、财务管理、成本管理、国有资产管理等业务结合起来，寓监督于管理之中，就能够保证会计工作规范有序地进行，提高内部监督的有效性。

随着财政体制和科技体制改革的不断推进，农业科研院所迎来了大发展的时机。面对新时期财务管理工作的新形势和新任务，要不断创新财务机制，树立科学发展的财务管理理念，促进农业科研院所财务管理工作稳步发展。财务人员要与时俱进，适应各项改革和发展的需要，加强学习，精通业务，做到"三规范"，即规范制度、规范操作、规范服务，将财务管理提高到一个新的水平，更好地保障农业科研院所各项事业发展。

参考文献

[1] 林维耀. 事业单位财务管理存在的问题及对策研究 [J]. 科技资讯, 2006 (10): 148.

[2] 陈文虹. 创新农业科研单位财务管理机制途径初探 [J]. 农业科技管理, 2008 (12): 51-53.

[3]　李国荣，王斌华．科学构建科研单位财务内部控制机制［J］．集团经济研究，2006（34）．

[4]　蓝海萍．农业科研事业单位科研经费管理问题及对策［J］．当代经济，2009（7）：3.

[5]　吴敏．试论单位内部会计控制制度的建立［J］．湖北财经高等专科学校学报，2003（15）．

浅论信息化环境下会计人员职业胜任能力的培养

许化险

（辽宁省农业科学院财务处　辽宁沈阳　110161）

【摘　要】本文分析会计人员运用现代信息技术的过程中对会计职业能力的影响，究竟是哪些方面发生了变化，并具体从五个方面进行阐述会计信息化带来会计人员工作的改变和工作出现的问题，提出应对会计信息化具体的措施，就如何提高会计人员应具备的职业能力的进行探讨。

【关键字】会计信息化；会计人员；信息技术

随着经济全球化的发展，现代信息技术和网络技术的日益普及，信息化环境下会计职业需要怎样的适应？如何去适应环境的变化，培养有胜任能力的会计从业人员？

一、会计信息化的含义

会计信息化是指将会计信息作为管理信息资源，全面运用计算机、网络通信为主的信息技术对其进行获取、加工、传输、应用等，为企业经营管理、控制决策和经济运行提供充足、实时、全方位的信息。会计信息化是信息社会的产物。会计信息化不仅仅是将计算机、网络、通信等先进的信息技术引入会计学科，还应该与传统的会计工作相融合，在业务核算、财务处理等方面发挥作用[1]。

二、信息化对会计工作的影响

1. 会计人员要从思想的转变重新定位

会计信息化的实施主要是需要人的管理思想的转变，特别是在实施初期，从思想上需重新定位。会计人员对新系统操作不熟练，加之新系统和原系统数据之间差异性的存在，因此对数据转入新系统的核对、分析等会增大原有的工作量，会计人员抵触情绪很大。虽然存在许多外在的原因，但很大程度上与会计人员有关系。会计人员必须要从原有的思维模式中转变过来，要能接受新事物，并有能力适应全新的会计工作。实施信息化是大势所趋，会计人员要努力学习、不断创新；找好自己的定位，逐步去适应；必须认可它、接受它，而且还要发展它；不断提高信息化工作的业务水平和会计职业所需的工作能力[2]。

2. 会计作业模式发生的改变

会计信息技术采用后，以前由多个活动或流程分别完成的任务，合并为一个活动或流程来完成，提高了业务的性能和时效性。会计数据大多以原始的、不经处理的方式存放，也可以按照用户的信息需求任意组合，准确地报告会计信息，基本不需要会计人员做什么工作。会计人员的工作也由原来事后会计核算的情况提前到现在事前会计核算，提高了信息传递的时效性。

同时信息化系统实现了财务和内部各部门的协同，内部业务信息可以通过网络传递，快捷地实现内部交流，实现全部信息的在线处理，信息传递更快捷和准确，便于对财务数据进行分析、预测。会计人员提供信息的方式和形式发生的改变，也彻底改变了会计人员原有的作业模式。

3. 会计人员知识结构有了新的要求

会计信息化实施后，会计工作效率提高和会计人员劳动强度降低的变化，引起会计人员知识结构的变化。信息化条件下会计人员需要掌握更丰富的专业知识和相关信息技术知识。除要对会计专业业务知识的精通，还要具备计算机应用及操作能力，数据库、网络等一系列信息技术知识。

会计信息化要求会计人员的知识结构不能只局限于本专业，能将会计工作与信息技术知识的应用相互融合，显得更为重要。由原来的会计业务处理转变为现在以会计数据分析为主，由原来制造会计信息到现在对计算机产生的会计信息进一步加工、分析、处理，会计人员必须能熟练地运用计算机信息技术处理会计工作，结合会计本专业的业务知识才能完成现有的工作。需要会计人员在不断学习专业知识的同时掌握计算机知识和应用技术，以满足会计职业的能力需要。

4. 信息化对会计职能的改变

会计信息化下的理财环境发生了巨大变化，会计工作的重心也相应发生转移。会计人员除了发挥会计的基本职能外，更重要的是发挥其参与管理、辅助决策的职能。会计人员要基于会计核算的数据，再加以分析，作出相应的预测、判断。通过局域网、互联网实现内外部数据信息共享，大量信息不断出现、不断变化，只有经过信息过滤、信息提炼，才能捕捉到有实用价值的信息。会计人员就需要创新会计方法，学会对各项会计数据进行深层次分析，才能为经营决策提供依据[2]。会计人员在管理中所占地位及扮演的角色变得日益重要。同时会计人员在信息化条件下从繁杂、单调的事务中解脱出来，有更多的精力发挥会计的决策、管理、控制职能。

5. 对会计工作岗位分工的影响

实施会计信息化后，原先由会计人员分工完成的许多内容都由计算机集中自动地完成，同时也会产生一些新的工作内容和岗位，因此岗位分工和人员配备必然会发生较大变化。尤其是当企业会计信息化发展到一定程度和规模时，企业会计组织内部的岗位职责都需要重新定义和组合。会计采用对数据编码的方式进行信息处理，以数据的不同形态为主要依据来组织会计工作，改变了手工会计以会计事项性质为依据组织会计工作的做法。会计工作被划分为数据（信息）收集、凭证编码、数据录入和处理、系统维护等岗位工作所代替。工作岗位主要包括：系统管理员、系统操作员、数据审核员、数据分析员。

系统管理员及应用与维护该系统的操作人员，需要既熟悉计算机技术，又精通财务知识，这样才保证系统正常运行，解决系统运行中出现的问题。做好网络的维护和排除故障，提高网络效率，增强网络性能；保证数据库服务器运行的安全性、可靠性及数据的完整性；做好数据库的备份、权限管理。

系统操作员岗位的工作将审核过的原始凭证或记账凭证及时、准确地录入计算机，同时通过计算机输入界面对输入的数据进行初步核对。完成账务处理系统的期末处理及结账工作，编制会计报表，及时输出打印会计凭证和有关会计数据。由于系统操作员的工作内容较多，可根据实际情况设置多个操作员岗位并进行权限设置和分工。

数据审核员岗位的工作需要根据财经法规和会计制度的要求，审核反映本单位经济活动的各种原始凭证的真实性和合法性。

数据分析员岗位的工作主要负责对计算机内的会计数据进行分析；制订适合本单位实际情况的会计数据分析方法、分析模型，及时为经营管理提供信息。根据单位管理者的需要对企业的各种报表、账簿进行分析，为管理者提供必要的信息，以满足单位经营管理的需要[3]。

网络信息时代的到来，给予我们更多方便的同时，也给我们带来更多的挑战，所有的会计工作都需要及时调整，以适应这种变化。

三、财务人员应对会计信息化的措施

会计职能由事后核算转向事中控制、事前预测，财务工作也由"核算型"向注重经营决策服务的"决策型"转变。由此，会计人员需要加强学习以适应社会发展的需要。

1. 明确会计信息化下人才培养目标

《会计改革与发展"十二五"规划纲要》提出，要在"十二五"时期全面实施会计行业人才规划，不断提高会计人员素质，为我国今后一段时期的会计人才建设工作指明了方向。根据我国"十二五"对会计人才的规划情况，结合本单位的实际情况制订本单位会计人才参加各类各级会计人才培养计划，为会计人才成长、成才创造条件。在工作中培养和锻炼会计人才。并要着眼于增强本单位管理能力，结合本单位发展实际，发挥会计人才的引领、带动作用，促进本单位会计人才队伍素质的整体提升。

2. 加大会计人员继续教育培训力度

对会计人员继续教育，实现差异化教育，针对不同层次的会计人员，根据会计人员的实际工作需要，实行差异性的培训课程、内容和方法。确保会计人员能够学以致用，通过继续教育实现知识和能力的提升，解决实际工作中出现的问题，使每一位会计人员都能从培训中受益，使他们从根本上认识会计人员继续教育的重要性，由"要我学"向"我要学"转变。

对专业知识学习，不能只是一些会计理论的学习，还应该对我国的财务制度、具体会计准则进行学习和探讨，更好地运用好所学知识。同时还应加强相关知识的培训，财会人员要掌握一些计算机网络知识，能够采取多种方式更新知识结构，提高业务能力和技术水平。

四、结束语

会计信息化是会计发展的必然趋势。会计人员应适应会计信息化的发展要求，通过参加培训来更好地适应会计信息化工作。应充分利用继续教育、实践锻炼、交流培训等途径和方式培养会计信息化人才，也可以通过召开座谈会、现场会等多种形式进行经验交流，解决工作中存在的问题。面对着会计的改革与发展，会计人员逐步向复合型人才及高端人才发展。随着信息化进程的加快和知识经济的快速发展，传统会计赖以生存的社会经济环境发生变化，会计作为一种管理工作步入到现今的信息化时代。

参考文献

[1] 杨周南. 会计信息系统：面向财务部门应用 [M]. 北京：电子工业出版社，2006.

[2] 李志峰. 企业信息化中会计人员角色的转换 [J]. 冶金财会，2010 (11)：28-29.

[3] 王玲玲. 浅析会计业务信息化下会计岗位职业能力的培养 [J]. 管理学家，2011 (9).

浅谈农业科研单位财务管理模式创新与探索

车 帝

（辽宁省果树科学研究所　辽宁熊岳　115009）

【摘　要】财务管理是农业科研单位组织财务活动、处理与各方面财务关系的一项重要经济管理工作。随着部门预算的实行、政府采购的深入、国库集中支付的推行，农业科研单位的财务管理呈现出了一些新的特点。另外，由于事业单位的财务管理不仅需要满足内部管理的要求，还需要满足财政和社会的要求。所以，新时期农业科研单位的财务管理工作更加多样化、复杂化。为了更好地管理和使用好科研经费，使其发挥应有的作用，达到预期效果并完成科研任务，必须充分认识财务管理工作的重要性，以及新情况、新特点，加强管理，完善制度，把财务管理工作提高到一个新水平。本文对新财政体制下农业科研单位财务管理存在的问题和财务管理模式的创新探索，谈几点自己的看法。

【关键词】财务管理；事业单位；创新

一、农业科研单位财务管理的内容和特点

1. 财务管理的内容

农业科研单位财务管理的内容，主要包括单位预算管理、收支管理、资产管理、负债管理、财务报告和财务分析管理等，具体包括合理安排预算资金，加强国家财产和财务收支管理，制订并监督单位各项开支标准、财务管理的各项规章制度的执行。其目标主要是执行国家有关财经法规，厉行节约，量入为出，降低行政事业成本，提高资金使用效益；其任务是合理编制预算，统筹安排，节约资金，以保障单位正常运转；定期编制财务报告，如实反映单位预算执行情况，并进行财务活动分析，以促进其财务管理建立健全内部财务管理制度，对单位经济活动进行财务控制和监督，加强国有资产管理，防止国有资产流失。

2. 财务管理的特点

（1）农业科研单位的资金主要来源于财政拨款，资金投入的主要目的是维持单位的正常运转，促进其社会公益职能的顺利开展，以确保社会公共利益的最大化。

（2）农业科研单位一般是不能清算、转卖或者倒闭的，因此，也不存在企业财务管理意义上的所有者权益。

（3）农业科研单位在财务管理过程中，不以本单位自身的利益最大化为目标，而是以社会利益最大化为责任，其财务管理的主要任务是确保财政及其他资金社会效益的最大化，确保本单位所承担的公益事业目标。

二、农业科研单位财务管理现存的主要问题

随着市场经济的进一步发展，农业科研单位财务管理在许多方面有了一定程度的发展，但是，由于观念落后，财务管理缺乏战略眼光，农业科研单位的财务管理制度又相对简单，因此，长久以来财务管理的理念淡薄，甚至将财务管理和会计直接画等号，在经济环境日趋复杂的形势下，农业科研单位财务管理存在的问题也日益突出，主要表现在以下几个方面。

1. 固定资产管理不严

农业科研单位的国有资产管理是整个国有资产管理的重要组成部分，目前，国有资产管理不到位，各单位对国有资产的产权意识还比较薄弱，账实不符现象严重，不少单位随意处理国有资产，资产管理与财务管理脱节现象比较突出。各单位只注重购建国有资产，而忽视国有资产的管理和有机整合利用，造成资产重置，国有资产浪费等现象。

（1）国有资产的产权意识薄弱。由于农业科研单位的财务管理不到位，造成了单位的固定资产账面数与实存数不符，出现固定资产流失的现象。

（2）固定资产在计价、核算方面的规定不合理。固定资产的账面数虽然与实存数相符，实物也以特定的形态存在，但是，由于实物的账面金额与其实际价值之间相差很大，其实际价值往往要比账面价值高，而车辆、办公自动化设备等固定资产，随着科学技术的进步，其价值发生了很大的无形损耗，但其账面价值比实际价值高出很多，造成明显的账实不符。

（3）财务人员对国有资产管理制度不清晰。国有资产的调拨、报废比较随意，对国有资产的管理不到位，有很多科研单位上千万甚至上亿的固定资产只是由财务部门的一名出纳或者会计兼管，对国有资产的实物管理根本无法落到实处。

2. 资金使用计划性不强

目前，农业科研单位资金存在的一个普遍问题就是其使用没有计划性，部门

预算没有规划，经费相互挤占，或者即使有计划，也是无定额，或是虽然有计划定额，但流于形式。而财务部门对资金使用的管理也经常是事后核算，忽视了对资金使用前的预测和使用中的控制，对资金收支的考核也只是停留在表面的平衡上，很少对资金的使用效率进行考核。

3. 相关财务制度和会计制度规范不健全

（1）财务管理制度和财务会计基础工作较为薄弱。财务管理制度不健全，表现在当前一部分单位的内部控制体系不够完善。内部牵制制度、稽核制度、监督制度没有得到真正落实。会计工作机构、人员岗位设置不合理，记账人员与经济业务审批人员、经办人员、保管人员没有实行真正的职务分离，没有实行相互制约。缺乏现代和科学的财务管理工具。加之农业科研单位在人力资源配置方面往往只是重视对科研人员的引进和培训，而对财务方面的人力资源配置较为忽视，所以，使得单位缺乏高水平的财务管理人员，这样也就直接导致现代和科学的财务管理工具的缺乏。

（2）财务管理观念落后。目前影响单位财务管理缺乏科学有效管理的关键因素是财务管理观念的束缚。表现在：一是缺乏面向市场的观念。大多数单位的财务管理人员没有把面向市场的观念贯穿于单位理财的全过程之中。二是缺乏防范风险的观念。市场经济条件下要求事业单位必须适应经济形势的变化，逐步培养自身的财务风险意识，这样才能不断提高应对和防范风险的能力。三是缺乏依法理财的观念。面对市场经济的规律及其对事业单位带来的变化和冲击，财务部门还没有完全树立依法理财的观念。

（3）会计核算体系不能为财务管理工作提供准确的信息。当前的会计核算体系不能满足单位微观管理的需要。社会公益类事业单位由于预算资金管理模式的局限，支出是预算执行的方式，核算支出是为了预算管理服务的，具有较强的宏观意识，忽略了微观管理的要求。随着事业单位的进一步改革，面对市场和环境的诸多不确定性，一方面要正确核算业务成本和业务费用，正确评价资金的使用效益；另一方面作为一个会计主体，受托管理资金需要保证资金运行的安全性，这要求会计核算体系能为内部控制服务。

三、财务管理模式创新措施

1. 明确财务管理目标是管理创新的前提

确立农业科研单位财务管理目标，既要考虑到农业行业的特殊性和"不以盈利为目的"的单位性质，又要根据现代市场经济发展形势，把解决好单位生存与发展作为科学事业发展的基础。因此，农业科研单位财务管理目标，即有别于行政单位完全着重于社会效益，也有别于企业主体完全追求企业价值最大化，应当是体现财政投入的绩效最大化，更进一步说是在社会效益优先基础上追求经济效益的事业绩效最大化。服务和服从于农业科技发展，从而促进我国农业、农村经济社会的发展，这是当前及今后相当长时期内，农业科研事业单位财务管理的主要任务。

2. 建立财务资源配置机制是管理创新的核心

农业科研单位财务管理对象是事业法人拥有或占用的财务资源。以资金管理和资产管理为基础，建立以计划管理为引导、以市场机制为主导的公平、合理的资源配置机制，实现企事业在经济管理层面上融为一体，最大限度发挥农业科研单位的体制、机制效益。这是现代农业科研事业单位财务管理的核心，主要内容包括以下三项内容。

（1）构建资金管理平台。参照财政国库管理模式，设立类似于内部银行的资金融通平台，制定内部存、融资管理办法，集聚企事业零碎资金办大事。科学合理调度零余额账户与基本存款账户资金。在保障正常运转基础上，降低零余额账户月末指标额度；对外以安全性为第一、兼顾收益性为原则科学组合理财产品，对内以兼顾流动性和收益性为原则加大对资金需求单位的支持力度，提高资金使用效益；引导单位拥有控制权的企业参与科技研发项目，解决科研与生产、科技与市场脱节问题；建立市场资金调度渠道，促进产业发展；集中、统筹安排政府采购计划，积极思考仪器设备置换方式。

（2）分类管理事业资产。按照资产占用与预算安排相结合的要求，对事业国有资产特别是土地资产的占用，按公益性、准公益性和经营性三个类别分类管理，遵循公益讲公平、公共性讲平等、经营性讲效益，保障公益使用、满足基本使用、鼓励经营使用原则，通过对公共性资产折半和经营性资产全额收取占用费，解决资产分配不均的问题，提高资产使用效率；鼓励并支持二级研究机构按照农业科研事业发展需要积极对外租赁农业用地，条件成熟后提供贷款资金支持收购。同时，加强对固定资产的管理。事业单位应严格实行数量金额账、卡、表式管理。财务部门要设立固定资产明细账、保管固定资产卡片，国有资产管理处要设固定资产保管账，使用科室及单位建立使用物品登记进行管理。严禁将单位的资产列入其他组织和个人名下。事业单位每年应组织一次以上的财产清查，清理盘点各类实物和固定资产，与相关账簿互相核对，对清查中发现的盈亏毁损，应及时查明原因，并按有关规定进行及时处理，确保账实相符、账账相符，防止国有资产流失。

（3）整合资源促进发展。充分整合中央、地方各级财政专项资金，沿着基础研究、应用研究到科技成果转化的农业科研、推广路径，按照"渠道不变、用途不变、优势互补、各记其功"原则，科学划分不同财政专项资金，安排重点领域，建立重点突出、责任明确、界限清晰的安排思路；针对不同学科发展现状确立扶持政策，对优势学科优先支持、重点学科重点支持、新兴学科稳定支持；统筹思考基本建设项目与科技研发项目申报及实施方案，筑牢事业发展基石；改变传统项目管理模式，建立以后补助奖励办法为核心的绩效考评机制。

3. 科学运用预算调控手段是管理创新的工具

（1）财务预算管理是集中调度资金、科学配置资产和资源及其收益分配，确保单位事业发展一盘棋的主要工具和手段。预算管理思路是在优先管好专项资金基础上控制运转保障支出，实现单位收支综合控制有序；财务管理人员作为主要成员参与农业科技研发项目，加强财政专项资金全过程管理。工作中坚持三项原则，一是先有资金，后有任务；二是先有预算，后有执行；三是不超支、不透支。工作难点是应对公共财政改革带来的一系列资金与资源统筹调度问题，重点是区分限制性与非限制性资源，以及限制性资源转换成非限制性资源渠道及路径。主要办法是一靠制度，二靠平台，三靠提前谋划。把"正常业务明确审批权限、例外事项规范审批程序"和"原则就是精确"的理念融入到事业财务管理制度建设中，发挥财务软件预算管理模块功能，提高预算刚性约束力，构建科学合理的业务操作流程，降低财务部门预算执行压力，最终的目的是实现资源高效利用。

（2）加强预算部门管理改革。财务人员在核定事业单位的资金支出时，应以收入预算为基础，不仅要严格核定经常性经费支出、专项经费支出，还应对上级补助单位的收入以及下级缴付资金的支出列入部门的核定范围。对上缴上级有关款项要从严核实，加强基建等项目建设资金支出监管，核实单位全部支出。

（3）加强政府采购支出。事业单位要发挥政府采购在加强财政支出管理、提高财政资金使用效益及促进廉政建设等方面的作用。要建立健全政府采购运行机制，完善政府采购预算的编制制度，坚持以公开招标为主要采购方式，实行集中采购与分散采购相结合的组织形式，严格遵循政府采购程序，硬化对政府采购活动的法律约束。

4. 健全财务组织管理架构是管理创新的保障

（1）处理好集权与分权关系。目前，充分发挥财务部门的基础性、服务性、保障性作用，需要统一而强有力的财务机构提供组织保障。对农业科研单位特别是省级农科院而言，实行一级法人或二级法人的管理体制，通过行政命令已天然地获得了类似于以资本为纽带的企业集团的法理基础。借鉴企业集团财务控制的"有效控制的分权"原则，在确保二级机构权限不变、事业发展不受影响的前提下，在控制与自由的两难中寻找到一种集权与分权的平衡。建立事业内部银行和企业内部银行管理体系，在统一掌控资金基础上，实现实质性控制和集中财力办大事的目的。

（2）合理设置内设机构和工作岗位。推行财务管理与会计核算岗位相分离的管理模式，财务部门可划分为规划预算、会计核算、国资基建和资金结算等板块；合理确定单位财务管理组织模式，二级机构的财务机构相对独立，其财务主管应当由总部财务部门聘用、外派并考核、管理，在保障二级机构自主发展权和财务审批权的同时，确保单位财务管理秩序井然。

（3）加强事业单位领导人的法律意识。事业单位领导人法律意识的强弱是影响事业单位财务管理问题的一个关键因素。国家和省级财政部门应加强对单位负责人进行财务会计知识方面的培训，使他们能够掌握财务会计的基本知识和有关国有资产管理、财政改革的内容。特别是要明确单位负责人和会计人员应负的会计责任，明确在会计机构设置和人员配备、内部财务控制制度的建立健全、提供的会计信息质量等方面的工作责任。

（4）提高会计人员的业务素质和业务能力。除培训会计人员会计基础理论、财务会计制度方面的知识以外，还要根据财政改革的要求，及时培训国库集中支付、政府采购、部门预算改革后财务事项确认和会计核算等相关的最新会计知识，使会计人员能够及时更新知识，以适应财政和财务会计工作的需要。

（5）健全内部审计机构，加强内部牵制制度建设。

① 建立健全内部审计机构，培养一支业务精湛、作风过硬的内审队伍，是构建科研单位财务内部控制机制的组织人才保障。而有效实施内部审计是单位财务内部控制的重要手段，要对内部控制制度的执行情况进行定期检查，监督单位内部各项规定的执行情况，要了解执行中存在的问题，并及时进行反馈，不断完善。

② 科研单位内部各部门、各岗位应当进行明确的职责分工，建立严谨的岗位责任制，从而形成各司其职、协调配合的良好工作秩序。在通常情况下，任何经济业务可以划分为五个步骤，即授权、主办、批准、执行和记录。任何职员或部门都不能在未经其他职员或部门核准、复核或记录的情况下进行一项业务，从而减少差错的发生。做到授权批准与执行业务职务相分离；业务经办与审核监督职务相分离；业务经办与会计记录职务相分离；财产保管与会计记录职务相分离。在不相容职务要求的基础上，做好货币资金的内部会计控制：一是不相容岗位相分离；二是明确支出审批制度；三是明确监督检查机构或人员的职责权限。做好资产管理的内部会计控制：一是资产的日常管理，资产的实物管理与记账登记要相分离，资产的配置与使用相分离，资产维修需求的提出与审核、执行相分离；二是资产的处置环节，要建立资产处置管理制度，明确处置的程序和权限，资产报废请求的提出与审批、处置相分离，资产的变价处理要引入竞价机制，对于大宗资产的变卖要委托社会中介机构进行评估，要防止在资产处置过程中利用职权牟取私利，造成国有资产流失。

5. 引入社会监督、强化财政资金使用绩效评价是管理创新的动力

现阶段，我国学习西方国家的做法，在金额较大的支出中实行了跟踪问效制

度，通过单位自评、主管部门评价、财政部门评价等方式对资金的使用效果进行监督，这有利于财政资金使用效益的改善。但在现行的绩效评价体制下，并未引入社会公众等外部评价者，还是属于资金使用效果的内部评价，不能实现真正意义上的跟踪、问效。应建立包括社会公众、相关领域专家、资金使用部门在内的三位一体的监督模式，实现对财政资金绩效评价的外部监督，以确保财政资金使用效果的最大化，从而使农业科研事业单位较好地履行其承担的社会公益职能。

当前，我国经济已经与世界经济全面接轨，不断创新和改进农业科研单位的财务管理工作，对于农业科技的研发推广、农业与农村经济的可持续发展与保障社会的繁荣稳定，有着十分深远的意义。随着社会的不断进步而进步，面对新的挑战和机遇，我们农业科研单位的财务人员应树立财务管理创新观念，与时俱进，不断提高工作水平，促进财务管理工作的提高，从而更充分地发挥财务工作的服务和保障作用。

参考文献

[1] 刘淑莲. 高级财务管理理论与实务 [M]. 大连：东北财经大学出版社，2005.

[2] 谷秋丽. 行政事业单位财务管理存在的问题及建议 [J]. 活力，2009 (4).

[3] 樊汝春. 行政事业单位财务管理中存在的问题与对策 [J]. 财会研究，2009 (6).

[4] 黄瑞金，杨敏. 应加强行政事业单位财务管理工作 [J]. 现代审计，2009 (2).

[5] 卢健新. 有关事业单位财务管理中存在的若干问题探讨 [J]. 中小企业管理与科技，2009 (6).

浅析事业单位内部会计控制

孙 锋

（山东省农业科学院财务计划处 山东济南 250000）

【摘 要】内部会计控制是单位内部控制的重要内容，以提高会计信息质量、保护资产安全与完整为目标，确保在国家有关法律、法规及规章制度框架下，结合单位实际，制订实施一系列控制方法。近几年，我国为适应建立公共财政体制框架体系的要求，逐步实施了政府采购、非税收入、国库集中支付等一系列财政改革政策，在国家不断改革完善财政政策的大背景下，对事业单位内部会计控制提出了更高的要求。

【关键词】事业单位；内部控制；会计；问题；措施

一、内部会计控制的内涵及意义

"两点论"的内部控制理论将内部控制分为内部会计控制和内部管理控制。早在2001年，我国财政部印发的《内部会计控制规范——基本规范（试行）》就已对内部会计控制进行了定义，"内部会计控制是指单位为了提高会计信息质量，保护资产的安全、完整，确保有关法律法规和规章制度的贯彻执行等而制定和实施的一系列控制方法、措施和程序"。

内部会计控制与保护单位资产安全，保障会计信息客观、真实、完整，以及财务活动合法有效几个方面密切相关。它对加强会计监督、提高会计信息质量，提高管理效率具有重要作用，也是衡量单位管理水平的重要指标。内部会计控制制度一是要符合国家有关法律法规并适合单位实际情况；二是要保证岗位职权的合理设置，坚持不相容职务分离和回避制度；三是能够约束单位内部所有涉及会计工作人员和岗位，明确业务处理过程中的基本控制点；四是能够随着内部职能、外部环境的变化和管理要求的提高而不断完善。

二、当前事业单位内控制度存在的主要问题

（一）意识与知识的缺乏

完善的制度设计和有效的运行必然要以良好的意识为基本前提，若仅把内部会计控制看做是财务部门一家的事，设计出的内控制度便只能成为印在文件上的规章制度，而不是行之有效的管理措施。许多事业单位上自业务决策者下至经办人员，对内部会计控制的认识都不到位，又缺乏对相关知识的了解，设计出的内部会计控制制度无法与单位的实际操作良好结合，执行起来难度大、效果差，使内部会计控制降格为应付检查的工具和走过场的形式。会计管理人员缺乏创新，业务素质也难以满足实施内部会计控制和监督的要求，由此导致许多事业单位在内部会计控制方面出现问题。

1. 固定资产管理缺乏时效

自实行政府采购制度以来，事业单位购置固定资产得到了切实而有效的控制，但资产的使用和管理还缺乏有效的内部会计控制。固定资产购置登记入账不及时、资产管理责任不明确、未建立定期盘点制度等"重购置、轻管理"的现象普遍，导致资产账实不符，造成资产流失。

2. 费用支出缺乏控制

事业单位对于经费的支出，尤其是近几年来引起社会广泛关注的"三公"经费及会议费、办公费、水电费等费用的支出，普遍缺乏严格统一的考量标准。即使内部制订了开支标准或限额，超出标准部分至年底基本还是会实报实销，给予帮助解决。

3. 现金、票据缺乏管制

国库集中支付制度和公务卡改革不断推进，主要为控制现金的使用范围及数额，但许多单位还存在超范围和超限额支付的现象，且财务公开不够明细。票据管理不到位，未建立定期或不定期抽查制度，出现延期上缴非税收入，挪用公款问题，对使用后票据未能及时办理交验、核销，容易导致收入不入账、私设"小金库"等问题。对原始票据的审核更是不太严格。

（二）单位内部岗位职责不清，信息沟通衔接不够

一是事业单位的会计管理规定缺乏整体规划，各个管理办法之间没有横向联系，只单纯明确财务人员的工作内容及职责，无法实现人员之间的合作与牵制，出现业务管理漏洞。二是由于各种原因，单位岗位安排不尽合理，存在一人多岗、多岗兼职的现象，经办人员、业务决策者、会计人员之间无法相互制约分离，出现人员管理漏洞。三是实行会计集中核算的事业单位，由会计核算中心集

中办理单位的会计核算和监督业务，对单位重要事项的决策、实施过程和结果均不了解，二者沟通衔接不够，无法实施必要的财务控制与监督。以上三点都会影响单位内部会计控制制度的有效实施。

(三) 制度建设和监督体系薄弱

财政部印发的《内部会计控制规范——基本规范（试行）》主要针对企业制定，若使用在事业单位的管理上则适用性较差。财政、审计部门作为事业单位主要外部监督，偏重对财政资金的使用进行监督，很少对事业单位是否建立有效的内部会计控制制度以及执行的有效程度进行实质性检查。多数事业单位审计人员多由财务人员兼任，审计知识和技术能力参差不齐，很难对内部会计控制制度的执行及效果形成必要的监督，势必出现有章不循、违章不究的弊端，内部控制制度无法发挥应有的作用。缺少有效的内外部监督，使事业单位内部控制制度体系完善失去外部推动力和内部约束机制。

三、建立和完善事业单位内控会计制度的措施

(一) 健全会计稽核制度

原始凭证是在经济业务发生时取得的，载明经济业务发生和完成情况的书面证明，是明确经济责任，进行会计核算的原始依据。在实际业务中非法凭证、虚假发票不易分辨，原始凭证内容不全，手续不完备，甚至无日期、无经济业务内容、无经办人的发票也常出现，因此要健全行政事业单位内部稽核制度。

事业单位一是要设立稽核岗位和稽核人员，执行对各种凭证的稽核工作，凡需进入会计核算系统的原始凭证都须首先由稽核员审核，并加盖"合规凭证"或"不合规凭证"的印章。对于单位规模小、会计业务量不大的稽核职能可以由会计机构负责人或会计主管人员履行。二是要明确责任，凡属经稽核员审核并加盖"合规凭证"的原始凭证，如被财政部门或其他政府监督部门查出为不合格、非法凭证而受到的经济处罚，应由稽核人员负责。

(二) 明确会计岗位职责

新的《事业单位财务规则》明确规定："部分行业根据成本核算和绩效管理的需要，可以在行业事业单位财务管理制度中引入权责发生制"，且多数事业单位收款项目繁细、政策性强，需对各项收、支准确核算反映。明确会计岗位职责，一是选用原则性强、业务素质高的会计人员上岗，重视会计人才；二是要责任明确，会计责任是被审计单位的负责人对其所编制和提供的财务报表所应承担的责任，凡在财务检查、审计中查出隐瞒、截留收入或乱挤乱列支出，而这些行为又不是领导授意、指使和强令的，其所受到的处罚应由会计人员承担，或至少

承担一部分；三是会计人员要坚持客观、公正的原则，客观、真实地反映各项经济业务的内容，做到不隐瞒、截留应上缴的各项收入，不乱挤乱列各项支出。

（三）明确审批权限，加强预算管理

授权批准控制保证事业单位内部的各级管理层必须在授权范围内行使职权和承担责任，经办人员也必须在授权范围内办理业务，财务人员对每一项经济业务的审批程序都要严格把关，对违规的审批要拒绝办理。

部门预算是内部控制系统的重要组成部分，是实现事业单位经济正常运行和事业发展目标的根本保证。预算控制加强预算编制、执行、分析、考核等环节的控制，明确预算项目，建立预算标准，规范预算的编制、审定、下达和执行程序，及时分析和控制预算差异，采取改进措施，确保预算的执行。预算收支项目要尽可能细化，依据和标准要尽可能充分、可靠。财务部门要注重对各部门、各项目进行技术性审查，加强预算的约束力，并监督各部门预算的执行情况。

（四）结合单位实际，制定切实有效的制度

事业单位在制定内部会计控制制度时充分考虑事业单位特点和本单位实际，做到制度切实可行。要考虑控制投入成本和控制产出效益之比，对那些在业务处理过程中发挥作用大、影响范围广的关键控制点进行严格控制；对那些只在局部发挥作用、影响特定范围的一般控制点，其设立只要能起到监控作用即可，而不必花费大量的人力、物力进行控制。防止由于一般控制点设立过多、手续操作繁杂，造成单位经营管理活动不能正常、迅捷地运转。

（五）建立必要的检查评价机制

1. 设置检查评价组织

事业单位应设立专门机构或指定专门人员负责内部会计控制的检查评价工作。也可以聘请外部中介机构对本单位的内部会计控制进行评价，以确保内部会计控制制度的贯彻实施。

2. 健全检查评价制度

主要包括：对内部会计控制制度的建设进行检查和评价；对内部会计控制的执行情况进行检查和评价，对相关业务的内部会计控制提出建议；对工作中的一些薄弱环节进行重点检查和评价；提出定期或不定期、全面或专题检查评价的方法、程序以及结果的处理办法，等等。

3. 完善奖惩制度

要明确实施内部会计控制有关人员的工作职责，强化自我约束机制，增强内部会计控制人员的责任感和风险意识。

关于创新财务管理的几点思考

吴 岩 李立民

（辽宁省风沙地改良利用研究所 辽宁阜新 123000）

【摘 要】 当前，我国社会主义市场经济逐步完善，国家对事业单位的改革也不断深入，新的形式对事业单位财务管理工作提出了新的要求和挑战。本文结合单位实际工作，通过采取科学、合理的创新财务管理工作，使单位自身得到长足发展，实现社会效益与经济效益的最大化。

【关键词】 财务管理；创新之路

随着社会主义市场经济的快速发展，我国事业单位所处的内外经济环境已发生了根本性的变化，科研单位面临着"自主经营、自我约束、自我发展"的主流生存模式。辽宁省风沙地改良利用研究所作为事业单位，在几年来的发展过程中，通过创新财务管理，取得了单位的社会效益与经济效益的最大化。

一、财务管理目标

随着我国经济大环境的改变和事业单位改革进程的推进，事业单位若要在市场竞争中成功生存与发展，首先要解决资金的问题。因此，单位财务管理也要相应发生转变，应从单一的核算、控制目标扩展为全面的预测、决策、控制、监督和分析，面向市场，在完成社会所赋予职能的基础上追求自身经济价值，处理好社会效益和经济效益之间的关系。

本单位的财务管理目标在于，管好、用好财政资金，在财务上控制和监督本单位的经济活动，确保国家资源在发挥其最大使用效益的同时实现保值、增值的目的，提高财务资源使用效率，获取最大的社会效益。

二、加强财务管理的创新之路

要结合我国经济发展形势和单位实际情况，用最有效的方法完成财务管理工作，更要用实际规范的方式和方法，在新形势下推动单位财务管理工作的创新与发展。

1. 加强经费管理

单位资金有限，要使有限的经费发挥最大的使用效益，就必须加强经费管理，且首要问题便是更新理财观念，在各项决策、计划、方案和财务指标中，树立起效益观念、服务观念和勤俭观念。我们要求单位内部各职能部门学会花小钱、办大事，在有限的事业费额度范围内，追求最佳的使用效益；单位的财务部门明确自身具备的丰富内涵，即及时宣传财经政策、管理方法，提供全面的信息，组织协调，开展咨询服务，将服务的含义理解为与单位内部各职能部门共同研究用好各项经费的方法和手段；财务部门强化单位内部人员的勤俭观念，抓好管理和监督，最大限度地发挥每一笔经费的效益。

2. 强化内控措施

为保证各项经费有效、合理、合法使用，应在单位内部财务调控措施过程中予以强化，坚持党管财务，坚持集中统管，发挥监督职能，强化预算管理。严格经费审批权限，规定年度经费预决算以及重大项目经费开支等须经单位党委讨论通过；单位内部所有经费的请领、划拨、结算和报销，均由单位财务部门统一办理，各职能部门的预算经费、历年预算经费结余等也均由单位统筹安排使用；借助于价值形式对各职能部门指标内的资金运作活动进行调节和控制，财务部门对各职能部门运用资金的状况进行有效监督，并建立起强有力的财务管理、监督约束机制；重视预算管理，预算一经单位党委批准决定，坚决执行，须调整的预算按批准程序办理。

3. 建立健全财务风险控制机制

建立对财务风险进行事前、事中控制，事后管理的防范与控制机制，定期撰写分析报告，进行风险警示和评价，运用定量、定性分析法，观察、计算、分析、监督财务风险状况，及时调整财务活动，控制出现的偏差，有效地阻止或抑制不利事态的发展，将风险降到可控范围之内。对已经发生的风险建立风险档案，并从中汲取经验教训，以避免同类风险的再次发生。

4. 开展财务分析活动

开展财务分析活动，用以评价单位过去的经营业绩，衡量现在的财务状况，预测单位未来的发展趋势。从财务的角度看经济活动，从经济活动的观点看财务。通过一些具体数字，了解单位实际的经济活动，进而将单位存在的困难和问题——化解，为单位的快速发展保驾护航。在财务讲评时，注意抓典型、抓两头，将财务活动的实际成果与财务计划目标相对照，寻找差异，采取措施纠正财务计划执行中的偏差，确保财务计划目标的实现，为单位经济活动提供决策依据。

5. 加强财务管理制度建设

财务管理涉及单位经济活动的各个方面，贯穿于每一项经济活动中，通过建立健全本单位财务管理制度，建立一套完整、严密、可操作的规章制度。通过这些管理制度的建设，防止和避免了生产经济活动中的偏差；提高了财会人员的业务水准，规范了会计工作秩序。

三、结　语

在新形势下，财务管理工作只有通过加强经费管理，强化内控措施，建立健全财务风险控制机制，开展财务分析活动，加强财务管理制度建设等多方面的创新方法，建立科学、合理、系统的财务管理手段，才能有效加强财务管理工作，从而取得单位的长足发展和社会与经济效益的最大化。

参考文献

[1]　李奇. 论新形势下事业单位的财务管理目标 [J]. 科技咨询导报，2007 (17)：141.

[2]　崔晓莉. 新形势下事业单位财务管理存在的问题及对策 [J]. 科学决策，2008 (10).

浅谈会计人员的继续教育

崔兴平

（宁夏农林科学院计财处　宁夏银川　750002）

【摘　要】本文从四个方面阐述了对会计人员进行继续教育的必要性，明确了继续教育工作的内容、目标，以及如何加强会计人员继续教育，并提出了具体措施。相信对加强会计人员继续教育，提高会计人员综合素质具有借鉴作用。

【关键词】会计人员；继续教育；必要性；措施

继续教育，又称"终身教育""更新教育"，是对专业技术人员不断进行知识、技能的更新和补充，以拓展和提高其创造、创新能力和专业技术水平，完善其知识结构的教育。会计工作作用的发挥，是以高素质的会计人员为保障的。开展会计人员继续教育活动，建立会计人员继续教育制度，归根到底，是要不断提高会计人员适应社会主义市场经济和对外开放需要的素质。随着"知识经济"时代的到来，人类知识更新周期将以前所未有的步伐加快。在这种环境下，作为国际"商业语言"和反映单位财务状况"晴雨表"的会计，必将随着时代的发展而不断变革。现阶段，我国会计人员的整体素质还远远不能适应经济发展的需要。抓紧对会计人员的继续教育确是当务之急。

一、会计人员继续教育的必要性

1. 会计人员继续教育是社会主义市场经济体制不断深入的需要

随着我国经济体制由计划经济转变为市场经济，一方面，社会对会计人员的数量需求迅速增加；另一方面，对会计人员的素质和多种能力的要求也在不断提高。社会要求会计由报账型向管理型转变，由传统手工方法向现代化和网络化转化，由事后核算向事前预测、事中控制和事后核算结合的模式转化。所以在从业人员数量众多的会计队伍中开展继续教育是适应上述种种形势的需求，提升我国社会主义市场经济层次的需要。

2. 会计人员继续教育是各项新准则、新制度和新规定贯彻执行的需要

近几年，为了适应社会和经济的发展，我国陆续发布了针对会计行业的规则和具体准则等一系列法规，这些规定的贯彻执行要建立在会计人员熟练掌握的基础上，而由于种种原因有很大一部分在职会计人员理解这些规定时遇到一定的困难，这种困难对这些规定推行的阻碍非常大，会计人员继续教育在帮助会计人员理解并适应新规定方面的积极作用是不可缺少的。

3. 会计人员继续教育是提高会计人员素质的需要

目前，我国从事会计工作人员的知识结构、学历结构和业务水平参差不齐，整体水平偏低。随着经济体制改革的进一步深入，部门核算形式多样化和投资主体的社会化程度逐渐提高，这种形势要求会计人员具有较高的政治素质和职业道德，同时也需要会计人员具有合理的知识结构，能忠于职守、爱岗敬业、廉洁奉公，能在熟练掌握业务操作的基础上掌握新技术、新方法。在提高会计人员的政治素质和业务水平方法的过程中，会计人员继续教育是一种极好的途径。

4. 会计人员继续教育是落实国家公民终身教育的一种类型

随着我国教育体制改革的进行，国家对国民教育的方式呈现出多样化趋势，对于在职人员现在非常强调对他们的后续教育，以使在职人员的知识水平能跟得上时代发展的需要，各行业的在职人员后续教育都结合了自身的实际情况，根据本行业的特点安排后续教育的方式和内容。会计工作具有从业人员多，从业人员服务的单位性质差异大等特点，会计人员继续教育的实质就是会计工作中在职人员后续教育的最基本体现。

二、进一步明确继续教育工作的内容、目标，增强继续教育的层次性和针对性

关于会计人员继续教育的目标，财政部颁布的《会计人员继续教育暂行规定》（以下简称《暂行规定》）第四条规定："会计人员继续教育的主要任务是提高会计人员政治素质、业务能力、职业道德水平，使其知识和技能不断得到更新、补充、拓展和提高。"《暂行规定》在第七条进一步规定："会计人员继续教育内容应坚持联系实际、讲求实效、学以致用的原则。会计人员继续教育的主要内容包括：'（1）会计理论与实务；（2）财务、会计法规制度；（3）会计职业道德规范；（4）其他相关法规制度。'"《暂行规定》对会计人员继续教育主要内容的规定从总体上讲是合理而明确的，它涉及对会计人员工作胜任能力各项要求的要素。同时也不难发现，《暂行规定》对继续教育目标的规定不具有层次性和针对性，没有针对不同层次的会计人员确立不同的教育目标，在现实培训过程中往

往将不同级别的会计人员和不同对象的会计人员混合在一起进行教学，从而出现教学内容（包括知识结构和知识深度两方面）不能很好地适应培训对象的现象，进而影响培训工作的实效。因此，从联系实际、讲求实效、学以致用的原则出发，继续教育必须做到分层次、分对象地进行。

具体而言，会计继续教育的主要内容应由以下四方面构成。

（1）会计前沿性、新颖性理论与实务。继续教育的理论应具有前瞻性，应是会计工作中最新和最科学的理论与实务。这部分重点针对中高级继续教育层次的人员。

（2）财务会计法规制度。这里指国家制定的基本法规，包括会计法、会计准则及相关经济法规等。这部分重点放在普通继续教育上。

（3）会计职业道德。从整个会计领域的发展趋势来看，职业道德规范的教育日益重要。一个职业道德不高尚、不律己的会计人员，业务能力越强，危害就越大。

（4）其他相关知识。即与会计人员工作发展有密切相关的知识，诸如税收知识、信息技术知识等。

基于我国会计继续教育的特点，目前会计继续教育的培养目标应侧重于以下几个方面。

（1）提高会计人员的政治素质。培养他们在新时代能够灵活运用马列主义、毛泽东思想、特别是邓小平同志对经济指导的理论，解决实际问题，使之有坚定的社会主义政治立场，推动社会主义市场经济的发展与完善。

（2）提高职业道德水平。职业道德是每个从事某个行业的从业人员对自己所从事工作的认同感，爱岗、敬业、乐业，且为之努力工作，从而在自己的岗位上对社会做出贡献。在我国，除了健全有关法律法规进行约束外，还应大力发展行业的自律性和经常性的会计职业道德教育。

（3）提高业务能力。会计人员要具有广博的知识，并能触类旁通，大跨度思维，集智慧解决所面临的问题。简单明了地说就是要具有灵活恰当地处理自己所从事工作中出现的问题的能力。包括组织协调能力、社会交际能力、书面口头表达能力。需要注意的是，我们在进行会计人员继续教育时，要克服短期行为，不能搞形式主义，要切实抓好会计人员的继续教育问题。

（4）创新精神。包括对复杂多变的经济环境不断创意，改革会计的处理方法，能做出各种决策或为各方面的决策服务。

三、加强会计人员继续教育的措施

1. 进一步加大宣传力度，提高认识

良好的社会氛围是顺利开展会计人员继续教育工作的基础。会计工作涉及各

行各业，会计人员继续教育也涉及社会各个层面。开展此项工作时，要密切与人事管理部门合作，把会计人员继续教育工作与人事管理相结合，通过大力宣传实行会计人员继续教育的意义，提高全社会的共识和认同，借以取得各级领导特别是会计人员主管领导的重视和支持，取得群众的关心和帮助。开展此项工作更要加大向会计人员宣传的力度，使他们真正理解继续教育的意义，激发会计人员参加继续教育的热情，树立继续教育和终身教育的观念，变"要我学"为"我要学"，总之，通过宣传，努力形成全社会的重视、关心、支持，会计人员积极参加，促进育人、选人、用人一体化机制的建立。

2. 加强调查研究，进一步完善继续教育制度

建章立制，依法管理，是做好会计人员继续教育工作的根本保障。必须加强调查研究，尽快建立健全一套符合实际并与国家总体方向一致的会计人员继续教育体系和运行机制。要把规范、培训、考核、使用诸环节紧密结合起来。同时要不断学习和借鉴国内外的先进经验和做法，并逐步做到制度化、规章化。如将继续教育与会计证管理结合在一起，在一定程度上可保证出席率；对新制度、新准则可采取短期培训、讲座等各种形式，做到长短结合、灵活多样。

3. 不断改革、完善继续教育的方式和内容

继续教育的方式应该不拘一格，既要运用传统的面授、函授、研讨会、讲座、参观访问等方法，也要研究充分利用网络等现代化手段，不断完善和发展会计人员继续教育的方式方法。要借助信息网络和多媒体技术，拓展继续教育的开放性、灵活性和适应性，为广大会计人员提供快捷、便利和高效的学习条件。继续教育内容要本着学以致用的原则，重点在会计人员急需的知识更新、技能补充、思维变革、观念转化、心理调整等方面。教学要因人施教，因地制宜。

4. 培养和造就一支高素质的会计队伍，建立地区会计人才高地

会计管理部门通过继续教育工作，要建立人才档案，密切关注本地区会计人员变动状况，了解和掌握潜在的会计人才，促使他们早日成才。利用这支队伍，本着为地区的经济发展服务的思想，为改变会计工作秩序面貌做出贡献。

当今的社会主义市场经济，会计人员继续教育管理工作任重道远，我们要充分认识终身教育是社会发展的必然趋势。要逐步建立和完善有利于终身学习的教育制度。会计人员继续教育在今天是一项极富挑战性的使命和机遇，不断规范继续教育制度，努力提高会计人员素质和专业水平，是适应我国市场经济发展的需要。

浅析新个税法下事业单位职工收入的纳税筹划

蒋瑜超　　周　华

（江苏省农业科学院会计中心　江苏南京　210014）

【摘　要】本文简要介绍了新旧个税法的主要变化，以及事业单位职工工资的构成与个人所得税缴纳方式，并通过实例说明纳税临界点在年终奖发放时的具体运用。根据事业单位职工收入的具体情况，提出通过选择合适税率、优化月工资与年终奖的分配比例对职工收入进行纳税筹划与均衡发放，可以达到节税增收的目的。

【关键词】新个人所得税法；事业单位；职工收入；纳税筹划

个人所得税是调整征税机关与自然人（居民、非居民人）之间在个人所得税的征纳与管理过程中所发生的社会关系的法律规范的总称。我国多年来税收收入增速高于 GDP 的增长，也高于中低收入人群收入的增长速度，因此，政府把 2011 年民生第一件实事锁定为个税改革，因为个税改革关乎每一位老百姓的切身利益，既是民心所向，也势在必行。目前，我国个税改革的方向和趋势正日渐清晰，那就是加强税收调节作用，进一步减轻中低收入者的税收负担。税收的本质是经济上的二次分配，其目的是调节贫富差距，而不是增加税收收入；是让中低收入者受益，而不是使他们成为缴纳个税的"主力军"。当这些原则得到坚持，我国的个税改革才能真正发挥调节收入分配的作用，最大限度地返利于民、还富于民，让更多老百姓受益。正是基于以上原因，我国再次对《个人所得税法》进行了修订。

一、新旧个人所得税政策的对比

《个人所得税法》自 1980 年 9 月颁布以来，已历经 5 次修改，其中最核心的问题就是个税起征点的调整。2006 年，免征额从每月 800 元提高到 1600 元；2008 年，免征额从 1600 元提高到 2000 元。2011 年 6 月 30 日，全国人大常委会通过了关于修改《个人所得税法》的决定，修订后的《个人所得税法》在 9 月 1 日起正式实施。此次修改个税法，主要调整有四个方面：一是减除费用标准，由 2000 元/月提高到 3500 元/月；二是调整工薪所得税结构，由 9 级调整为 7 级，取消了 15% 和 40% 两档税率，将最低一档税率由 5% 降为 3%；三是调整个体工商户生产经营所得和承包承租经营所得税率级距；四是纳税期限由 7 天改为 15 天。此次税法涉及的减税额是最大的一次，经过调整，全国工薪所得纳税人占全部工薪收入人群的比重将由原来的 28% 下降到 7.7%，纳税人数也由约 8400 万人锐减至约 2400 万人。新个人所得税法减税效应在 2011 年 10 月份显现。国家税务总局的最新统计显示，10 月份，我国个人所得税环比下降 22.7%，其中，工薪所得税环比下降 26.7%。新税法贯彻体现了"高收入者多纳税，中等收入者少纳税，低收入者不纳税"的原则，减轻了中低收入人群的负担，照顾到了绝大部分工薪人群的切身利益。

　　各档收入新旧税负对比情况如表 1 所列，由表中可以看出，月应税所得为 38600 元时，税改对其纳税额没有影响，因为新旧个人所得税法下其纳税额相同，因此，38600 元可以看作是新个人所得税法影响个人税负的一个"分水岭"。当月应税所得大于 38600 元时，执行新个人所得税法后多缴税额逐步增加；当月应税所得小于 38600 元时，均能享受到个税新政的优惠，并且应税所得越低，减税幅度越大。其中月应税所得在 8000～12500 元之间时，可享受到个税改革的最大利益 480 元。就总体趋势而言，这一系列修改，与我国国民收入水平保持了基本同步，反映了国家税收政策在二次分配中的基本价值，也有利于为社会的经济公平多一分保障。

表 1　　　　　　　　　　　各档收入新旧税负对比

应税所得/元	旧规税款/元	新规税款/元	新旧税负对比/元	增减率/%
2500	25	0	−25	−100
3500	125	0	−125	−100
8000	825	345	−480	−58
12500	1725	1245	−480	−28
22000	3625	3620	−5	0
38600	7775	7775	0	0
42000	8625	8795	170	2
90000	24825	25420	595	2
100000	28825	29920	1095	4

二、事业单位工资构成与个人所得税缴纳方式

目前，大多数事业单位在职职工的工薪收入由国库集中支付的财政统发工资和单位自行发放的津补贴、年终奖两部分组成。财政统发工资每月应缴纳的个人所得税，按新个税法计算后直接扣缴。单位直接发放的津补贴等在计算当月个人所得税时实行合并计税，即将每位职工当月财政工资收入与单位直接发放的津补贴等收入进行合并，扣除免税部分，计算出该职工应缴纳个人所得税总额，然后减去财政统发工资中已扣缴的个人所得税金额，即为当月单位直接发放津补贴应扣缴的个人所得税金额。

笔者所在事业单位的在职职工人数约 1000 人，2011 年 9 月 1 日执行新的个人所得税法计税办法后，财政统发工资纳税人数由原来的 616 人降至 45 人，缴纳个人所得税人数比例由原来的 61.6% 下降到 4.5%，纳税总额也由原来的月缴 2.7 万元减少到现在月缴 100 多元。新个人所得税法提高了起征点、降低了税率，使得财政统发工资税负大大降低，在此前提下，事业单位的财务人员就有了对单位自行发放津补贴重新筹划，通过调整每月津补贴和年终一次性奖金的分配比例进行合理避税的纳税筹划空间。

三、筹划年终奖，回避"临界点"以合理节税

年终奖是指全年一次性奖金，是指行政机关、企事业单位等根据其全年经济效益和对职工全年工作业绩的综合考核情况，向职工发放的一次性奖金。2005年国家税务总局对全年一次性奖金的个税计税办法进行了调整，明确规定纳税人取得全年一次性奖金可单独作为一个月工资、薪金所得计算纳税额。具体的计税算法是先将当月内取得的全年一次性奖金除以 12，按其商数确定适用税率和速算扣除数，再将全年一次性奖金根据已确定的税率和速算扣除数计算应纳税额。对于大家关注最高的年终奖纳税问题，新税法规定：个人取得年终奖按照国税发〔2005〕9 号文件规定征税，即年终奖纳税额的计算采用新税率、老算法。

少数职工在拿年终奖金时发现一个奇怪的现象，虽然从总额上看是自己多拿了一块钱，但竟要多交两百多元的税，交完税后拿到手的竟然比奖金总额低于自己的人还要少。这就涉及到纳税临界点的问题，因为年终一次性奖金个人所得税的计税原理与工资薪金的计税原理不同，实行的是全额累进税率计税，当纳税人的年终一次性奖金应纳税额超过某一级数时，全部奖金就要按高一档的税率进行计税，所以便会出现一段"奖金多、收入少"的奖金负效应区间，这一问题在新的《个人所得税法》实行七级超额累进税率时也同样存在。下面就举一个简单的

例子加以说明。

假设甲、乙、丙三人年终一次性奖金分别为 18000 元、19000 元和 19284 元，那么：

甲的税后奖金为：$18000 - 18000 \times 3\% = 17460$ 元

乙的税后奖金为：$19000 - (19000 \times 10\% - 105) = 17205$ 元

丙的税后奖金为：$19284 - (19284 \times 10\% - 105) = 17460.6$ 元

可以看出，尽管乙、丙税前奖金都比甲高，但丙税后奖金和甲一样，乙的税后奖金反而比甲还要低。在年终一次性奖金适用工薪所得税率时，每个级差都有一个"临界点"，而在每个"临界点"附近都会存在一个"多发不如少发"的区间范围。因此，为了避免出现不同年终奖税后收入相等，甚至"多发却少拿"情况的发生，维护职工的利益，在发放职工年终一次性奖金时应特别注意税率临界点的合理运用。在执行新个人所得税法后，年终一次性奖金个人所得税的临界区间见表2。

表2　　　　　　　　　　年终一次性奖金个人所得税临界点计算

档级	年终奖总额 /元	月平均奖金 /元	适用的税率 /%	速算扣除数 /元	个人所得税 /元	税后奖金 /元	临界点 /元
1	18000	1500.00	3	0	540.00	17460.00	
2	19284	1607.00	10	105	1823.40	17460.60	1284
3	54000	4500.00	10	105	5295.00	48705.00	
4	60188	5015.67	20	555	11482.60	48705.40	6188
5	108000	9000.00	20	555	21045.00	86955.00	
6	114600	9550.00	25	1005	27645.00	86955.00	6600

事业单位财务人员在发放职工年终奖时，可根据上表借助 Excel 电子表格对每位职工的年终奖的纳税临界点进行多次测算，得出不同年终奖的最佳发放额，并学会灵活运用"零头递延"法，即一旦计算出的商数和税率临界点相差不多时，可将年终奖零头滞后一个月发放或分摊计入其他月份的工资。通过上述的预先合理筹划，可达到为职工节税增收的目的。

四、选择合适税率，对职工收入进行分配比例优化与均衡发放

合理分配每个职工的月平均工资及年终一次性奖金的发放比例，尽量把两者控制在低税率的范围内。如果不能将两者同时放在低税率区间时，可选择两种避税策略：一是少发月工资，多发年终奖；二是少发年终奖，多发月工资。为了达到节税增收的目的，有时也要具体问题具体分析。

　　假设某职工年收入 12 万，每月五险一金 1500 元，表 3 列举出 6 种方案来比较月工资和年终奖的不同分配比例对职工应纳个税额的影响。

表 3　　　　　　　　　　月工资和年终奖不同比例分配时纳税额的比较

方案	月工资应纳税额计算				年终奖应纳税额计算				年应纳税总额
	月工资/元	月工资税率/%	月工资速算扣除数/元	月应纳税额/元	年终奖/元	年终奖税率/%	年终奖速算扣除数/元	年终奖应纳税额/元	
1	5000	0	0	0	60000	20	555	11445	11445
2	6000	3	0	30	48000	10	105	4695	5055
3	7000	10	105	95	36000	10	105	3495	4635
4	8000	10	105	195	24000	10	105	2295	4635
5	8500	10	105	245	18000	3	0	540	3480
6	10000	20	555	445					5340

　　注：年纳税额＝[（月工资 −3500 − 三险一金）× 税率 − 速算扣除数]×12 +（年终奖 × 税率 − 速算扣除数）

　　由表 3 可以看出，在全年总收入不变情况下，方案（1）采取平时工资不纳税，而年终奖按 20% 的高税率纳税，使得年应纳税总额高达 11445 元，远高于其他几种方案。方案（6）采用不发年终奖，月工资按 20% 高税率纳税，年应纳税总额达 5340 元，通过比较不难看出这种方案也是不可取的。其他几种方案都采用了月工资和年终奖均衡发放的方式，税率分别控制在 3% ~10% 的区间，年应纳税总额均低于前两种方案，其中方案（5）的年应纳税总额最低，只有 3480元，较方案（1）节约税款 7965 元，为最优方案。究其原因，可以发现，方案（5）不仅月工资在计税时充分利用了起征点，而且在年终一次性奖金发放时也充分利用了 3% 的低税率。可见，在发放职工月工资和年终奖时，通过事先筹划，选择合适税率，优化二者的分配比例，利用均衡发放的方法合理节税，能为职工带来可观的经济收益。

　　在新的《个人所得税法》颁布实施后，事业单位财务人员应对职工收入的纳税筹划加以深入研究和认真思考，因为这样不仅有助于国家不断完善现行税收法规，建立税负公平的经济环境，还有利于社会和谐；不仅能提高事业单位财务管理的水平，降低整体税负，还能充分利用税收新政，为单位以及职工个人争取更大的经济利益。

参考文献

[1]　中华人民共和国个人所得税法（2011 年最新修订）[S]. 北京：中国法制出版社，2011.

财务人员如何扮演好服务与监督的双重角色

冯玲秀　何守才　周华

（江苏省农业科学院　江苏南京　210014）

【摘　要】财务服务与财务监督是新形势下财务人员的重要职责与任务。财务人员必须严格遵守内部控制制度，不断提高自身综合素质，发挥团队优势，正确处理好财务监督与财务服务的关系，努力扮演好财务服务与财务监督的双重角色。

【关键词】财务人员；财务服务；财务监督

随着社会经济的进一步发展和经济管理的日益现代化，财务人员的职能也随之发生变化，财务服务与财务监督是新形势下财务人员的重要职责与任务。随着国家一系列关于会计工作的文件相继出台，对会计工作的要求越来越高，会计工作不仅仅包括经济活动的事后核算，还包括事前核算和事中核算。事前核算主要是进行经济预测，参与决策；而事中核算的主要形式则是在计划执行过程中，通过核算和监督相结合的方法，对经济活动进行控制，使之按计划和预定的目标进行。财务人员对经济活动进行核算的过程，也是实施财务监督的过程，财务监督的职能日益增强，会计监督已贯穿于会计工作的全过程。财务服务与财务监督是对立统一、互为前提、相辅相成、相互制约的两个方面。财务人员要明确，只有服务到位，才能监督到位，只有提高会计业务水平，才能起到更好的财务监督作用。财务人员要妥善处理好财务服务与财务监督的关系，做到服务与监督并重，寓监督于服务之中。既不能脱离服务搞监督，也不能失去监督搞单纯的服务，努力扮演好财务服务与财务监督的双重角色。

一、严格遵守内部控制制度，强化财务监督职能

内部会计控制制度是实施财务监督职能的制度保障。财务部门应当依据我国《会计法》和国家统一的会计制度，以及单位实际情况，制订适合本单位的内部

会计控制制度，以此约束单位内部涉及会计工作的所有人员，任何个人都不得拥有超越内部控制的权力。内部会计控制制度应当涵盖单位内部涉及会计工作的各项经济业务及相关岗位，并应针对业务处理过程中的关键控制点，落实到决策、执行、监督、反馈等各个环节。内部会计控制制度应当保证单位内部涉及会计工作机构、岗位的合理设置及其职责权限的合理划分，坚持不相容职务相互分离，确保权责分明、相互制约、相互监督。并随着单位内部环境外部环境的变化，不断修订完善，以始终保证内部会计控制的适应力和活力。财务人员要严格遵守内部控制制度，从经费来源和使用的源头上进行监督把控，对每一项财会业务的办理，都应遵循授权、批准、经办、核算分离的原则，杜绝越权行事的现象，避免造成违规的风险。财务部门在控制与监督过程中，要以会计资料为依据，以有关财经制度为标准，保证会计信息的真实、准确和完整，对各项财务活动都实施有效的财务监督职能[1]。

二、不断提高自身综合素质，提升财务服务水平

一个优秀的财务人员必须具备较高的综合素质，包括道德素质、文化素质和业务素质。会计人员除了定期接受会计继续教育外，还必须在新形势下适应财务工作的新要求，从自身做起，不断提高自己的综合素质，提升财务服务的水平。

1. 不断提高自身的道德素质

思想道德素质是提高财务服务与财务监督水平的前提。凡是道德素质高的会计人员，都具有道德自律能力，总是传播和实践着先进的会计职业道德观念和会计职业道德行为。财务人员要树立正确的人生观和价值观，在市场经济条件下抵御各种物质利益的诱惑，要坚持基本的职业准则，坚守会计诚信理念，不为了个人利益损坏国家和集体的利益，树立良好形象，提高思想道德修养。财务人员要培养良好的职业道德和敬业精神，真正认识到会计工作是一项神圣的职业，从内心里热爱会计工作，以此激发出强烈的工作热情，努力做好会计服务工作。

2. 不断提高自身的文化素质

文化素质是提高财务服务与财务监督水平的基础。在现阶段，财务人员的文化水平既有高层次的，也有中等层次的，还有一些低层次的，差异比较大。有些财务人员本来也想把本职工作做好，但由于文化知识和专业知识不过关，对会计改革和新的会计制度、会计准则难以全面正确理解和应用，在本职工作上难免会出差错，这就降低了财务人员的威信，财务服务的质量和财务监督的水平难以提升。当然有了高层次的财务人员不等于就有了高质量的财务服务，但是如果财务人员的文化素质上不去，高质量的财务服务就更难以实现了。因此，提高财务人员的文化素质，是提高财务服务质量的基础。财务人员只有不断加强学习，不断

提高自己的文化素质，才能更好地胜任本职工作，不断创新工作方法、工作方式，不断提高财务服务与财务监督的水平。

3. 不断提高自身的业务素质

专业素质是提高财务服务水平与财务监督水平的专业保障。财务人员的业务素质是财务服务与财务监督做得优劣与否的关键，财务人员要认真学习国家的相关财经、税务、审计等政策法规，要认真学习一系列财务制度、行业制度，努力提高会计业务水平。财务人员专业知识丰富扎实、业务操作技能熟练程度高，就能为单位的事业发展提供优势服务和优质服务。单位要认真组织财务人员进行会计业务培训，请专业老师和资深的会计专家来单位授课，也可以让财务人员到会计工作做得好的单位参观学习，让财务人员系统地学习会计业务，真实地了解会计工作的具体流程，提高财务人员的业务素质，使之有较高的专业知识指导会计工作，也有系统的政策法规和会计制度作依据，更好地实现财务服务与财务监督的统一。

三、不断发挥团队优势，提高财务管理水平

财务人员是财务团队的基本元素，财务人员的素质决定了财务团队的整体水平，在财务团队中起着重要的作用，财务人员在不断提高自身思想素质、文化素质、专业素质的基础上，还需要认识到一个团结和谐的优秀财务团队是为财务工作提供优质服务、有效监督的基础。一个优秀的财务团队对一个单位的财务服务和财务监督有着至关重要的作用。如果一个财务团队内部不团结、财务人员工作感到压抑、团队缺乏活力、工作应付了事，那么这样一个团队是无法把一个单位的财务工作做好的。财务人员要从我做起，从本职工作抓起，振奋精神，同心协力，共同形成一支形象文明、思想过硬、作风优良、业务精湛的财务人员优秀团队。通过通力协作，共同提高，使单位的会计业务水平整体提高，更好地为单位财务工作提供更优质的服务，起到更好的监督作用。

四、坚持监督与服务互动，扮演好服务与监督双重角色

财务监督与财务服务之间存在着相辅相成的关系。一方面，财务的服务功能是随着财务监督的职能而产生的，在某种程度上，财务只有通过监督和管理来实现其服务，通过有效的监督可以充分实现高效服务的目的。财务人员在日常的会计核算工作中，应始终将监督贯穿于整个工作，监督所办理业务内容与政策及管理办法的要求的相符性，票据的真实性、合法性、完整性，进而确保资金的使用安全、合理，不断提高资金的使用效率。会计监督与会计服务共存于会计日常工

作中，财务人员只有在会计主体的配合和自身的努力下，处理好二者的关系，才能在履行好会计职能的同时提供高效、优质的财务服务，满足服务对象的要求。只有正确处理好服务与监督的关系，才能实现服务与监督的有效结合，扮演好财务监督与财务服务的双重角色。

　　总之，"重监督，强服务"是时代赋予新形势下财务人员的使命，正确处理好财务服务与财务监督的关系是财务人员面对的新课题。财务人员应更多地站在发展的高度、全局的角度来思考问题，不断创新工作思路、完善工作方法、提升服务与监督的理念，应对新形势下的新要求，与时俱进，不断加强学习，努力地提高自己的综合素质，自觉地维护财务团队的团结与和谐，发挥好财务团队的合力，由此扮演好财务监督与财务服务的双重角色。

参考文献

[1]　何谋艺，胥青晏. 浅谈高校财务工作的监督与服务［J］. 经济师，2005（11）：117.

[2]　冯玲秀. 浅谈农业科技型企业内部控制制度的建设［J］. 科学时代，2008（23）：41.

[3]　冯玲秀. 农业科研院所财务人员的监督与服务职能［J］，江苏农业科学，2011，39（2），543-545.

试析"十二五"时期科研专项经费管理改革

何守才　　沈建新　　陆学文　　冯玲秀

（江苏省农业科学院　江苏南京　210014）

【摘　要】本文结合修订后的科研专项经费管理办法，分析了我国"十二五"科研专项经费管理改革的"亮点"，并结合工作实际就科研专项经费管理改革中的"亮点"谈了笔者自己的认识，以期为加强改革后的科研专项经费管理及专项经费项目申报的前期预算编制提供参考依据。

【关键词】十二五；科研专项经费管理；改革

改革开放 30 多年来，我国经济社会不断发展并取得了举世瞩目的成就。其中科技的贡献比重显著提高，成就的取得与科研经费的投入增长有着密不可分的关系。随着科研经费投入的不断加大，原有科研专项经费管理办法越来越不能适应新时期科研工作的需要，改革迫在眉睫。

近期科技部等部委就科研专项管理陆续颁布实施了《国家科技支撑计划管理办法》（以下简称《支撑管理办法》）、《国家高技术研究发展计划（"863"计划）管理办法》（以下简称《"863"管理办法》）和《国家重点基础研究发展计划管理办法》（以下简称《"973"管理办法》），同时废止了 2006 年开始执行的相关管理暂行办法。具体到国家科技计划科研专项经费的管理，又针对"十一五"期间科研经费间接成本补偿不足等突出问题，下发了《关于调整国家科技计划和公益性行业科研专项经费管理办法若干规定的通知》（以下简称《通知》）。

一、科研专项经费管理改革中的亮点

1. 对原来的支出科目进行了结构性调整

为促使"十二五"国家科技计划和专项经费管理改革更加符合科研活动规律，更加贴近科研工作实际，尤其是为尽量防止科研专项经费管理可能会出现的

"一刀切"现象，此次改革特别对科研专项经费进行了使用结构的调整。《通知》明确将课题经费分为直接费用和间接费用。其中，直接费用"指在课题研究开发过程中发生的与之直接相关的费用，主要包括设备费、材料费、测试化验加工费、燃料动力费、差旅费、会议费、国际合作与交流费、出版/文献/信息传播/知识产权事务费、劳务费、专家咨询费和其他支出等"；间接费用"指承担课题任务的单位在组织实施课题过程中发生的无法在直接费用中列支的相关费用。主要包括承担课题任务的单位为课题研究提供的现有仪器设备及房屋，水、电、气、暖消耗，有关管理费用的补助支出，以及新增加的绩效支出等"。

2. 加大了间接费用的核定比例

改革后间接费用中的部分列支内容原来是在老的管理办法"管理费"中列支，且比例明显偏低，不能满足科研工作需要，增加了科研项目承担单位的财政负担。改革后的间接费用核定仍然采用分段超额累退比例法计算并实行总额控制，但相应提高了核定的比例，按照不超过课题经费中直接费用扣除设备购置费后的一定比例核定，具体比例如下：

500万元及以下部分不超过20%；

超过500万元至1000万元的部分不超过13%；

超过1000万元的部分不超过10%；

间接费用中绩效支出不超过直接费用扣除设备购置费后的5%。

3. 在间接费用中新增了绩效支出

科研预算安排"绩效支出"，使科技创新活动和科研人员劳动价值获得二次评估成为可能，体现了"合理合规与绩效并重"的改革思路，体现了以人为本、尊重知识、尊重人才的发展理念。对科研项目承担单位引进人才、留住人才，调动科研人员的工作积极性起到了有力的支撑。

4. 简化了预算的调整程序

原来的管理办法对专项经费科目核算的要求是：严格按照预算要求来执行，一般不予调整，确实需要进行适当调整的，要经过相关部门层层审批，程序较为烦琐。改革后的预算调整在放宽调整范围的同时，简化了调整的审批权限，做到部分审批权限的下放。审批权限的下放体现了项目主管部门对课题承担单位的信任和对科研工作的理解与支持，大大提高了工作效率。改革后，在课题总预算不变的情况下，直接费用中材料费、测试化验加工费、燃料动力费、出版/文献/信息传播/知识产权事务费、其他支出预算如需调整，课题组和课题负责人根据实施过程中科研活动的实际需要提出申请，由课题承担单位审批，科技部或相关主管部门在中期财务检查或财务验收时予以确认。设备费、差旅费、会议费、国际合作与交流费、劳务费、专家咨询费预算一般不予调增，如需调减可按上述程序调剂用于课题其他方面支出。间接费用不得调整。

二、对科研专项经费管理改革的几点认识

1. 明确了科研经费间接成本补偿机制

根据"十一五"期间执行的相关管理办法，对在国家科技计划项目组织实施过程中发生的、支付给课题组成员中没有工资性收入的相关人员和课题组临时聘用人员，以及咨询专家等的劳务性费用和咨询费，允许在项目经费中按照科研工作实际需求，在项目预算的"劳务费"和"专家咨询费"中列支。管理办法中也明确规定，国家科技计划项目经费中不得直接开支项目承担单位编制内有工资性收入的科研人员的人员性费用。同时管理办法中对项目承担单位为课题研究提供的现有仪器设备及房屋，水、电、气、暖消耗，有关管理费用的补助支出等规定的核定比例明显偏低，不能满足科研工作实际需要。这些刚性要求的出台，一是主要针对当时在科研项目经费中以种种名义擅自提取并高额发放人员费，进而造成科研项目立项中的不正当竞争、立项异化的不良现象；二是对项目中管理费预算要求不科学，与实际偏差较大，给项目承担单位带来了较重的财政负担。刚刚颁布实施不久的这些"新规"，将"十一五"科研项目管理中发生的各类管理费用统一改称为间接费用，在增加了间接费用核定比例的同时，新增了科研人员的绩效支出。这些"新规"是在借鉴"十一五"期间国家科技计划经费管理经验的基础上，为了及时缓解国家科技计划管理中暴露出来的一些突出问题而进行的改革。同时，直面科研人员的人员性支出和间接费用不足这些难点、热点问题，有针对性地建立了科研经费间接成本补偿机制。

2. 增加了经费使用的灵活性

在加大间接费用核定比例的同时，参照国际上通行的做法，将间接费用的使用权交由课题承担单位纳入课题承担单位和课题合作单位财务统一管理，统筹安排使用。这种在项目经费的管理方式上，结合科技专项资金的特点，将使经费保障机制更加符合项目执行中的实际情况，这样将更加有力地保障项目的顺利实施[1]。

将间接费用的使用权交由课题承担单位统筹管理和使用，此举将使间接费用在使用上更加贴近工作实际，不仅增加了经费使用的灵活性，减轻了项目承担单位的财政负担，而且加大项目承担单位自主使用间接费用的空间，会更好地激发科研人员的工作热情，同时更加有利于培养和凝聚优秀的科研人才。

3. 对项目执行情况的绩效考核提出了更高的要求

将绩效支出的权限交由项目承担单位来支配，并要求绩效支出，应当在对科研工作进行绩效考核的基础上，结合科研人员实际情况，由所在单位根据国家有关规定统筹安排。如何实行有效可行的绩效考核也是项目承担单位面临的一个新

的挑战。绩效支出应在对科研工作进行综合绩效考核的基础上，结合科研实际，由所在单位根据国家规定进行统筹安排。发放标准应在参照国家及院所、高校、企业等相关的科研奖励及绩效奖励条例的基础上，参考职称、职务级别及在课题研究中实际的工作量、贡献多少等多方面因素的基础上进行综合考核[2]。

4. 简化预算调整程序不等于降低预算编制的要求

科研课题经费预算是课题申报的必备材料，按照科研项目管理的要求，课题实行全额预算管理，细化预算编制的要求没有变，预算编制的优劣会影响到项目申报的成功与否及经费的支持度。

不能认为预算的调整给科研的实施带来了诸多便利就放松了预算编制的重视程度。《通知》对预算调整范围做了明确规定，同时下放了部分预算调整的审批权限，但并不等于项目主管部门对项目前期预算编制的要求标准降低了，反倒是对项目前期预算编制要求间接地提高了。在增加了间接费用和经费使用自主权的同时，如果项目执行中再出现过多的预算调整，一是体现不了项目预算的严肃性；二是说明当初对预算编制的重视程还不够；三是对预算调整理由的说明会要求更加严格。如此以来过多的预算调整可能会给项目主管部门留下负面的影响。

所以相关人员在科研专项经费管理改革后，在项目申报阶段同样应高度重视预算的编制工作，要像编写项目实施方案一样重视预算的编制，切实根据项目实施内容尽可能地将预算编制工作做细、做实，编制出高质量的预算。

参考文献

[1] 何守才. 对国家科技支撑计划项目经费管理的思考 [J]. 世界农业，2010 (7).

[2] 沈建新，郭媛嫣. 科研项目绩效评价初探 [J]. 江苏农业学报，2006，25 (6)：1378-1381.

浅谈农业科研单位基本建设工程的造价控制

王大强

（黑龙江省农业科学院　黑龙江哈尔滨　150006）

【摘　要】做好基本建设工程的造价控制与管理已经成为新时期农业科研单位的一项新任务和课题。本文结合基本建设工程管理经验，分别按照建设前期、施工准备、建设实施和竣工验收四个阶段，说明如何通过组织和管理，采用适合的方式、科学的方法和合理的计价依据控制建设投资，减少或避免浪费，最大限度地利用好基本建设资金。

【关键词】科研单位；建设工程；四阶段；造价控制

随着国家对农业科学研究重视程度的不断提高，对农业科研单位基本建设的投资力度也在不断加大，特别是 2012 年中央一号文件把农业科技摆上更加突出的位置，国家将大幅度增加农业科技投入，推动农业科技跨越式发展。农业科研单位如何做好基本建设工程管理，确保工程目标的实现，使其更好地为农业科研服务，已经成了农业科研单位基本建设工程管理人员一项重要的课题。基本建设工程管理的重点是投资管理、进度管理和质量管理。投资管理的核心是工程造价控制，本文结合工程管理的工作经验，谈谈对农业科研单位基本建设工程造价控制的一些看法和体会。

一、基本建设工程造价控制的内涵

基本建设工程一般可分为建设前期、施工准备、建设实施和竣工验收四个阶段。工程造价是指工程从立项到竣工验收交付使用所发生在工程上的直接与间接费用总和。对建设单位而言，工程造价控制就是在工程建设的各个阶段，采取一定方法和措施，把工程项目的造价控制在合理的范围内。要控制好工程造价，就要分别在各阶段通过组织和管理，采用适合的方式、科学的方法和合理的计价依据来控制投资估算、设计概算、施工图预算、合同价、结算价及竣工决算。工程造价的控制与管理是一个动态的过程，这就需要建设单位对工程造价的管理始终贯穿于工程建设的全过程，既要全面又要有重点。这里分别按照建设前期、施工准备、建设实施和竣工验收四个阶段说明如何做好工程造价的控制与管理。

二、建设前期工程造价控制

建设前期工程造价控制的关键在于投资决策和设计阶段，应做好可行性研究报告编制，做好方案优化，合理确定投资估算；项目作出投资决策后，做好设计投资控制，制订限额设计标准，规范设计概算办法。控制工程造价的关键就在于设计，设计质量的好坏直接影响建设费用的多少和建设工期的长短，直接决定人力、物力和财力投入的多少。目前在农业科研单位重施工、轻设计的现象非常突出。要从源头上控制工程造价，一定要抓住设计这个关键阶段，做好以下几方面工作。

（1）积极推行设计招标，通过设计招标和方案竞选，择优选用设计单位和设计方案，选用好的设计单位和经济合理的设计方案，可有效降低工程造价。

（2）积极推行限额设计，限额设计就是按照批准的总概算控制总体工程设计，各专业在保证达到设计任务及各项要求的前提下，按分配的投资额控制各自的设计，没有特殊理由不得突破其限额。可在设计合同中约定限额设计奖罚条款以增强设计人员控制工程造价的意识。限额设计也是对单位领导班子、工程管理人员的约束，可以有效克服设计过程不算账，设计标准越来越高的问题。

（3）积极参与设计方案的确定。在设计单位确定后，应组织单位领导班子、工程管理人员、使用人员等积极参与到方案设计的过程中来。尤其是对于使用功能复杂的综合性的基本建设工程，更要在设计初始阶段确定基本的使用功能，避免在施工过程中边施工边进行设计变更。大量的设计变更是造价控制的大忌。

（4）积极利用价值工程进行设计方案比选。不同的设计方案，会有不同的工程造价。在设计阶段应积极运用价值工程方法，把功能和造价两个方面综合进行比较分析，在提高功能的同时，确定合理的成本配置，做到质优价廉，又好又省。

三、施工准备阶段工程造价控制

1. 组建工程管理专业团队

工程管理是一个系统工作，专业性强，结合了可行性研究、设计、招标、监理、项目管理以及工程造价咨询等各个专业工作。有必要引进组织、技术、经济、合同等多方面专业人员，组建专业管理团队，充分发挥专业人员的专业优势，各司其职，密切配合，从造价预算、工程招标、合同谈判、现场签付到竣工决算、造价分析等，实行全过程专业化管理。

2. 做好施工图清单、预算和招标控制价的编制

工程量清单是表现工程的分部分项工程项目、措施项目、其他项目名称和相应数量的明细清单，是招标文件的重要组成部分，是编、审预算控制价的主要依据，是施工招标中投标报价的主要依据，是施工合同的组成部分，也是调整工程量、支付工程价款、办理或评审竣工结算和解决施工中的分歧、纠纷、索赔的依据。而招标预算控制价编制是工程招投标中的重要环节，在确定承包商的过程中发挥着"商务标准"的作用，准确、合理的招标预算控制价是建设单位以合理的价格获得满意的承包商以及中标人获取合理利润的基础。因此必须增强清单、预算和招标控制价编制重要性的认识，依靠造价咨询专业人员做好预算控制价的编制工作。

3. 工程招标力求严密

招投标是以公平竞争的市场经济运行机制为前提的，通过公开、公平、公正的竞争，建设单位才能以合理的工程价格招到好的施工单位。工程建议行业的快速发展，使得施工单位鱼目混杂。目前招投标机构存在不按政策、程序办事，随意性很强的问题。因此在工程招标过程中，一是要选择一个有资质、信誉度好的招标代理机构；二是要严格按照国家有关招投标管理规定编制招标文件，进行招标；三是要做好招标保密工作，包括潜在投标供应商的名单、评标委员会成员名单、标底、供应商的商业秘密等；四是要根据工程性质确定一个合适的评标方法。严谨、细致、合法地做好招标工作。

4. 严把合同谈判关，做好施工合同谈判与管理

由于建设工程规模大、金额高、履行时间长、涉及面广，合同条款如果不够完备严密，会给以后合同履行及结算工作带来很大困难。建设单位必须提高合同谈判的认识，可以聘请专业团队参与合同谈判，谈判人员应该熟悉建筑施工的基本规律和管理特点，熟悉相关的法律法规。在参加谈判前做好充分的准备。招标文件中往往存在缺陷和漏洞，要进行修改和完善。明确工程范围，理清双方责权。谈判要有理有节，讲究谈判艺术，在确保自身利益的前提下，体现公平性。

四、建设实施阶段工程造价控制

施工阶段的造价控制至关重要，要充分发挥工程监理、造价咨询等中介结构职能，在加强合同管理、工程结算管理的同时，重点做好工程施工现场管理，杜绝投资浪费。

1. 严格控制设计变更

实际工程建设中经常出现通过设计变更扩大建设规模，提高设计标准，增加

建设内容等现象。必须严把设计变更关,将工程造价控制在概算内。设计变更势必会增加造价,对工程建设有关各方提出的设计变更,必须经过论证,涉及增加工程造价的变更,必须先行测算增加的费用,确需变更的,经设计单位、建设单位、监理单位、造价单位等有关各方共同签字。如有变更,则尽量提前处理,已减少因已完成或部分完成的工程内容还需拆除而造成的损失。

2. 严格现场签证管理,掌握工程造价变化

严格要求施工方按图施工,严格控制变更洽商、材料代用、现场签证、额外用工及各种预算外费用,对必要的变更,也必须做到先算账,后花钱,对因变更增减的费用必须由现场造价工程师及时进行确认,以便随时掌握工程造价的变化。施工单位、监理单位以及造价咨询单位必须及时做好各种记录,特别是隐蔽工程记录和签证工作,减少结算时的扯皮现象。

3. 做好现场材料、设备的认质认价工作

工程招投标过程中,有很多材料、设备设为暂估价,需要在施工过程中进行确认。应该严格按照设计方案、工程量清单、招投标文件确定的档次、等级、品牌、暂估价采购材料和设备。对于施工单位提交的材料、设备清单,监理工程师要从档次、质量等方面进行审核把关,造价工程师要从品牌、价格等方面进行审核把关。造价工程师及现场管理人员应密切注意市场行情,及时掌握当地政府管理部门发布的造价信息,合理确定材料价格、材料用量,有效地控制工程造价。

五、竣工验收阶段工程造价控制

1. 严把竣工决算审计关,实行分级审核,加强决算监督

竣工决算应包含所有工程费用,施工单位应全口径申报。造价工程师需要归集所有涉及工程造价的工程资料,包括施工图、投标文件、施工合同、变更签证、认质认价单等。坚持按合同办事,按清单计价或定额计价等有关规定进行审核,对工程预算外的费用严格控制,对于未按图纸要求完成的工作量及未按规定执行的施工,签证一律核减费用。

2. 坚持项目全过程造价控制

工程实施的每一步都离不开造价控制与管理。清单控制价的编制、招标价格评审、合同审核、现场签证、认质认价、决算审计都是造价控制与管理的内容。只要每一项造价控制工作做到位,整个工程的造价才能控制在合理的范围内。因此要求工程管理人员树立全过程造价控制的理念,积极依托造价工程师等专业管理人员,坚持原则,依据规程,完善造价管理制度,使工程建设投资达到最佳的经济性、效率性。同时,工程管理人员要认真总结经验,做好工程造价控制评价工作,形成造价控制体系,对于今后工程项目造价控制将会有很大的帮助。

　　总之，基本建设工程造价的控制是一个动态的全过程管理。农业科研单位工程管理人员需要积极学习相关知识，开拓眼界，树立观念，组建和利用专业团队，在工程建设的各个阶段，严格控制建设投资，减少或避免浪费，最大限度地利用好基本建设资金，为农业科研单位的发展做出应有的贡献。

参考文献

[1]　李营社. 高校基本建设工程造价控制浅议 [J]. 陕西建筑，2008 (4).

[2]　顾平，王洪丽. 农业科研单位建设项目目标管理探讨 [J]. 农业科技管理，2009 (6).

[3]　刘钢. 造价咨询单位如何做好建设项目全过程造价管理 [J]. 城市建设与商业网点，2009 (10).

[4]　彭红伟. 浅析建设单位如何做好建设工程的造价控制 [J]. 城市建设理论与研究，2012 (7).

浅析省级农科院施行总会计师制度的必要性及作用

高　锋

（黑龙江省农业科学院　黑龙江哈尔滨　150006）

【摘　要】本文针对目前全国省级农科院财务管理模式难以适应现实管理需要的问题，在概述各农科院财务管理模式现状的基础上，总结了国家对在科研事业单位实行总会计师制度的有关规定，分析了在省级农科院实行总会计师制度的必要性，提出了设立总会计师解决目前管理模式弊端的方法。

【关键词】省级农科院；事业单位；总会计师；作用

随着经济社会的发展、事业单位改革的不断深入、各省级农科院所两级法人治理结构的采用，目前全国省级农科院的财务管理模式与国家、单位对财务管理的要求越来越不适应。主要体现为国家对财务管理合法性、合规性的要求与目前模式下院本级财务部门职权限制的矛盾，单位对财务决策科学、利于改善经营管理的要求与目前模式下财务部门对财务决策被动执行的矛盾。在省级农科院实行总会计师制度，可以解决上述矛盾，提高财务管理水平，适应发展需求。

一、省级农科院单位性质及财务管理模式现状

农业科研具有投资规模大、科研周期长、科研成果公益性的行业特点。目前，我国绝大部分农业科研机构性质为政府投资的事业单位。在众多农业科研单位中，省级农科院相对其他单位科研实力强、规模大、政府重视度高，成为农业科研行业的中坚力量。在行政管理关系上，省级农科院一般隶属于省级人民政府或省政府农业、科技行政管理部门。财务管理模式绝大部分为财务独立核算的院所两级法人结构。省级农科院本级为一级法人单位，由院长任法人代表，内设财务处等职能处室，履行管理职能。院本级下设所长为法定代表人的二级法人研究所，履行科学研究职能，研究所内设财务科，独立核算本所经济业务。

二、省级农科院施行总会计师制度的依据及情况

现行的法律、制度及指导性文件对在省级农科院实行总会计师制度、设立总会计师有明确论述。

（1）国务院颁布的《总会计师条例》第二条规定："事业单位和业务主管部门根据需要，经批准可以设置总会计师"。这在法律层次上为事业单位性质的省级农科院设置总会计师提供了法律依据。

（2）财政部、原国家科委颁布的《科学事业单位会计制度》第五条规定："科学事业单位必须设置独立的会计机构，配备合格的会计人员，做好会计工作。财务主管部门和大、中型科学事业单位应当设置总会计师"在财务制度层次上为大型科学事业单位规模的省级农业科院设置总会计师做出了规定。

（3）2010年财政部发布的《会计行业中长期人才发展规划》文件进一步指出："强化总会计师地位和职能，积极推动行政事业单位设置总会计师"，这为省级农科院设置总会计师提出了要求。

据统计，目前绝大部分省级农科院领导班子成员都由科研出身的技术专家型领导构成，领导班子智力结构缺乏财务、经济背景。有的院配备了主管财务的副职，但其职称也是非会计类，由于种种原因，目前全国省级农科院还没有一家施行总会计师制度，设置总会计师。

三、省级农科院设置总会计师的必要性及作用

1. 设置总会计师是提高财务决策科学合法性、适应农业科研事业发展的需要

随着城市规模的扩大，各农科院现有试验用地受城市生活污染排放影响，其环境温度、土壤理化指标等方面越来越不适应科学研究需要。各农科院陆续面临现有试验地置换、新的科研基地建设问题。试验地置换、新基地建设涉及部门广、所需资金规模大、建设周期长。这对资金筹措、使用及管理提出了更高的要求，决策层迫切需要熟悉财经法律、法规的专家。

在现行管理模式下，单位财务部门负责人不参与单位财务决策，更无法影响决策结果，财务部门只是决策的被动执行者。在单位财务决策存在违反法律、法规现象的情况下，财务部门只能在执行过程中发现并提出，导致单位决策缺乏科学性，决策成本高。《总会计师条例》第三条规定："总会计师是单位行政领导成员，协助单位主要行政领导人工作，直接对单位主要行政领导人负责"。该条规定明确了总会计师的地位，即总会计师属单位行政领导班子成员，行政领导的

身份可以使总会计师参与单位重大经济决策。单位可通过设立总会计师领导财务工作，使财务部门由被动的决策执行者变为主动的参与者，在决策制定阶段严把财务关，使决策科学合法，降低决策成本。

2. 设置总会计师是适应事业单位改革、转变运营方式的需要

按照事业单位改革方案，各省级农科院将根据具体情况整体或部分改革现有运营体制，改革将使各农科院越来越多地面临来自经营的压力。农科院要想发展，就不能停留在过去只靠财政拨款、申请课题资金的运营模式上，需要主动走入市场，拓宽收入来源。这种发展需要对单位的财务工作提出了新的要求，要求财务管理从现有的以满足合法、合规为目标的管理方式向能改善经营决策，增加收入的方式延伸。总会计师的财务、经济背景，能在现有的技术专家型决策层中引入专业经营管理理念，将使管理决策符合经济规律、满足发展需要。

3. 设置总会计师是强化两级法人组织结构下财务管理的需要

目前，全国省级农科院绝大部分采用两级法人结构管理方式，各研究所为独立法人，财务独立核算。两级法人结构有利于调动研究所积极性，但同时带来各二级单位财务部门只对本单位法人负责，存在管理不规范、各单位财务管理水平不一致、核算不统一的问题。省级农科院本级财务管理部门对各二级单位财务部门只能做到业务上的指导，由于不具有行政领导职权，其要求、建议没有权威性，有时难以得到落实。实行总会计师制度，设置总会计师，可以在两级法人结构的管理方式下实现财务统一领导，由总会计师负责全院单位财务管理工作，负责本全院财务人员的任免、考核，有利于提高财务人员素质、加强财务管理、保障国有资产安全。

总之，在省级农科院实行总会计师制度、设置总会计师，既是国家对科研事业单位财务管理的要求，也是各省级农科院提高决策水平、适应市场竞争、加强财务管理的需要。

参考文献

[1] 曹金华. 总会计师在事业单位的地位和作用 [J]. 会计之友，2007 (1)：89-90.

[2] 刘汶. 浅析在行政事业单位中设置总会计师的必要性及作用 [J]. 新财经：理论版，2011 (8)：367.

[3] 田德启. 浅谈总会计师制度建设 [J]. 时代经贸，2011 (1)：197.

反结账功能对财务管理工作的影响和对策

马丽敏

（河北省农业科学院农业资源环境研究所　河北石家庄　050051）

【摘　要】本文针对财务软件中反结账功能对财务管理工作的影响，提出强化会计从业人员的诚信约束机制、推行会计信息综合处理系统、采用适用的错账更正方法、考虑记账线索的记录存储、健全会计电算化管理规章制度、制定统一的财务软件标准等对策。

【关键词】反结账；财务管理；影响；对策

所谓"反结账"，就是将电算化会计系统中已记账的凭证通过记账的逆向过程，恢复到记账前的状态，然后对已审核的记账凭证执行取消审核功能，再对凭证进行修改或删除[1]。反结账功能的出现对财务管理工作提出了新的要求和挑战。

一、反结账功能对财务管理的正面影响

1. 反结账功能是经济业务处理发生错误时予以修正的理想方式

反结账功能的实现给财务人员带来了很大方便，对错误凭证的修改不必再像手工记账那样采用"红字划线更正法""红字冲销法""补充更正法"来更正，使错误修改更为方便，会计记录更为完美。

2. 反结账功能减少了会计资料冗余信息的存在

如果没有反结账功能，对错账的更正会导致账簿中存在大量无用的冗余信息，既影响对会计信息的使用，又也不利于财务监督工作的进行，当财务监督人员查到一笔又一笔的错账时，也许在后续的凭证中进行更正，这种情况大量出现时，会使人们对错弊产生麻痹思想，影响监督工作的效率和查错能力。如果有反结账功能，就可以先取消记账，把错误凭证全部修正后再重新记账，账簿中的冗余信息就可以大大减少，账簿信息就会简洁明了，便于使用。

二、反结账功能对财务管理的负面影响

1. 反结账功能的存在为有目的地修改会计信息提供了方便

在人们对电子会计数据能否作为审计依据还存在种种争议的情况下时，反结账功能的使用更加给人一种不安全感。以前手工账由各人分别编制凭证、记载账簿，如果发生会计造假，通过墨迹或笔迹可以较容易地识别和鉴定，而目前大多数会计软件对更改的会计事项没有提供完整的、真正意义上的痕迹记录。比起传统的手工记账核算体系来说，即使工作量再大的财务会计核算系统，如果纯粹出于造假的需要，也可在很短的时间内重新处理已形成的会计档案，而且不留任何痕迹。所以反结账功能的存在，使会计信息不能真实公允地反映经济过程的来龙去脉，为假账的出炉创造了便利条件。

2. 反结账功能容易使财务报表和账目不符

某一会计期间结账后，将依据这一会计期间的核算结果编制各种财务报表，其中部分会计报表将对外报送。反结账功能的使用，使得会计人员为同一单位做几套账、编制几套会计报表变得轻而易举。如果财务人员在报表结束后再通过反结账业务对本会计期间的业务进行调整、修改，得出的财务数据和报表将与先前的报表数据不一致，这种情况不仅违背了财务制度，也有可能给单位带来隐患。

3. 反结账功能不符合财务制度的要求

财务会计制度中明确规定，在后期的工作中发现前期工作中的失误，必须进行有痕迹的更正，而且某一会计期间在进行结账后，就不能再处理本会计期间的业务。而在实际应用中，由于使用者的疏忽或者失误造成的错误是无法避免的，所以在记账甚至在结账之后，通过反结账功能，可以将会计记录恢复到记账前的状态，从而实现对记账前的凭证进行无痕迹修改。而且会计软件对反结账功能更改后的会计业务不能提供完整的、真正意义上的痕迹记录，只在操作日志中记录了何人何时进行了该项操作，而更正和补充了何种会计事项却无从得知，这与相关的法规是相违背的[2]。

4. 反结账功能给审计监督工作和防范违法犯罪增加了技术难度

在会计电算化中，电子数据存在易于减少或消失审计线索的可能性，在手工记账时，会计处理的每一步都有文字记录和经手人签名，审计线索清晰；但在计算机系统中，反结账功能的存在使传统的审计线索不复存在，而且这些功能可能给某些别有用心的会计人员进行作弊提供了技术支持，为追查审计线索带来了极大困难。

三、财务管理工作应采取的对策

1. 强化会计从业人员的诚信约束机制

加强对《会计法》及会计准则、规范的宣传，从正面加强会计从业人员的职业道德建设，促进财会人员遵章守纪。强化舆论监督和舆论引导工作，对会计失信行为毫不留情地予以曝光，将会计从业人员对职业道德的遵守情况作为职称晋升、评定和业务考核的重要标准，真正达到诚信为本、不做假账的要求[5]。

2. 普遍推行会计信息综合处理系统，增加违法成本

实行会计电算化的单位通过信息平台的共享，加强与上级单位和监督部门的信息沟通、接受财务监管，及时地报送使用单位的财务报表信息，如果软件使用者要进行会计造假而使用反结账功能，则会因为与会计核算处理相关的信息已经发送出去，从而使得造假的难度加大、成本增高，这些都会极大地抑制会计信息失真。

3. 在错账更正时采取适用的更正方法

国家有关会计法规对会计差错更正方法的规定，都强调了更正会计差错要有痕迹记录，其目的就是要做到有据可查，从制度上防止会计做假造假，不给犯罪分子以可乘之机。在手工会计核算常用的会计差错更正方法中，除"红字划线更正法"不再适用会计电算化核算外，其他如"红字冲销法""补充更正法"等依然适用于会计电算化核算，账目差错基本都可通过这两种方法进行更正，可以最大限度地减少反结账带来的弊端。

4. 在反结账功能的设计中考虑记账线索的记录、存储

这就要求财务软件不仅要严格按照记账规则进行处理，存储相应的记账数据，还要考虑记账线索的记录、存储及可逆，增加违法成本，为财务监督工作和防范违法犯罪提供相应的技术支持。

5. 健全会计电算化管理规章制度，防止违法行为发生

反结账功能的目的就是在取消部分甚至全部的错误账簿记录以后重新正确记账，从本质上讲，它也是对错账的一种更正行为。在电算化会计系统中，记账人员应对账簿的正确性负完全责任，谁记账有误就只能由谁负责修正，反结账操作者必须是得到系统管理员授权的原记账人。为了保证记账操作的严肃性，避免滥用反结账功能，必须制订严格的电算化管理制度，防止违法行为的发生。

6. 制订统一的财务软件标准

目前流行的财务软件对反结账功能的设计标准不统一，有些软件可以在年度结账后进行反结账，有的软件可以在年度结账前对当年的会计信息进行反结账，而有的软件只能对当月的记账后结账前的资料进行反结账。如果想最大限度地避

免反结账功能带来的弊端，应尽量采用在结账前只对当月的会计信息进行反结账的功能设计[4]。

参考文献

［1］　李改凤．会计软件中设计反记账功能探讨［J］．科技情报开发与经济，2006（6）：15-16.

［2］　徐波．会计电算化下的财务内部控制与安全保障［J］．会计之友，2006（8）：36-37.

［3］　高建立．会计电算化实践中存在的问题与对策［J］．河北理工学院学报，2005（5）：92-94.

［4］　树友林．应加快管理型会计软件的开发和推广应用［J］．财会通讯，2000（11）：23-24.

［5］　方飞虎．会计诚信教育环节探析［J］．山东商业职业技术学院学报，2006（1）：36-38.

现代会计人才的素质培养探析

要荣慧

（河北省农林科学院经济作物研究所　河北衡水　053000）

【摘　要】随着经济社会的发展，会计人才在经营管理方面的作用越来越突出，现代会计人才已成为我国经济社会发展的强大推动力量。本文结合当前经济社会发展的新形势，在分析当前我国会计人才素质面临新问题的基础上，尝试对现代会计人才素质进行定义和分析，本文针对现代会计人才素质的构成要素提出了提升现代会计人才素质的对策和建议。

【关键词】会计人才；业务素质；国际化

一、会计人才应具备的素质

1. 思想政治素质和科学文化素质

会计人员的行为是由思想支配的，只有正确的思想才会有正确的会计行为。思想政治素质决定一个人的价值取向，它是会计人员综合素质的重要组成部分，主要包括思想观念、价值取向、政策水平、职业道德等方面。科学文化素质主要包括扎实的基础知识和精深的专业知识。

2. 较强的工作能力和良好的工作作风

较强的工作能力和良好的工作作风包括较强的获取新知识的能力和创新能力，面对知识经济时代各种层出不穷的新知识，学习能力成为一项基本能力；有较强的财务分析和解决问题的能力；有较强的协调沟通、预测和决策能力。

3. 身体素质和心理素质

身体素质是指具有健康的体魄，精力充沛，能满足大量繁重的脑力和体力工作的需要。会计人员的心理素质主要是意志心理素质和能力心理素质，良好的心理素质是会计人员高效工作的保证。会计人员要始终保持一种平和的心态，宠辱不惊，遇事沉稳，保持理智，学会自我调节。做到不趋炎附势，不随波逐流，培养坚韧顽强、不怕挫折、适应环境变化的意志和品质，具有积极进取、自强不息的人生态度及良好的团队意识。

二、会计人才素质面临的一些问题

改革开放以来，在党中央国务院的正确领导下，各部门积极推进会计人才队伍建设，我国的会计人才素质有了明显提高。但应该清醒地认识到，我国的会计人才的整体素质同发达国家相比还存在很大差距。

1. 知识结构单一，业务素质不高

我国会计人员普遍存在知识结构单一、知识老化的问题。许多会计人员会计以外的经济、法律、高新技术与管理等方面的知识匮乏。知识结构的失衡直接影响会计人员业务素质的提高。

2. 观念陈旧，缺乏创新精神

目前我国会计行业中，不少会计人员对自己所从事的工作认识不足，且会计人员缺乏学习新知识的动力，更谈不上创新了。会计人员创新的严重滞后造成我国会计行业的发展与经济发展不协调。

3. 视野狭窄，缺少全球化观念

当前我国的会计人员只是关注本企业或本地区的相关经济环境，能对整个国家或全球经济环境了如指掌的寥寥无几。他们大都对我国的会计准则谙熟于心，而熟识国际财务报告准则的会计人才则是凤毛麟角。

以上我国会计人才素质所存在的问题，严重制约了我国会计行业乃至整个经济的发展，因此，加快会计人才队伍建设，提升会计人才素质刻不容缓。

三、现代会计人才素质架构

（一）现代会计人才素质的涵义

《会计人才规划》对现代会计人才素质做了许多概括性描述，却没有给出现代会计人才素质的完整定义。本文根据《会计人才规划》的相关要求将现代会计人才素质定义如下：现代会计人才素质是相对于传统意义上会计人才素质的一般定义而言的，它是指在当前经济社会转型、全球化和信息化迅猛发展的态势下，会计人员为了准确、高效地完成在现代会计领域出现的新任务和新挑战所应具备的以国际化、信息化和应用型为基本特征的一种综合知识和能力储备。从对现代会计人才素质的定义来看，它包括以下三层含义。

1. 现代会计人才素质的定义角度有别于传统会计人才素质

传统会计人才素质的定义往往先从词源出发，再从素质的词义拓展到会计人才素质。虽然能从本质上界定出会计人才素质的含义，但往往缺少一种实用性。

现代会计人才素质恰恰是从实用性的角度出发，对当前经济社会转型时期，会计人才应具备素质的一种很好诠释。

2. 现代会计人才素质是为了应对会计领域出现的新任务、新挑战而提出的

全球化、信息化的迅猛发展，对会计人才素质提出了更高的要求，为了使会计人员能够准确、高效地完成现代会计领域出现的新任务，有必要对现代会计人才素质进行全新定义。

3. 现代会计人才素质以国际化、信息化和应用型为基本特征

为了适应经济的全球化和一体化，我国迫切需要发展一批具备国际化、信息化、应用型的高端复合型会计人才。因此，本文在对现代会计人才进行定义时着重突出了其国际化、信息化和应用型这些方面的特征。

（二）现代会计人才素质提升的途径

现代会计人才的培养是一个长期的过程，不是一朝一夕就能实现的，它是一项全方位的素质提升工程，需要国家和会计领域人员的共同努力。下面将针对如何提升现代会计人才素质提几点对策建议。

1. 转思想换方法，全面提升会计专业素质

会计专业素质作为现代会计人才素质的基石，其作用不可忽视。每一个会计从业人员都应该自觉学习好会计专业知识，开拓自己的视野。要想更好地提升会计人才的专业素质，思想观念要改变。一方面要树立终身学习的思想。经济社会在变，会计准则以及与会计相关的法律法规等也都在不断完善和发展。不思进取必然导致知识结构的老化，不能适应经济社会的发展，因此学会不断学习，树立终身学习的观念尤为重要。另一方面要转变会计人才培养目标和培养模式，要着眼长远，把人才培养置于国家战略的高度培养国家发展需要的复合型高素质会计人才，树立现代会计人才观，从专业特色和实际出发，培养多学科的知识视野和思维素质。总之，作为现代会计人才，就应该转变思想、改进方法，全面提升会计专业素质，为现代会计人才整体素质的提升奠定基础。

2. 重新认识和学习掌握计算机知识，以应对会计信息化的发展

先有计算机的发展，后有信息的大爆炸，以及由此带来的会计信息化问题。但当前的矛盾在于会计人才的计算机水平严重滞后于会计信息化的发展。因此必须重新认识计算机技能对会计发展的重要作用，会计人员必须学习和研究计算机信息系统，不仅要掌握计算机网络会计的一般知识，还要把计算机知识与会计实务联系起来，熟练掌握计算机网络会计的分析与设计，特别是会计电算化以及ERP软件的使用，加强会计信息化运作技能的培训，以适应现代会计信息化的发展。

3. 加强会计实践，增强会计实务能力

会计学科是应用型学科，会计工作是实践性很强的工作，会计实务的多样性

和复杂性，迫切要求实用型会计人才。相关部门应该按照《会计人才发展规划》的要求，积极推动会计行业产学研战略联盟，加强应用型会计人才的培养，在实践中发现问题、分析问题和解决问题，推动会计研究向更高层次和更宽领域发展。此外，财政部门应与教育部门密切配合，积极推进应用型高端会计人才的培养，进一步强化高层次会计教育的实务导向。

4. **熟练掌握外语，为开拓国际视野打好语言基础**

《会计人才规划》强调要着力培养造就大型企事业单位具有国际业务能力的高级会计人才；着力培养造就具有国际认可度的注册会计师；着力培养造就具有国际水准的会计学术带头人。会计国际化的发展，对会计人才的外语水平提出了更高的要求：会计人才要掌握至少一门外语，这不仅有助于消除语言隔阂，方便交流沟通，而且也将明显提高工作实效。

四、结　论

现代会计人才素质的构建是一项庞大而系统的工程，它需要一个长期而复杂的过程。同时它也不是某个会计人员个体的事情，它需要我们所有会计人员在《会计人才规划》的指导下，通力合作，建立高素质的会计队伍，提高职业素养以适应社会主义市场经济体制发展的现实要求和经济全球化。相信在整个会计行业的共同努力下，我们的现代会计人才会素质会有一个很大的提升。

参考文献

[1] 王玉平. 浅析会计人员应具备的素质 [J]. 中国乡镇企业会计，2011 (12).
[2] 赵静. 浅谈提高会计人员素质的措施 [J]. 科技创新与应用，2012 (4).

如何加强农业科研企业财务管理风险控制

刘　璐

（辽宁省农业科学院财务处　辽宁沈阳　110161）

【摘　要】随着内部控制理论研究的不断完善和深入，农业科研企业在进行内部控制的过程中出现了各种各样的问题。根据农业科研企业自身特点进行分析，探讨当前这种企业在进行内部控制过程中存在的问题及其原因，并根据现实环境，有针对性地提出对策，加强企业内部控制管理能力，从而提高企业的整体管理能力和实现企业经济效益。

【关键词】农业科研单位；农业科研企业；财务风险控制对策

一、农业科研企业财务管理现状

近20年来，随着我国科研体制改革的不断深化，市场经济体制的不断完善，全国各省市农业科学院（所）确立了以科技创新为中心，促进科技产业化发展的总体思路，投资兴办了许多科技企业，初步缓解了科研单位资金不足的压力，改善了科研工作条件和科研人员生活水平，对科研事业的发展壮大和职工队伍的稳定起到了积极的作用。加快了农业科技成果的产业化，为农科院（所）创造了较好的经济效益，在提高科技人员积极性、弥补事业费赤字以及产业反哺科研方面，作出了较大的贡献。在这些企业中，有生产企业，也有商品批发零售企业，有主营种子、农药、化肥等企业，也有主营农业科技咨询、技术转让等内容的企业。这些企业大多是按"一院（所）两制"的模式创建起来的，事企未能真正分离，普遍存在着财务核算不准确的问题，而财务核算又是企业会计的基本任务，直接影响企业经营成果，进而影响企业与国家、投资者及个人的利润分配。就目前的经营情况看，虽然有这么多相互关联的制约因素，但不是阻碍其发展的主要因素，最重要的是缺乏严格的财务管理制度。大部分的企业过于重视短期的利润，缺乏系统的管理知识，从而导致其单纯追求销量，忽略了财务管理的重要性，致使企业财务管理和风险控制的作用没有得到充分发挥。企业的发展在经营，经营的重心在管理，管理的核心在财务，财务管理一直就是企业管理的永恒课题，它贯穿于企业所有活动的全过程。

二、农业科研企业财务管理存在的问题及原因分析

农业科研企业财务管理存在的问题在于以下几个方面。

1. 融资困难，资金严重不足

目前企业初步建立了较为独立、渠道多元的融资体系，但是，融资难、担保难仍然是制约企业发展的最突出的问题。

2. 投资能力较差，且缺乏科学性，投资效果不好

一是企业投资所需资金短缺。银行和其他金融机构是企业资金的主要来源，但企业吸引金融机构的投资或借款比较困难。二是追求短期目标。由于自身规模较小，贷款投资所占的比例比大企业多得多，所面临的风险也就更大，所以它们总是尽快收回投资，很少考虑扩展自身规模。企业大都没有科学有效的投资评价程序和方法，有时仅凭运气和估计进行投资，造成投资成功率不高。三是投资盲目性，投资方向难以把握。

3. 财务控制薄弱，财务管理水平低

一是对现金管理不严，造成资金闲置或不足。二是应收账款周转缓慢，造成资金回收困难。其原因是没有建立严格的赊销政策，缺乏有力的催收措施，应收账款不能兑现，形成呆账、坏账。三是存货控制薄弱，造成资金流动停滞。很多企业月末存货占用资金往往超过其营业额的几倍以上，造成资金流动停滞，周转失灵。四是重钱不重物，资产流失浪费严重。不少企业的管理者对原材料、半成品、固定资产等的管理不到位，出了问题无人追究，资产浪费严重。

4. 管理模式僵化，管理观念陈旧

一方面，企业典型的管理模式是所有权与经营权的高度统一，企业的投资者同时就是经营者，这种模式势必给企业的财务管理带来负面影响。在这些企业中，企业领导者集权现象严重，并且对于财务管理的理论方法缺乏应有的认识和研究，致使其职责不分，越权行事，造成财务管理混乱，财务监控不严，会计信息失真等。一方面，企业没有或无法建立内部审计部门，即使有也很难保证内部审计的独立性。另一方面，企业管理者的管理能力和管理素质差，管理思想落后。

具体表现在以下几个方面：

（1）企业不设会计机构，或者虽然设有会计机构，但岗位工作职责不分，业务水平差距较大；

（2）企业账目混乱，会计数据失真现象普遍存在，资产不实，从而导致财务

报表人为调整；

（3）成本费用摊销和预提不能按照权责发生制记入；

（4）没有健全的财务会计管理制度，不能定期结账和处理日常事项，长期挂账的科目不能及时处理。

三、如何加强农业科研企业财务管理风险控制

虽然当今国有企业占中国企业总数比例较小，但加强会计核算和财务管理风险控制具有重要意义，如何建立企业的财务管理制度才是解决问题的关键。以笔者多年的实践经验提出以下几点建议。

1. 建立健全内部稽核制度和内部牵制制度

内部稽核制度主要包括：稽核工作的组织形式和具体分工，稽核工作的职责、权限、审核会计凭证和复核会计账簿、会计报表等方法。稽核工作的主要职责为：

（1）审核财务成本、费用指标是否齐全，编制依据是否可靠，有关计算是否准确等；

（2）审核企业发生的经济业务是否符合有关规章制度的规定；

（3）审核会计凭证、会计账簿、会计报表的内容是否合理、合法、真实、准确，手续是否齐全，是否符合规章制度的要求；

（4）审核各项资产增减变动和库存情况，是否做到账实相符、账账相符。

内部牵制制度规定了涉及企业款项和财务收支结算及登记的任何一项工作，必须由两人或两人以上分工处理，以起到相互制约的作用。例如：出纳人员不得兼稽核、会计档案保管和收入、费用债权、债务账目的登记工作。通过内部稽核制度和牵制制度的建立，能够保证各种会计核算资料的真实、合法和完整，又能使各职能部门的经办人员之间形成一种相互牵制的机制。

2. 建立内部审计制度，实施对会计的再监督

内部审计是实施再监督的一种有效的手段。其目的是健全企业的内部控制制度，严肃财经纪律。查错防弊，改善经营管理，保证企业持续、稳定、健康发展，提高经济效益。在建立内部审计制度时，要坚持内部机构和财务机构分别独立的原则，同时要保证内审人员独立于被审计部门，只有这样才能更好地实施会计的再监督作用。

3. 建立财务审批权限和签字组合制度

企业建立此制度的目的在于加强企业各项支出的管理，体现财务管理严格控制的规范运作。在审批程序中规定财务上的每一笔支出，均应按规定的顺序进行审批，在签字组合中规范了每一笔支出的单据应根据审批程序和审批权限完成必

要的签名，同时还应规定出纳只执行完成签字组合的业务，对于没有完成签字组合的业务支出，出纳应拒绝执行。企业通过建立财务审批权限和签字组合制度，对控制不合理支出的发生及保证支出的合法性起到积极的作用。

4. 建立成本核算和财务会计的分析制度

成本核算制度的主要内容包括成本核算的对象，成本核算的方法和程序以及成本分析等。成本分析是财务会计人员的一项重要职责，企业的经营者必须定期了解企业的资金状况和现金流量，企业财务人员也要定期对外提供成本费用方面的报表。企业通过财务会计分析制度的建立，确定财务会计分析的重要内容、对财务会计分析的基本要求和组织程序、财务分析的方法和财务会计分析报告的编写要求等，使企业掌握财务计划和财务指标的完成情况，有利于改善财务预测和财务计划工作。

5. 规范会计基础工作，提高会计业务的水平

（1）强化企业负责人的法律意识，加强企业负责人对会计工作的领导。企业负责人的法律意识增强，不仅能够避免会计违法行为的发生，还有利于依法提供真实、完整的会计信息。

（2）加强会计人员队伍建设，提高会计人员业务素质。以人为本，努力提高财务会计人员业务能力和工作水平，抓好后续教育工作，并在加强会计人员业务培训同时，开展好职业道德教育。建立并完善激励机制，调动会计人员的工作积极性。

（3）加强会计基础工作，实现规范化管理。当前应该严格执行财政部规定的会计基础工作规范，使证、账、表的业务处理及会计档案管理的每一个环节都达到标准规范的要求。建立健全会计人员的岗位责任制，使之分工科学合理，职责明确。

参考文献

[1] 樊果芬. 企业集团财务管理浅析 [J]. 经济与管理, 2004 (1).
[2] 赵玥. 关于企业内部会计控制制度的问题与建议 [J]. 黑龙江科技信息, 2008 (2).
[3] 李翼. 加强财务管理与控制防范企业财务风险 [J]. 时代经贸, 2008 (1).

浅谈实现医保"城乡统筹"是社会发展必然趋势

赵 辉

（辽宁省农业科学院财务处 辽宁沈阳 110161）

【摘 要】根据我国当前医改的发展，"城乡统筹"是发展的趋势，也是医疗改革的必经之路，但"城乡统筹"并不是简单的制度衔接，机构的整合、并轨，必须有一个具体的衔接路径，还必须有一个权力部门具体地、行之有效地管理起来，时刻实施监督机制，贯彻好国家的惠民政策。

【关键字】城乡统筹；"城乡统筹"实施路径；"城乡统筹"权利归属

"两会"刚刚结束，据统计"两会"期间人力保障部承办全国人大建议、议案和全国政协提案中43%是关于社会保障的，其中医保所占比例为最大。

自2009年深化医疗改革启动以来，被谈论最多的话题是如何实现"全民医保"，"全民医保"是国家一件大事，实现"全民医保"也是伟大的历史跨越，它关系到国家对老百姓的关心、爱护，也关系到国家的社会保障制度的完善，对于稳步提升公民的健康素质至关重要，而实现这一目标首先要"统筹城乡医保"。"统筹城乡医保"就是新农村合作医疗保障制度和城镇居民医疗保险制度相衔接，统一筹资，统一规划，统一管理。

一、实现医保"城乡统筹"是经济发展的必由之路

新农村合作医疗保障制度和城镇居民医疗保险制度相衔接的可能性是有的。尤其在城乡一体化、城乡统筹的大背景下，也是必要的。卫生部卫生经济研究所副所长王禄生说，"两制"衔接甚至并轨，是实现城乡统筹发展的需要。随着工业化和城市化进程的不断加快，城乡融合发展和户籍制度改革，"两制"并轨的经济社会背景已经存在；另外"城乡统筹"覆盖的人群具有很多共性，在人口特

征上，都无固定单位、无雇主、无固定工资，收入差距较小，非正式就业城镇居民家庭人均收入与农村居民家庭人均纯收入很接近，"城乡统筹"势有所趋，人有所望，是时代的需要、改革发展的需要，符合我国经济社会发展趋势，推进"城乡统筹"无疑是缩小国民福利权益差距，促使社会保障制度沿着公平、正义、共享的价值取向持续发展的至关重要的路径。

二、"城乡统筹"是社保公平的体现

我国现在有的地方有这样一个现象，就是参加新农合的人数都超过当地的户籍人数。为什么会这样呢？因为基层报上来的参保人数越多，得到的中央财政补贴就越多。另一方面，很多参加了新农合的农民工在城镇又参加了城镇职工医疗保险。全国政协社会法制委员会副主任、中国医疗保险研究会会长王东进从这一种"怪现象"开始，阐述了医疗保险制度"城乡统筹"的必要性。

中国基本医疗保险目前形成制度分设、管理分割、资源分散的"三分"格局，虽然有其历史的必然性，但局限性以及弊端日益凸显。弊端集中表现在"三个重复"，即居民重复参保、财政重复补贴、各地重复设机构和网络。而就基本医疗保险管理体制而言，当务之急是毫不迟疑地加快"城乡统筹"的步伐，理顺体制、完善机制，这样既可增强制度的公平性，又可提高管理资金使用效率，符合医疗保险的客观规律，不啻是完善制度、实现公正和谐医保的良策。

人力资源和社会保障部医疗保险司司长姚宏提出"三个有利于"：医保"城乡统筹"是大势所趋，对医保来说，有利于提高管理效率，节约管理成本；对群众来说，有利于方便就医，体现待遇公平；对财政来说，有利于财政资金提高使用效率，减少浪费。

在过去的三年时间里，新医改的资金投入向农村和基层倾斜，重点保障中低收入群众，切实减轻老百姓看病就医的负担，让农民和困难群体优先享受医改带来的实惠，推动了民生保障和改善，推进了城乡统筹发展，现在见到农民就医，他们不再有那么多的抱怨，因为他们也在享受医保政策的实惠，也在体现社会保障的公平，新一轮医改政策初步取得成效，但未来的路任重而道远。

三、医保"城乡统筹"的路怎么走

既然"城乡统筹"是社会发展趋势，也是必然的，体现了全民就医的公平性，就应早决定，早统筹，早主动，早受益；不应再拖，越拖越被动，越拖损失越大。应在总结各地实践经验的基础上，尽快出台医保城乡统筹、一体化管理指导意见，明确其基本原则、主要内容、管理主体、实施步骤。

"城乡统筹"并不是进行完全的制度整合并轨，而是包括四个层次：信息系统整合并轨、经办服务整合并轨、行政管理整合并轨、制度安排整合并轨。信息系统整合是最多的，也是最快的，在经办整合和行政管理整合方面，绝大部分都是整合到人社部门，完全进行制度整合的大概已占到80%。

新农合和城镇居民医保制度整合并轨，迈出了全民医保、保障社会公平的关键一步。但是，老百姓更关心的是整合并轨后，医保制度能否运行得好，患者能否获得更多实惠。嘉兴的基本医保在这点做得很好，他们扩大参保范围，除了本地户籍农民外，将本地户籍中无医疗保障的城镇居民（含中小学生），以及外来人口在本地就业或就学并办理居住证的无医疗保障的人员，也纳入合作医疗范围，并且命名为城乡居民合作保险制度。城乡居民合作医疗实施方案坚持城乡统一，即实行城乡居民统一筹资标准，统一补偿标准，统一结报方式，统一保障待遇。这样，在提高了农民的医疗保障水平的同时，将城镇居民（含中小学生）、在本地就业或就学并办理居住证的非本地户籍外来人口纳入城乡居民合作医疗保险范围，扩大了参保范围，增加了参保人数，加大了合作医疗资金总量。基金盘子越大，抗风险能力越强，符合社会保险的"大数法则"。

有好多省、市、县都进行了试点，有许多好的经验，也有不足之处凸显出来，要根据各地实际情况，着力通过采取综合措施，控制医疗费用不合理增长，通过建立完善的网络工作平台，对医保进行科学的信息化管理，并建立控制医疗费用的管理规则和制度。同时注重提高医疗服务供方参与管理的积极性，通过行政补助、医师表彰等多种形式提高医务人员的积极性。

四、"城乡统筹"后管理权如何界定

长期从事基层卫生管理体制研究的中国社会科学院与社会保障研究中心研究员王廷中说，城乡医保统筹实施后，"一手托两家"的管理体制应该重视。

"一手托两家"，从广义上说是指一个部门或机构统管医疗服务体系与医疗保障体系；从狭义上讲是指由卫生部门既管医疗机构，又管医疗保险资金偿付。目前，卫生部门支持后者，主张把"医疗服务体系"与"医疗保障体系"分别界定为"医疗机构"和"医疗保险资金偿付"，尤其是对"医疗保障体系"的内容仅仅定义为"医疗保险资金偿付"环节，而不是针对"医疗保障体系"或是"医疗保险资金"全过程管理。这体现了卫生部门对"医疗保险资金"管理过程的期望和预期。

我国历史上有过推行"一手托两家"的成功经验。在2003年开始试点建立新型农村合作医疗制度就采取了"一手托两家"的管理体制，在满足医疗服务需求和控制医疗费用之间取得了很好的平衡，以较低的筹资水平，缓解了农民群众就医的经济压力。

贵州省城乡居民合作医疗工作实施几年来，采取由卫生部门管理基金。一是充分发挥了卫生行政部门对医疗机构管理的优势。卫生行政部门对医疗机构除了按照相关的法律法规进行管理外，还重点加强了对医疗业务的管理，这是其他部门无法做到的。二是进一步发挥了新农合管理的优势，新农合实施后，卫生部门已经探索出了一套较为完整的管理制度，特别是对定点医疗机构的监管。居民医保由卫生部门管理实施，借助新农合的监管制度和卫生监督执法等日常监管措施，对居民医保进行管理，确保了基金安全。另外，有的试点地区社保部门负责人认为，卫生部门与医院之间有千丝万缕的联系，如果既当裁判员又当运动员，一旦出现需要处罚的时候，往往是"鞭子高高举起，轻轻落下"，碍于情面而下不了手。

现在看来，无论哪个部门管理都各有优势和不足。卫生部门管理医保，即一个部门既管医疗服务提供又管医疗保障，可有内在的动力使用好资金，更重要的是可统筹协调公卫、医疗和医保进行综合健康管理。但需要在已有的内在激励机制的基础上，建立外部激励机制使其完全按照相关规定办事。社保部门管理医保"下不了手"的问题相对少，但要取得管理效果，需要职能的延伸，或需要建立部门之间有效协调的机制。

各地探索城乡统筹方式不同，进展不一，但都取得了明显成效。一是制度公平性增强了，城乡居民得到的实惠增多。二是适应了人员流动的需要，城乡医保统一制度，消除同一地区流动制度的障碍。三是避免重复参保，重复补贴。四是提高效率，降低成本。五是充分发挥医疗保险对医疗服务的监督控制作用。

在医保管理体制改革中，城乡统筹究竟由哪个部门管理，在考虑中国国情的前提下，看哪个部门能够发挥好综合健康管理的职能，在国家宏观指导下有序地开展，中央政府应该在国家制订的大框架和原则下，选择一些城市作为试点进行探索，任何改革都是手段，目的是改善居民健康。

在全面建设小康社会新阶段，党和国家明确要求，认真研究并逐步解决群众"看病难、看病贵"的问题，不断健全和完善医疗保障体系，着力解决制度运行中凸显的深层次问题。

实现医疗保险城乡统筹，是人民的期望、改革发展的必然，在即将实现社会保障制度普惠全民的目标的背景下，国家宜更加注重社会保障制度的公平性，要从城乡统筹的视角促进相关制度的整合与协调，缩小不同群体之间的社会保障待遇差距，并依靠公平的社会保障体系来促进整个社会的公平，真正实现让全体人民共享国家医改与发展成果。我们期待"十二五"期间，医疗保险能够向纵深推进，百姓"看病难、看病贵"的问题得到切实缓解，这将是我们13亿人民的福祉。

参考文献

［1］ 任政开.落实到工作中是最好的"答复"［J］.中国社会保障，2012（3）：16-17.

［2］ 夏波光，邹萃.关切城乡统筹 策论社保公平［J］.中国社会保障，2012（3）：24-27.

浅谈经济责任审计

孙莉雯

（辽宁省农业科学院财务处　辽宁沈阳　110161）

【摘　要】经济责任审计在促进对权力的制约监督、加强干部的监督管理、依法行政和党风廉政建设、构建和谐社会等方面作用重大。本文阐述了经济责任审计的历史发展、重要作用和主要内容。

【关键词】经济责任审计；发展；作用；内容

经济责任审计是指由独立的审计部门接受委托，依据国家有关法律法规和政策，对党政领导干部和企业领导人员在其职责范围内履行经济责任的情况，运用相应的审计程序和方法进行审计监督，依法进行经济责任评价的活动。

一、经济责任审计的发展

我国自 1986 年以来，经济责任审计经历了企业厂长（经理）离任审计，承包经营经济责任审计，然后逐步发展到对机关、事业单位领导干部进行任期经济责任审计。1986 年 12 月，国家审计署发出《关于开展厂长离任经济责任审计的几个问题的通知》，在理论上，对厂长（经理）离任经济责任审计的内容、范围、程序和法律依据等问题作了具体规定，厂长（经理）离任经济责任审计得到了进一步的规范。1988 年 7 月，国家审计署发布《关于全民所有制工业企业承包责任审计的若干规定》，对承包经营经济责任审计的内容、范围、重点和审计程序进行了规范。1999 年 5 月，中共中央办公厅、国务院办公厅下发了《县级以下党政领导干部任期经济责任审计暂行规定》和《国有企业及国有控股企业领导人员任期经济责任审计暂行规定》，对领导干部任期经济责任审计的目的、对象、范围、内容、程序、审计经费等作出了规定。以上两个暂行规定的施行，标志着经济责任审计作为一项审计制度全面推开，全国普遍开始了对县级以下党政领导干部和国有及国有控股企业领导人员的经济责任审计。2010 年 12 月，《党政主要领导干部和国有企业领导人员经济责任审计规定》由中共中央办公厅、国务院办公厅印发施行，这一规定出台后，省部级党政领导干部经济责任审计实现了制度化，标志着经济责任审计在制度层面已走向成熟。

二、开展经济责任审计的重要作用

（一）加强干部管理和监督，健全权力制约和监督机制，有利于促进廉政建设

经济责任审计一方面能及时发现一些问题，及时纠正，能及时地提醒干部，明确哪些是应该做的，哪些是不应该做的，有助于从源头上预防和治理腐败，最大限度地消除一些地方、部门的领导干部盲目上项目，弄虚作假，虚报政绩的现象，促使领导干部不断提高自身管理水平，增强遵纪守法意识和自我约束，避免重大错误的发生。另一方面，能起到预警作用，通过审计结果报告，为组织部门考查、管理、使用、监督干部把好关，在一定程度上可以判断领导干部是否具有从事经济工作所必需的政治素质和决策水平。

（二）有利于强化任期责任，提高了被审计单位整改的自觉性

一方面，经济责任审计时，在任的被审计领导干部往往对审计情况比较重视，对审计发现的问题及审计意见、建议能够认真对待并迅速整改，大大提高了整改的自觉性和质量。不少问题边查边改，避免了问题积压。另一方面，任期经济责任审计，审查各项主要经济指标及任期目标的完成情况，明确各自的经济责任，有助于防止一些领导干部急功近利的短期行为的发生，披露和纠正某些领导干部在管理上存在的失误与缺陷。

（三）有利于提高经济效益

开展经济责任审计能够为单位决策提供真实准确的信息，确保国有资产保值增值，引导和规范领导干部树立国有资产保值增值意识并采取措施，保证国有资产的安全，提高经济效益。

三、经济责任审计的内容

经济责任审计应当以促进领导干部推动本地区、本部门（系统）、本单位科学发展为目标，以领导干部守法、守纪、尽责情况为重点，以领导干部任职期间本地区、本部门（系统）、本单位财政收支、财务收支以及有关经济活动的真实、合法和效益为基础，严格依法界定审计内容。

（一）本部门（系统）、本单位预算执行和其他财政收支、财务收支的真实、合法和效益情况

1. 现金及银行账户管理情况

重点审查核对实存现金与账面是否相符，有无白条抵库的情况；核对银行存款总账余额与各开户银行对账单余额的合计数是否相符，有无长期未达账项，查明原因；银行开户是否按照《银行账户管理办法》规定开设账户，有无出租出借、套用、转让银行账户的行为；有无滥开户，设置账外账，公款私存，私设"小金库"等导致资金流失的现象。

2. 往来款项情况

重点审查债权债务和往来款项业务是否真实，有无通过应付款为其他单位办理不正当业务或截留应当上缴国家收入、出借单位资金牟取私利的情况。对应付账款要查有无应列入收入而列入应付账款的，对应收账款要查有无以应收账款名义划出资金搞账外经营或随意拆借资金以获取好处的情况。对数额大、时间长的借款要进行实地调查，对合同应收未收款项或应付未付款项和呆死账要特殊说明，以体现债权债务的真实性。

3. 财务收支的真实、合法和效益情况

审查账账、账实是否相符，审查各项资产、负债、净资产反映是否真实，管理是否严格有效。分析预算资金使用情况，评价单位预管理、执行水平。主要经济责任人在任期内，财务是否做好年度预算，并且严格执行年度预算开支，有无将专项资金挪作他用的问题，在建工程是否按基建程序审批，有无挪用资金搞计划外基建，有无超过规定设计标准和严重损失浪费等问题。预算外收入是否合法，有无乱收费、乱集资、乱摊派的情况，预算外资金是否纳入财政专户管理，收入有无不入账或账外设账的情况，预算外支出是否符合规定范围，有无大吃大喝、铺张浪费等行为。经营服务性收入是否依法缴纳各项税费。

（二）重要经济事项管理制度的建立和执行情况

通过对重大经济事项的审计，全面掌握领导干部在重大经济事项决策及实施过程中发挥作用的程度及责任。主要包括重大的对外投资、基本建设、招商引资等出台的宏观经济管理措施及制度建设情况。要对任期内具有重大影响的经济决策事项进行重点抽查。从最初的可行性调查开始，到决策过程、决策形成、决策实施、决策效益等情况进行审计或调查。通过审查决策资料，查阅相关会议纪要原件及相关记录，同参与有关经济决策及具体执行人座谈等形式，掌握领导干部重大的经济决策项目及内容，梳理出与领导干部经济责任相关的重点审计项目和具体执行的各个环节及其执行结果，全面搞清重点问题的每个环节和细节，查明领导干部有无超越职权决策、盲目决策和个人武断等问题，客观评价经济责任。

（三）有关内部控制制度的建立和执行情况

在对内部控制制度进行审计时，应重点针对经济责任人在任期内是否在国家有关政策制度的基础上建立健全了部门规章制度并认真执行，所建立的内部控制制度的科学性、可行性，以及监督机制是否健全，是否符合单位的管理需要。会计核算是否符合会计制度的要求，是否建立了现金出纳制度、报销制度、借款制度、一支笔审批制度等内部控制制度。有无因内部控制制度不严或领导决策失误造成损失浪费以及其他经济事故。而且要分析管理行为与结果的内在关系，推究其具体的主客观成因，分析该行为或事项的根本原因，防止只看表象不究本质，这样才能客观地提出存在的问题、审计意见和建议。

（四）国有资产的管理、使用和保值增值情况

国有资产的真实、完整、安全和有效利用是经济责任审计的重点。一个单位首先应有健全的资产保护措施，防止资产发生毁损、盘亏或其他损失。固定资产是否入账建卡，安全完整，增减变动手续是否齐备，有无管理不善造成流失问题；有无未经批准擅自处置固定资产，或通过降低转让价格获取好处的问题；固定资产的变价收入是否全部入账、专款专用；同时要关注固定资产的使用情况，考核单位实验室、仪器设备是否存在闲置、管理不善等浪费现象；有无对所创办实体占用单位的房屋设备等有形资产和技术、专利等无形资产，不进行有效评估计价、无偿使用、所有权变相转移等造成国有资产流失的问题。

在审计以上主要内容时，还应当关注领导干部在履行经济责任过程中的下列情况：贯彻落实科学发展观，推动经济社会科学发展情况；遵守有关经济法律法规，贯彻执行党和国家有关经济工作的方针政策和决策部署情况；与领导干部履行经济责任有关的管理、决策等活动的经济效益、社会效益和环境效益情况；遵守有关廉洁从政（从业）规定情况等。

经济责任审计是在我国经济体制和政治体制改革处于攻坚阶段，党风廉政建设和反腐斗争面临新的形式和任务的重要时刻，为适应干部监督工作的需要而产生的，它是融审计监督、组织监督、纪检监督为一体的一种监督手段。随着经济社会的不断发展与进步，经济责任审计必将在促进对权力的制约监督、加强干部的监督管理、依法行政和党风廉政建设、构建和谐社会等方面发挥更大的作用。

参考文献

[1] 刘梅. 我国经济责任审计的发展 [J]. 经济技术协作信息, 2007 (19).
[2] 李琼. 分析探讨事业单位经济责任审计 [J]. 现代商业, 2010 (11).
[3] 刘晓东. 科研事业单位经济责任审计初探 [J]. 中国乡镇企业会计, 2010 (2).
[4] 周旭芳. 行政事业单位经济责任审计的内容与方法 [J]. 市场论坛, 2006 (3).

浅谈项目核算中信息传播和沟通的重要性及方法

于永威　　罗艳莉

（辽宁省农业科学院财务处　辽宁沈阳　110161）

【摘　要】本文通过分析传播和沟通在人类各种社交活动中的重要性，着重阐述了在项目核算中良好的传播和沟通起到的作用及其手段，以及财务人员如何才能在工作中进行良好的沟通。

【关键词】传播；沟通；主要手段；综合素质；综合能力提高；工作效率

传播是人类一种自发的、必需的活动。人类的历史有多长，传播与沟通的历史就有多长。传播与沟通渗透在人类的一切活动中。财务人员在项目核算的过程当中，当然也离不开与核算单位之间的财务信息传播与沟通。

一、信息传播与沟通的重要性

会计的最基本职能是反映。按照西方最流行的观点，会计是一个以提供财务信息为主的经济信息系统。沟通，是指人们在一定的社会环境下，为了设定的目标，利用相互认同的符号系统（语言、文字、图像、记号及体态语等）以直接或间接的方式把信息、思想和情感在个人或群体之间传递的过程。良好的财务信息传播与沟通在财务核算过程中起着举足轻重的作用。其重要性体现在以下几个方面。

1. 信息传播与沟通是财务人员项目核算中的主要手段

随着我国会计准则与国际会计准则的趋同，随着与财务有关的各类法规政策的更新，财务界内不断涌现新理论、新业务、新规则和新方法。财务人员必须及时准确地将国家的财务法规、事业单位相关项目管理制度、农科院财务处的相关财务管理规定等传达给核算单位。传达的过程实际上就是财务信息的传播过程，也是财务管理自我宣传的过程。传播中财务信息不仅要被传递到，还要被核算单位理解，是财务信息的双向流动过程，在准确地理解财务信息的含义的基础上，双方达成一致意见，有助于更好地加强核算单位资金的核算和管理。

2. 良好的信息传播与沟通是财务人员项目核算中综合素质的体现

不断变化的社会环境需要大量具有较高理论水平和丰富实践经验的财务人员，对财务人员的素质要求越来越高。要求财务人员具有较强的专业技术技能和管理技巧及广泛的知识视野。除具备基本的专业知识、技术技能外，还应掌握时事政策知识、财政税务知识、银行金融知识、公文写作知识、财务管理知识、电脑操作知识、数理统计知识等；增强管理技巧，做到知识与能力兼备、技能与技巧并举。必须要"先知、先觉、先学"，做到"应知、应会、应变"，才能充分发挥财务调控职能作用，做好优质服务工作。不能一问三不知，成为财务管理工作的"门外汉"。知识经济社会的财务人员不仅要懂财务，当"管家"，更重要的是帮助核算单位排忧解难，当好"参谋"。沟通是一个双向、互动的反馈和理解过程。通过与核算单位的沟通，可以更全面地掌握核算单位的基本情况、项目的具体研究内容及发展前景、项目可以带来哪些经济效益和社会效益，有助于合理分配资金、编制出适合项目发展要求的财务预算，指导项目的实施，完成项目研究。只有具备了这些条件，财务人员才能够与核算单位进行良好的沟通与交流，促进工作的良性循环。

3. 良好的信息传播与沟通是建立和谐人际关系的纽带

传播与沟通是指人与人之间的信息交流。它不仅表现为人们之间各种活动、经验、能力的交流，还表现为人们的情感、意向、意见、思想、价值和理想的相互沟通与理解。通过合理的人际沟通，能够在项目核算的过程中建立起团结、友爱、和谐的人际关系，使人们在工作中互相尊重、互相关照、互相体贴、互相帮助，充满友情和温暖。良好的人际关系促进双方行为的改变，人们在交往中，彼此行为相互作用，相互模仿，给枯燥无味的阿拉伯数字赋予感情的色彩，在这种人际关系环境中工作会使人感到心情舒畅愉快，促进身心健康，更好地完成合作与交流。

4. 良好的传播与沟通能建立和谐的人际环境，可大大提高工作效率

财务人员常常面对的是矛盾冲突，是来自职工的意见和批评，需要认真地倾听、仔细地分析、耐心地解释和真心地帮助，通过真诚的态度和扎实的工作，来营造"和谐"的财务工作环境。因为，有了良好的工作环境，不仅可以与其他人协调一致，而且还可以获得他人的支持和帮助，从而大大地减轻工作压力。不但能把自己的工作做好，更重要的是有利于形成内部融洽的群体气氛，增强群体的团结合作，便于发挥出群体整体效能。

5. 与核算单位通过良好的沟通，建立和谐的人际关系

双赢的基点是建立在行为道德中最原始、最根本的心理需要基础上的，只要你在沟通过程中，将心比心，就不难理解它。双赢不但给予物质上的财富，而且

更重要的是给予精神上的财富，使人在生活和工作中，无论遇到什么艰难困苦，都会乐观向上，积极进取，"双赢"的理念将成为工作当中取之不尽、用之不竭的精神财富。这是人际交往的科学轨迹；反之，就会带来相反的行为结果。

6. 良好的传播与沟通有助于争强团队的凝聚力和向心力

有效的沟通能够消除各种人际冲突，实现人与人之间的交流行为，使团队成员在情感上相互依靠，在价值观念上高度统一，在事实问题上清晰明朗，达到信息畅通无阻，改变成员之间的信息阻隔现象，激励士气，减轻恐惧和忧虑，增强团队之间的向心力和凝聚力，防患于未然，为团队建设打下良好的人际基础，因此，提倡各种形式有效的沟通。

二、做好信息传播与沟通的方法

良好的传播与沟通，可以建立起和谐的人际关系，在工作中可以带来事倍功半的效果。那么怎么才能够与核算单位建立起沟通的桥梁，成为财务人员研究专业知识之余的又一个重要课题。其实最关键的就是要提高财务人员的综合协调能力。主要从以下几个方面着手。

（一）财务人员首先要做到专业技能与相关知识扎实

整理、汇总、反映的财务数据准确与否，财务分析是否恰当，财务管理是否到位，在很多时候对于核算单位管理非常重要，这关系到核算单位管理者所作出的决策是否正确，也影响着决策者对于项目发展方向的判断。因此，作为一名财务人员，必须做好财务基础数据的收集、整理、汇总工作，如实地反映财务成果，客观地分析财务管理中出现的问题，并提出解决的方法，以供决策者参考。财务人员必须坚持自学与集体学习相结合的原则，不断地更新自己的知识领域。有条件的单位可以选派优秀的财会人员进修培训，这是一种与所有财会人员都接受的继续再教育不同的教育方式，可以在短时间内大幅度提高财务人员的素质。财务人员积极主动与核算单位沟通，全面掌握核算单位的基本情况，抽时间下基层到核算单位，现场宣传财务法规和相关制度规定，解答基层单位在核算过程中遇到的实际问题。

（二）财务人员还需要较强的分析问题、解决问题的能力

这种能力来自财务人员较强的语言表达能力、组织协调能力、人际交往能力的综合提高。这种能力能正确表达财务意愿，善于协调内外关系，完成组织交给的任务，树立良好形象，营造良好的理财环境，形成财务管理的合力。

1. 培养语言表达能力

在传播与沟通行为中，我们通过符号来传达所要表达的意思，然而，我们的

意思并不总是能够得到正确传达的。我们常常会为自己不能准确完整地表达自己的想法而感到苦恼，或者为自己说出的话而后悔，这说明我们发出的符号有时并没有正确传达我们的意图或本意。在这里，符号本体的意义与传播的是一回事，这是很明显的。这就要求财务人员注意培养有较强的语言表达能力。在工作中正确、有效、准确地表达自己的意思，才能在工作中减少矛盾，消除误解，创造和谐的内外环境；同时，还具备较硬的写作功夫，才能提高处理财务公共关系的水平，增强财务管理力度。

2. 锻炼组织协调能力

财务工作涉及面宽，综合性强，具有较强的组织指导职能和综合协调作用。财务人员不仅要组织本级财务工作，同时还要协调地方金融机构等相关部门的关系。为此，财务人员处理财务关系时必须具备较强的组织指导能力和综合协调能力。

(三) 沟通能力的提高没有捷径

在与核算单位沟通的过程中要说话时尽量应用清楚、简练的语言，并做到真诚与坦诚，言行一致，做到热心、耐心、专心，以一颗诚心去交流，也就能达到预期的效果，更好地完成财务工作。通过不断的学习和探索，提升自己的人格魅力。人格魅力是指由一个人的信仰、气质、性情、相貌、品行、智能、才学和经验等诸多因素综合体现出来的一种人格的凝聚力和感召力。有能力的人，不一定都有人格魅力，但缺乏优秀的品格和个性魅力，一个人的能力再出色，人们对他的印象也会大打折扣，他在人们心中的威信和影响力也会受到负面影响。每个人的人格魅力都影响着其沟通能力，影响着沟通过程中产生的亲和力、凝聚力和感召力，只有不断地提升人格魅力才能够实现既定目标发挥自己最大的潜力。把提升人格魅力作为自己当前任务中的迫切任务，并制订自己的方案。方案包括要改变的项目，改变的可能性，周围环境的优势，自我心理环境的优势，改变的具体步骤等。这样就可以很快提升自己的人格魅力，也使自己的综合能力大幅度提高，很好地完成财务工作。

综上所述，良好的传播与沟通是事业成功的金钥匙，是个人身心健康的保证，是财务人员与核算单位人际关系得到良性发展、改变和维系的纽带，是高效、准确完成财务核算工作的基石。

参考文献

[1] 廖萍. 论现代企业制度下提高会计职业素质的意义 [J]. 会计园地，2010 (7).

[2] 王德海. 传播与沟通教程 [M]. 北京：中国农业大学出版社，2007.

[3] 王合喜，董红星. 会计职业道德问题研究 [J]. 财会月刊，2004 (3).

浅析财务管理在事业单位的创新

孟 楠

（辽宁省果树科学研究所　辽宁熊岳　115009）

【摘　要】事业单位是我国社会管理和公共服务职能的主要载体，是政府经济和社会管理的重要组成部分。近年来，随着市场经济体制的逐步建立及事业单位财务运行体制改革的逐步深入，原有的事业单位财务管理体制的弊端也日益突出。对事业单位的财务管理进行创新改革，建立既能适应社会经济发展需求，又能促进各项事业发展的事业单位财务管理机制，健全与事业单位改革相配套的财务管理体系已成当务之急。事业单位财务管理是财政预算管理的延伸，是优化财政资源配置、确保预算平衡、促进事业单位健康发展的关键。本文从加强预算管理、建立网络财务管理系统、注意规避风险和事业单位财会队伍建设等几个方面进行了探讨，阐明了建立良好的管理环境必将使事业单位的财务管理走上规范化的轨道。

【关键词】财务管理；事业单位；创新

随着经济的快速发展，财务管理越来越受到各事业单位的重视，成为单位管理的核心。目前我国事业单位的财务管理制度在某些方面没有跟上社会的发展速度，导致在某些方面存在漏洞。为了全面提升财务管理的水平，既为社会提供优质、高效和低耗的科研服务，又可实现社会效益和经济效益的同步增长，就必须对事业单位的财务管理进行创新。

一、财务管理的特点及意义

财务管理在实际应用中对事业单位有着重要意义，不同的单位有着不同的方法和措施，也带来不同的管理效力，必须面对现实，搞好财务管理工作。

（一）财务管理的特点

财务管理是一种价值管理，主要利用资金、成本、收入、利润等价值指标，运用财务预测、财务决策、财务运算、财务控制、财务分析等手段来组织单位中的各项事务。财务管理是组织财务活动、处理财务关系的一项综合性管理工作，具有很强的综合性。

（二）财务管理的意义

财务管理是根据财经法规制度，按照财务管理的原则，组织单位财务活动，处理财务关系的一项经济管理工作。

1. 加强财务管理有利于事业单位自身的发展

事业单位是指不直接进行物质资料的生产和流通，以社会公益为目的，直接或间接地为生产建设和人民生活服务的单位。由于我国事业单位往往是政府职能的延伸，是特殊的社会组织，很多事业单位以吃"皇粮"自居，"等、靠、要"的思想还未彻底清除。面对现代社会，其竞争意识、效益意识、成本意识、法治意识、风险意识等还有所欠缺。如果事业单位能抓好自身的财务管理工作，将其作为规范自身工作的切入点和提升点，必将有利于提升事业单位存在的现实意义，提升其服务职能和公共职能，不仅能将科研事业发展好，还能促进单位的可持续发展。

2. 事业单位加强财务管理有非常重要的经济意义

在金融危机影响到财政收支的现状下，在建设节约型社会、和谐社会的历史号召下，事业单位的财务管理能够让单位的行为更加科学，提升资金使用效率，杜绝隐瞒、截留财政资金和私设小金库等现象，节约资金支出，最终促进和谐社会的建设。

二、现行事业单位财务管理存在的问题

财务管理在事业单位发挥了越来越重要的作用，但是财务管理在核算方法和风险防范等方面都存在较多的问题。

（一）预算编制不完善，预算执行不规范，经费使用缺乏计划性

事业单位的预算管理是为各部门完成各自的科研及服务功能提供资金保障，预算费用分配是否合理影响着各部门工作的开展和工作的成效。目前部分事业单位或事业单位的部分部门存在资金短缺的问题，为了获得足够的预算费用，有的部门会采取夸大预算额等不合理的方式来取得预算。因为缺乏有效的预算分配基础，部分事业单位的预算编制成为各部门争钱的平台，争钱能力的强弱成为预算分配的基础，导致预算分配不合理、不科学，影响了各个项目的平衡发展。

（二）在网络时代下，没有建立起相应的网络财务系统

财务会计流程自动化，仅仅是手工财会工作的翻版，各个核算子系统仍是彼此独立的信息孤岛，缺乏会计数据传输的实时性、一致性、系统性，并没有改变传统信息系统结构的本质。并且，在这种财务会计体系结构中，当经济业务发生时，财会人员并不能实时采集业务活动的会计数据，通常是在业务发生后采集，然后经过若干会计处理环节，才能提交到管理者手中。等到了管理者手中，已成了滞后的信息，失去了及时性，也就是失去其应有的价值。

同时，在会计系统中，虽然原始凭证包含了经济业务活动的详细数据，但是经过记账凭证、日记账、明细账、总账、会计报表，数据被一次次过滤、汇总，数据记入到报表时，已经难以反映经济业务的本来面目。这种财务会计核算系统不能够提高单位财务管理的水平，往往只起到一个反映过程的作用。所以，财务会计网络化是发展的必然趋势。

（三）风险管理意识薄弱

事业单位的经营活动基本上是非营利性的，其风险是属于非经营性风险。由于风险相对较小，所以很多事业单位的风险预测和抵御意识都较弱。但仍然存在一些风险隐患，影响了科技项目的有效实施和单位的发展。例如：事业单位的各部门内部及各部门之间，在资金管理及使用、利益分配等方面存在权责不明、管理混乱的现象，造成资金使用效率低下，资金的安全性、完整性无法得到保证。资金结构的不合理将直接导致单位财务负担沉重，资金不能有效使用。另外，还存在筹资风险、支付风险、核算风险、道德风险等。

（四）财务工作人员的知识结构不全面，专业知识更新不及时

由于事业单位不像企业那样账项设置、核算成本和利润，财务人员就放松了对自己专业知识的学习。另外，《中华人民共和国会计法》及其他财经法规涉及事业单位的内容不是很多，财务人员对自身工作的标准要求降低，依法理财观念淡漠。受管理体制的影响，事业单位对财务人员的培训不够重视，忽视了财务人员知识结构的建立，在计算机、法律等方面，培训较少。

三、完善事业单位财务管理模式的创新措施

在新形势下，加强财务管理是摆在事业单位面前的一项重要任务。

（一）加强预算管理

1. 建立单位预算文化，形成管理控制合力

预算要发挥管理控制的作用，需要各相关部门的支持和大力配合。因此必须将预算纳入单位文化建设之中，使全体职工及各层领导者认识预算，从思想上改

变对预算的抵触情绪，变被动执行预算为主动参与预算，从而形成单位管理控制的合力[1]。比如财务部门应深入到各课题，会同技术人员认真核定项目经费的收支情况，制订合理的经费使用计划。将办公费、电话费、业务招待费等容易超过预算的费用，实施定额管理，为预算实施差异分析及责任考评奠定基础。

2. 落实预算的责任分工，确保预算责任分解不留死角

通过预算使各个层级的管理者和普通职工都有参与管理的责任感，每个人肩上都担负着单位发展的使命，每个人都是单位管理控制的主体，真正实现预算的"全员控制观"。具体预算责任分工情况见表1。

表1 预算责任分工协作表

主管领导	预算目标审定，预算审查、批准或要求退回修正
领导班子	参与预算编制，监督预算执行
计财科人员	负责具体事项预算编制，负责核准预算实施并对结果负责
职　工	参与预算、预算责任的执行

3. 建立预算的激励约束机制，激发职工共同参与预算的积极性

单位核心竞争力的差异，更多地表现在战略执行能力上，通过预算管理对单位的财务管理控制系统进行整合，可以使单位财务管理控制系统更加完善。在预算编制中，准备期可以适当延长，充分预见各因素，安排充足的编制时间，为科学预算提供条件。编制部门预算时应广泛听取意见，建立预算的激励约束机制，激发职工的积极性。单位应实施预算责任考核与部门绩效评价相结合的考评制度，令每一个部门、每一名职工都认识到预算执行的重要性。对预算的执行情况，在考核的基础上单位应更注重制定激励政策，以激发职工的自觉行动，提高预算整体执行力，实现财务管理系统完善、单位发展与职工获得奖励的共赢。

（二）工作手段上，要做到从会计电算化向网络财务管理转变

网络技术的迅猛发展，为财务管理模式的创新提供了必要的环境基础和发展空间，积极推动了财务管理模式的创新。网络财务管理作为一种新的财务管理模式已经成为事业单位适应网络技术发展的必然选择。

内部网络是应用国际互联网技术将单位内部具有不同功能的计算机通过各种通信线路在物理上连接起来的局域网。在该网络中单位内部各部门之间可以共享程序与信息，增强职工之间的协作，简化工作流程。网络财务管理正是建立在单位内部网络基础之上的，在单位内部所有的部门实现联网后，无论是总部还是分部发生了业务事项，只要业务经办人员将此业务输入，进入到单位的数据库当中，总部相关的财务人员根据授权，可以实时进行处理。这样，所有分部的财务信息均可集中到总部统一核算，集中管理，分部的财务人员根据相应的授权，产生分部的相关会计信息。如果发生了非法的业务，财务人员可随时制止，也可以

在软件中设置控制，由计算机自动进行拒绝。在对分部进行考评或决策时，总部人员可直接调用总部或分部的财务信息，避免了以前数据需要层层汇总、数出多门、数据不准的局面。

网络财务管理以财务管理为核心，在单位内部建立了一套集预算管理、内部控制、会计核算三位一体的经营管理和内部约束机制，必然会取得良好的效果。

（三）风险管理方法的创新

1. 建立财务风险的事前控制机制和预警系统

通过定期编制现金流量预算，为单位提供现金可用度的预警信号；定期根据单位财务报表计算财务风险预警指标，对照标准对指标结果进行评分，根据评分结果识别单位的财务风险水平与所处的区域（安全区、预警区和危机区）；结合单位实际，采取适当的风险应对策略。在建立了风险预警指标体系后，当出现风险信号时，应采取预防性控制或抑制性控制，防治风险损失的发生或尽量降低风险损失的程度。对财务运作中潜在风险预警预报，提出控制措施，将可能萌发的财务风险予以化解。

2. 提高风险意识，建立有效的风险防范处理机制

牢固树立风险防范意识，是事业单位财务预警系统得以成功建立并有效运行的前提。事业单位各层次特别是决策层在思想上对潜在的风险要有清醒的认识和高度的警惕。事业单位应确立风险防范和规避机制，及时对财务风险进行预测和防范，对财务管理人员发现的问题及提出的合理建议应给与足够的重视。

3. 建立并完善事业单位内部控制制度

建立健全事业单位财务预警系统，对事业单位内部控制制度提出了更高的要求，内部控制制度作为事业单位管理者实现管理目标、完成社会责任的一种手段，在事业单位财务预警系统中起着举足轻重的作用。事业单位内部控制范围涉及事业单位内部管理的各部门、各层次、各环节，不仅可以保证事业单位资产的完全完整、有效使用，提高事业单位管理水平，同时也健全了事业单位的财务预警系统。

（四）财务人员工作能力的创新

重视人的发展和管理是现代管理发展的基本趋势，也是完善财务管理的客观要求。现代化的财务管理要求财会人员知识面更宽、规范性更强。因此，除传统的会计核算能力、业务技术能力外，应该更注重提高以下三方面的能力。

1. 职业判断能力

事业单位适用的会计制度、会计准则，对一些会计事项的处理有多种会计政策可供选择，有多个会计原则可以权衡，为会计职业判断提供了一定的空间。这就需要财务人员通过分析判断作出选择。

2. 沟通协调能力

事业单位内部一般都分为很多不同的部门，与财务部门是各自独立的，但在工作中又互相影响。财务管理人员必须善于与各部门的领导和工作人员进行有效沟通，了解其经费使用情况，对其进行服务和管理，为单位创造良好的财务环境。

3. 知识更新能力

职工的学习和素质提高是单位成功的关键要素和有效工具。有效地利用、合理地开发人力资本，充分发挥人才的主观能动性和创造性，适应知识经济的发展需要，对于事业单位具有重要的意义。财务人员必须随着社会知识水平及结构的变化，相应充实知识内涵，事业单位应加强对财务人员的培训和考核，建立一个精通法规，掌握会计信息技术、网络技术和软件操作等一系列新知识新技能，具备有关预测、决策的基本知识和方法的财会团体。

四、结束语

随着事业单位改革的不断深入，必须进一步规范事业单位财务管理活动，强化事业单位财务管理职能，努力提高事业单位的经济效益和社会效益，使其充分发挥作用，把事业单位财务管理工作提高到一个新水平，促进事业单位健康发展，更好地为社会提供优质服务。总之，只要我们事业单位建立健全了财务管理和内控制度，每个财会人员都能按章办事，严格执行国家有关财务管理和内控制度的法律法规，就一定会给企事业单位带来较好的经济效益和社会效益。

参考文献

[1] 龚巧丽. 预算管理的贡献：基于对企业管理控制系统整合的视角 [J]. 财会通讯，2012 (3).

企业货币资金内部控制问题研究

董 超

（辽宁省农业科学院财务处　辽宁沈阳　110161）

【摘　要】内部控制制度是社会经济发展到一定阶段的产物，很多企业缺乏健全的内部控制制度，造成经营管理混乱，工作效率下降，财产损失浪费，经济效益低下，还会导致腐败现象的产生。因此如何加强对货币资金的内部控制成为一个迫切需要解决和引发多方关注的问题，同时也是现代企业完善管理、增强竞争力的重要手段。

　　本文以内部控制的基本原理作为理论依据，首先对货币资金内部控制进行概述；其次对货币资金内部控制存在的问题及原因进行分析；最后对完善企业货币资金内部控制的对策进行了阐述。

【关键词】货币资金；内部控制；永续盘存制

一、货币资金内部控制概述

（一）货币资金概述

1. 货币资金的定义

货币资金是指企业在生产经营活动中，停留于货币形态的那部分资金，主要包括现金、银行存款和其他货币资金。它是企业资产的重要组成部分，也是企业资产中流动性最强的一种。任何企业进行生产经营活动都必须持有一定数量的货币资金，这是企业进行生产经营活动的基本条件。

2. 货币资金的特点

（1）货币资金的内在风险大。货币资金是企业流动性最强的资产，它既可以直接转化为其他任何类型的资产，也可以作为一般等价物直接使用，因此货币资金很容易被不法分子挪用、偷盗；另外，由于货币资金的高流动性，从内部控制管理的角度来看，货币资金的挪用和偷盗，比其他资产的挪用和偷盗更难发现。

（2）货币资金贯穿于企业生产经营活动的全过程，是企业资金运动的起点和终点。企业生产经营活动的目标在于最终取得货币资金，企业所有的债务最终也必须用货币资金来偿还，而且，在企业生产经营活动的任何一点，企业经营活动的结果都会直接或间接地反映在货币资金账户上。

（二）货币资金内部控制的重要性及目标

1. 货币资金内部控制的重要性

货币资金是企业流动资产中最活跃的部分，贯穿企业经营活动的全过程。货币资金犹如企业的"血液"：一是它不可缺少；二是它必须流动。因为企业的收入与支出最终都表现为货币资金的流入与流出，一旦大量的收入最终无法表现为货币资金的流入，企业就将面临十分被动的局面。

货币资金的特点决定了它必然成为内部控制的重点：货币资金具有极大的被盗和挪用的风险性，是最受企业关注和需要保护的资产；货币资金业务同单位其他业务有广泛的联系，几乎同每个经营环节相关；货币资金业务的工作量较大，占整个会计工作量的一半左右；货币资金业务本身一般无合理性的评价问题，货币资金收入和支出的合理性，主要应追查与货币资金收支业务对应的其他业务。基于以上特点，各单位自建立和实施内部控制以来，一直将货币资金作为内部控制的重点，通过加强货币资金的内部控制，不仅可以减少货币资金的损失，而且有利于加强对其他业务的控制。

2. 货币资金内部控制的目标

内部控制目标是单位建立健全内部控制的根本出发点。货币资金内部控制目标有以下四个：

（1）货币资金的安全性，即通过良好的内部控制，确保单位货币资金安全，预防被盗窃、诈骗或挪用；

（2）货币资金的完整性，即检查单位收到的货币资金是否已全部入账，预防私设"小金库"等侵占单位收入的违法行为出现；

（3）货币资金的合法性，即检查货币资金取得、使用是否符合国家的财经法规规定，手续是否齐备；

（4）货币资金的效益性，即合理调度货币资金，使其发挥最大的经济效益。

二、货币资金内部控制存在的问题及原因

（一）货币资金内部控制存在的问题

货币资金内部控制中存在的问题主要表现在现金收支业务管理和银行存款收支业务管理两个方面。

1. 现金收支业务管理中的问题

（1）伪造原始凭证。通过故意捏造实际经济活动中不存在的经济业务活动并以此为据作为原始凭证处理，导致现金流失。如在购物时虚开发票，或在做账时虚列工资、奖金等，将多支出的现金据为己有；将收入现金的票据撕毁，从而将票款私吞。

（2）变造原始凭证。利用挖补、刮擦、涂改、拼接或其他方法改变会计凭证的真实内容的行为，导致现金流失。

（3）其他违反现金管理条例的问题。

① 公款私用，挪用现金。出纳或其他人员采用虚写或涂改现金缴款单日期的做法，未将当天应该送交银行的销货款等及时入账，挪用后进行体外循环。

② 无证无账。出纳或收款人经手现金收入时，既不给付款方开具发票，又不报账记账，将现金据为己有。

③ 存在白条抵库的现象。

2. 银行存款收支业务管理中的问题

（1）转账套现。会计或有关人员配合外单位人员在收到外单位转入的银行存款后，开具现金支票，提取后交付外单位，套取现金。

（2）支票、账户管理漏洞多。

① 多头开户，截留公款。会计利用个别银行间相互拉客户的机会，私自利用企业印章在外开户，以本单位更换开户行为由，要求付款单位将欠款或销货收入款转至其私设的户头上，期末再存入单位账号，将私存期间的利息据为己有。

② 出租、出借支票账户。一些管理层及财务人员非法将本单位支票和账户出租、出借给其他单位或个人结算，套取现金，办理转账业务，从中牟取私利。

③ 多头开户，套取利息。一些单位因账户管理不严，使得一些出纳人员私自开立账户。采取月初转入，月末转出的"初"取末"存"方式，到期支取利息的方式，将私存期间利息款私分侵吞。

（3）私自背书转让。会计将转账支票、汇票及银行本票私自转让给其他单位，或将支票借给他人使用，他人使用本单位开设的银行账户为其办理转账业务，从中牟取私利。

（二）货币资金内部控制存在问题的原因

1. 内部会计控制体系不健全

会计控制是与保护财产物资的安全性、会计信息的真实性和完整性以及财务活动的合法性有关的控制。因此，没有建立完善的内部会计控制，那么企业就无法确保企业资产的安全和完整性。

2. 会计人员素质参差不齐

会计人员自身素质、能力水平参差不齐是影响实施会计内部监督制度的重要因素。有些会计人员业务素质低，知识更新慢，不能辨别真伪，缺乏职业敏感性和职业分析、判断能力，而导致反映经济活动的会计信息失真。

3. 不相容岗位未分离

根据内部会计控制的要点，不相容职务应采取分别设岗。但在执行过程中，会计人员尽管形式上有所分工，但由于相互之间共同工作，相关票据和银行印鉴实际上也经常是共用共管，导致不相容职务实际上处于混岗状态。

4. 内部控制的监督检查不力

《中华人民共和国会计法》规定："单位负责人对本单位的会计工作和会计资料的真实性、完整性负责。"但部分企业虽然制定了相应的内部控制制度，但事后对内部会计控制的监督检查的贯彻执行力度不够或根本没有监督检查，使监督检查制度往往流于形式。

三、完善企业货币资金内部控制的对策

（一）建立完善的货币资金内部控制体系

1. 健全货币资金完整性控制

货币资金完整性控制的范围包括各种收入及支出业务，即单位特定会计期间发生的货币资金收支业务是否均已按规定计入有关账目，检查销售、采购业务或应收账款、付账款的收回和归还情况，查找未入账的货币资金。

（1）发票、收据控制。利用发票、收据编号的连续性，核对收到的货币资金与发票、收据金额是否一致，以确保收到的货币资金全部入账。

（2）银行对账单控制。利用银行对账单与企业银行存款余额核对，通过编制银行存款余额调节表，核对未达账项，若发现错弊，必要时对银行存款进行函证。

（3）往来账核对控制。通过定期与对方单位核对往来账余额，检查是否存在挪用、贪污企业货币资金等违法行为，以评价清欠货币资金是否及时入账，特别应注意对于已作坏账处理的应收账款，了解是否有收回款项不入账的情况。

2. 健全货币资金安全性控制

货币资金安全性控制的范围包括现金、银行存款、其他货币资金，由于应收、应付票据的变现能力较强，故也将其纳入货币资金控制范围内。

（1）账实盘点控制。通过对货币资金进行盘点，以确保企业资产安全。

（2）库存限额控制。由银行核定企业每日库存限额，超过库存限额的货币资金及时送存银行，可降低货币资金被盗的风险，还能集中货币资金统筹使用。

（3）专人负责控制。采取妥善措施确保除实物保管人员外，其他人不得接触实物，不给不法分子侵占货币资金的机会。

（4）不相容职务分离制度。建立内部监督制约机制，不相容职务相分离，从组织机构设置上确保资金流通安全。

3. 健全货币资金合法性控制

（1）内部稽核制度。对于业务量少、单笔金额小的单位，可一人复核；对于业务量大、单笔金额大的单位，记账凭证应由两人复核。通过内部稽核制度，加强对货币资金的管理和监督，及时发现和纠正货币资金在处理过程中出现的问题。

（2）审计监督控制。通过加大内部审计监督力度可发现一些不合法的货币资金收付情况，从中取得不合法收付的线索。另外合法性控制风险一般取决于决策管理者本人，因此，要利用政府机关、社会力量对企业进行审计、监督。

（3）授权批准控制。授权批准是指单位在办理货币资金及保管业务时，必须采用授权批准控制措施，保证货币资金收付及保管安全。授权批准要求单位明确规定涉及会计及相关工作的授权批准的范围、权限、程序、责任等内容，单位内部的各级管理者必须在授权范围内行使职权和承担责任，经办人员也必须在授权范围内办理业务。

4. 健全货币资金效益性控制

货币资金效益性控制是通过运用各种筹资、投资手段合理高效地持有和使用货币资金，使其发挥最大的效益。

（1）优化资金结构，提高资金收益。确定各种形态资金的合理比例和最优结构，减少资金在各环节的浪费，加速资金的周转，促进资金的有效使用。

（2）制订科学的信用政策，加速资金周转。企业根据产品的市场占有率、产品质量、价格等方面的竞争能力，确定合理的信用标准。制定科学的收账政策，减少应收账款、坏账损失，加速资金周转。

（3）加强资金使用管理，减少资金浪费。企业对采购、生产、销售各环节建立严格控制制度。针对实际情况，制定先进合理的消耗定额，严格控制开支范围，同时加强对存货管理，合理控制存货的储备，减少存货的浪费，加强存货的流动性，提高资金的利用效果。

（4）综合分析，选择最优方案。在进行筹资、投资决策时，对各种方案综合分析，权衡各种方案的决策收益以及考虑今后中、长期的货币资金状况，对各选方案进行可行性研究，选择最优方案，最大限度地发挥其经济效益。

（二）完善现金、银行存款内部控制

（1）企业应实行现金库存限额管理制度，超过库存限额的货币资金应送存银行，以降低货币资金风险；明确现金开支范围和支付限额并严格执行，企业应按照会计法等有关法规规定，超过规定限额以上的现金支出一律使用转账支票结算；企业的现金收入应及时存入银行，严格控制现金坐支，严禁擅自挪用、借出货币资金；定期盘点现金，做到账实相符。

（2）加强银行账户管理，一是企业应按规定在银行开设和使用存款账户，严格按照《支付结算办法》等国家有关规定，加强对银行账户的管理，严格按照规定开立账户，办理存款、取款和结算业务。二是严格遵守银行支付结算纪律，企业实行网上交易、电子支付等方式办理资金支付业务，要与承办银行签订网上银行操作协议，明确双方在资金安全方面的责任与义务、交易范围等。操作人员根据操作授权和密码进行规范操作。三是加强对银行对账单的管理，企业应指定专人定期核对银行账户，每月至少核对一次，编制银行存款余额调节表，并指派对账人员以外的其他人员进行审核，确定银行存款账面余额与银行对账余额调节相符。

（三）实行永续盘存制度

由于永续盘存制对货币资金的增减变化，都要在账簿上作连续的记录，因此，通过采用永续盘存制能够从账面上随时掌握货币资金的情况，并可用账面结存数与实际库存数核实。实行永续盘点制度主要有以下三点。

（1）出纳人员对库存现金必须日清日结，保证实有数与现金日记账的结余数相符。

（2）会计部门应当定期、不定期地派人对库存现金盘点，检查其实有数与现金日记账余额、与总账中"库存现金"账户核对。

（3）定期与开户银行核对，至少每月一次，确保银行存款日记账与"银行对账单"中的余额相符，如有未达账项，应通过编制"银行存款余额调节表"加以验证。

（四）完善资金授权审批制度

1. 应明确资金审批程序

企业应明确审批人对货币资金业务的授权审批方式、权限、程序和相关控制措施，审批人不得超越审批权限。

2. 须严格履行审批程序

企业应严格按照申请、审批、复核、支付的程序办理货币资金的支付业务，并及时准确入账。企业有关部门或个人用款时，应提前向审批人提交货币资金支付申请，注明款项的用途、金额、预算、支付方式等内容。审批人根据其职责、权限和相应程序对支付申请进行审批。复核人对批准后的货币资金支付申请进行复核，复核无误后，交由出纳人员办理支付手续。出纳人员根据复核无误的支付申请，按规定办理货币资金支付手续，及时登记现金和银行存款日记账。

3. 限制无关人员接近货币资金

企业应严禁未经授权的部门或人员办理货币资金业务或直接接触货币资金。现金只能由出纳保管，银行承兑汇票也只能由一人专管，无关人员不得直接接触，同时采取选择合格的保险箱、选择安全的场所等保障措施，以确保货币资金实物的安全。

（五）健全票据、印章的控制

企业应明确各种票据的购买、保管、领用、背书转让、注销等环节的职责权限和程序，保证空白票据的完整性。企业因填写、开具失误等原因导致作废的票据，应按规定予以保存，不得随意丢弃或销毁。票据的领用和缴销应进行详细的登记，以备查账和稽核之需。对收到的现金，应给对方开具发票或者收据并加盖财务专用章。对收取的重要票据，应办理转交手续并留有复印件进行妥善保管，不得跳号开具票据，不得对空白票据先行盖章。企业应加强银行预留印鉴的管理，严格履行签字或盖章手续，在实际使用印鉴章时，权利行使人要尽职尽责地对应支付的票据进行严格审查后再盖章。有的单位确因业务需要将印鉴章带出的，要保证至少有两人监管使用。财务专用章由专人保管，个人名章由本人或其授权人员保管。严禁一人保管支付款项所需的全部印章。

（六）预算管理相结合，完善货币资金内部控制

预算是财务管理的主线，预算管理的规范对完善货币资金内部控制有着至关重要的作用。

（1）企业应推行资金预算精细化管理模式，基于网络条件下审核关口前移，实现现金预算精细化管理、预算预警、预算硬约束，降低各项费用支出，提高企业经济效益。合理申请资金，提高资金预算申报的准确性。企业应依据不同阶段的经营重点，合理分配资金，减少资金沉淀，提高资金预算申报的准确性。

（2）优化资金预算业务流程，提高资金使用效益。按照精简高效原则，围绕资金预算提报、审批、批复分解、控制与分析等方面进行流程的再优化、再调整，完善资金运作流程，实现资金高效、安全运行；细化结算审核程序，加大结算支付审核力度。对各种不同类型的结算业务拟订相应的结算程序并完善结算依据，加大对结算依据的审核力度，合理控制支付进度，确保资金支付的准确性。

参考文献

[1] 孙庆平. 谈货币资金内部监控方法 [J]. 铁道财会，2007（8）：4.

[2] 王爱恒. 浅谈货币资金的内部控制 [J]. 现代会计，2008（3）：22-23.

[3] 李洪义. 完善企业货币资金内部控制浅析 [J]. 中国集体经济，2001（3）：38-39.

[4] 薛红民. 浅议货币资金的内部控制 [J]. 当代经济，2010（5）：135-137.

[5] 吴荻. 浅论企业内部控制及实施方法 [J]. 会计之友，2006（10）：15.

[6] 贺凤珍. 试析货币资金的内部控制 [J]. 集团经济研究，2006（23）：89.

[7] 刘宗柳，陈汉文. 企业内部控制：理论，实务与案例 [M]. 北京：中国财政经济出版社，2000：39-40.

论农业科研单位下属企业如何提高应收账款效益

崔楠楠

（辽宁省农业科学院财务处　辽宁沈阳　110161）

【摘　要】农业科研单位下属企业应明确应收账款产生的原因及性质，为了实现利润最大化，应加强应收账款管理，提高应收账款效益。

【关键词】农业科研单位企业；应收账款；提高效益

农业科研单位下属企业是指农业科研单位下设的开发实体。它主要从事农、林、牧、渔等初级商品性生产、加工、贮运、销售或服务业，进行农、工、商综合经营，实行独立核算并具有法人地位，它涵盖生产企业、出口基地、连锁加盟企业等经济组织。

应收账款是企业的重要组成部分，其管理的好坏，直接影响到企业的运营和经济效益，尤其是在市场经济条件下，企业必须重视应收账款在企业管理中的重要地位。强化应收账款管理机制，充分发挥其内在功能，防范由此可能带来的风险。

目前的农业科研单位下属企业，一般都是以科学技术见长，把本单位研发的新品种、新技术，以企业生产的形式予以推广，企业领导基本都是专家、教授，他们都会在自己的学术方面潜心研究，出成果、出著作，但对于企业经营管理方面稍显不足。针对农业科研企业具有投资成本大、回收期长、利润较低的现实条件，降低企业应收账款风险，提高应收账款效益，便显得尤为重要。

农业科研单位下属企业应收账款的形成原因及作用如下。

（1）农业科研单位下属企业应收账款形成的主要原因。

① 商业竞争。市场经济把所有企业都推向平等自由竞争的舞台，科研企业也就不再有特殊的地位，只是市场竞争中平等的主体，企业要生存、求发展，必须要面对竞争，迫使企业运用各种策略和手段增强市场的竞争力，扩大市场份额，实现企业利润最大化。大多数企业都希望现销而不愿意赊销，但面对激烈的

市场竞争，为了稳定自己的客户群，扩大产品销售，减少存货，不得不向客户提供赊销业务。

② 农产品的特殊性。大多数农产品，特别是未经深加工的初级鲜活农产品，由于本身的"鲜活"性决定了其成为商品的最佳销售期可能仅有几天时间，甚至可能更短，过了这段时期，就会成为废品，失去价值，所以生产企业也没有办法，在这短短的时间里迫不得已把产品赊销出去，承担极大的风险。

（2）企业在赊销这一过程中，虽然承担了一些风险，付出一定的代价，但也有很多积极方面的作用，其积极作用如下。

① 能增强企业的市场竞争能力，扩大市场的销售份额，有利于企业维护与客户之间的合作共赢关系，巩固老客户、发展新客户。因为企业提供赊销，不仅向顾客提供了商品，也在一定时间内向顾客提供了购买该商品的资金，顾客将从赊销中得到好处。

② 减少存货功能。企业持有一定产成品存货时，会相应地占用资金，形成仓储费用、管理费用等，而赊销则可以避免这些成本的产生，所以当企业的产成品存货较多时，一般会采用优惠的信用条件，进行赊销，将存货转化为应收账款节约支出。

（3）应收账款的负面影响。

① 减少现金流入影响流动资金的周转。

② 存在回收风险，有发生坏账的可能。

③ 赊销收入提前计入销售反映经营成果，不能真实准确地提供会计信息，对决策容易产生误导作用。

农业科研单位下属企业在应收账款管理中，应充分发挥其正面作用，采取有效措施，抑制防范负面影响。

一、加强企业领导，防止决策失误

针对科研企业管理相对薄弱，应增强对企业领导的业务管理培训，转换思维，不只用技术来发展企业，更要重视管理对企业的重要作用。生产是企业发展的基础，销售更是关键，无论多好的产品，只有销售出去，取回货款，才算最终完成任务，所以不能忽视销售的工作，时刻关注市场信息，在瞬息万变的市场竞争中，结合本单位的实际情况，做出最佳的决策方案。

二、加强企业各职能部门的功能，使其分工明确、各司其职、通力合作

企业各部门不是独立存在的，必须互相沟通、协调配合、形成合力。改变原

来的企业领导只管决策，营销部门只管赊销，财务部门只管记账，各部门各干各的，互不通气。要把与应收账款相关的营销、财务、审计、企划等职能部门组织起来，成立以总经理为中心，由相关领导人和各职能部门负责人共同参加的应收账款管理委员会，定期交流、沟通，及时通报有关信息，研究赊销控制措施等。企划部门应将赊销产品市场销售动态信息、营销部门将赊销客户的经营动态信息、财务部门应将应收账款的账龄、周转率、平均周期坏账损失率等进行分析后将数据提供给相关部门参考。从总经理到各部门经办人员，要明确责任，谁造成的工作失误由谁负责。

三、建立客户档案，强化信用管理

应收账款能否发挥其正面职能关键在于客户能否如期归还欠款，因此对客户的信用管理是应收账款管理的重中之重。

（1）企业应当设立一个独立于销售部门之外的部门，专门管理客户档案，负责制订信用政策，进行客户调查和对客户进行信用的动态管理，根据客户以往资信情况和现时资信情况，对未来趋势作出客观的预测。

（2）对客户进行客观的评估。信用评价取决于可以获得的信息类型，信用评价的成本与收益，传统的信用评价主要考虑品质、能力、资本、抵押、条件五个因素。评估的内容主要应包括：① 客户资信状况。如客户在同行业中的口碑，以往的一些交易记录以及企业的发展状况。② 客户的财务状况。如客户的注册资金、应收应付账款、资产及负债情况、资金来源等。③ 公司的经营现状。如公司的管理层情况、公司的发展方针政策、产品的发展空间及行业前景。④ 主要负责人的情况。如个人喜好、身体状况、婚姻状况等。

要密切注意客户发生欠款的危险信号，如果企业出现以下一些信息，企业一定要采取果断、迅速的应变措施，以降低应收账款的回收风险。例如：① 办公地点由高档向低档搬迁；② 频繁转换管理层、业务人员，公司离职人员增加；③ 受到其他公司的法律诉讼；④ 公司财务人员经常性回避；⑤ 付款比过去延迟，经常超出最后期限；⑥ 多次破坏付款承诺；⑦ 经常找不到负责人；⑧ 公司负责人发生意外；⑨ 公司决策层存在较严重的内部矛盾，未来发展方向不明确；⑩ 公司有其他不明确的盈利的投资，如股票、期货等；⑪ 不正常的不回复电话；⑫ 转换银行过于频繁；⑬ 以低于成本价抛售商品；⑭ 突然下过大的订单及发展过快。

（3）制订信用政策。在对客户进行调查和评估的基础上，确定对每个客户的信用政策，包括选择客户确定客户的信用政策、信用额度。对信用好的客户长期赊销，对信用低的或困难客户进行财产抵押或担保人担保赊销，对信用太差的客户则不予赊销。

四、明确管理目标，降低应收账款成本

企业对于应收账款管理的最终目标就是要求得到利润最大化，但是在把应收账款作为企业增加销售和盈利进行投资，必然会发生一定的成本。应收账款的成本主要有以下几个。

（1）应收账款的机会成本。应收账款会占用一定量的资金，而企业若不把这部分资金投放于应收账款，便可以用于其他投资并可能产生收益，这种因投放于应收账款而放弃其他投资所带来的收益，即为应收账款的机会成本。

（2）应收账款的管理成本。主要指在进行应收账款管理时所增加的费用。主要包括：调查顾客信用情况的费用、收集各种信息的费用、账簿记录的费用、收账费用等。

（3）应收账款的坏账成本。即发生坏账的损失，企业发生坏账成本是不可避免的，而此项成本一般与应收账款发生的数量成正比。

在一般情况下，只要企业所增加的销售利润超过应收账款所增加的成本，企业就应放宽信用条件，扩大销量，以提高利润水平。

五、开展保理业务，减少资金占用

保理业务是卖方通过与保理商签订契约，将其现在或将来基于买方订立的货物销售或服务合同所产生的应收账款转给银行保理商，由保理商为企业提供贸易融资、销售账户管理、应收账款催收、信用风险及买方担保等服务，这样企业可通过保理业务把坏账的全部风险转让给银行等金融机构，由金融机构负责催收，承担风险。企业应广泛采用这种手段来规避坏账损失。

六、增强维权意识，运用法律武器，提高应收账款回收率

应收账款虽然是企业的合法债权，应该依法收回，但在现实中由于多种原因造成拖欠拒付的情况也不少见，企业必须增强维权意识，提高警惕，尽量避免坏账的发生，加强应收账款的催缴工作。对于一般的客户，由于暂时的困难，发展前景好的客户，一般都采取积极协商的方法，可以采取：① 延长还款时间或分期付款；② 可以给客户一定的现金折扣；③ 接受产品抵债；④ 可以将应收账款转为长期借款，商定合理的利率和还款期限。对于一些刻意赖账的客户，可以通过法律的手段解决问题。

总之，作为农业科研单位企业，要根据成本效益原则，制定合理的信用政策，控制应收账款规模。并且企业应始终坚持把货款回笼放在首位，实行应收账款的全程控制，加强企业管理，加大回款力度，确保企业实现价值最大化。

参考文献

[1] 肖晓英，吴丽君. 降低农业科研单位下属企业应收账款风险 提高应收账款效益 [J]. 湖南农业科学，2007（6）：152-154.
[2] 刘殿庆. 加强应收账款管理十大宝典 [J]. 农村财务会计，2008（6）.
[3] 财政部会计资格评价中心. 财务管理 [M]. 北京：中国财政经济出版社，2010.